高职高专"十四五"规划教材

电工电子技术及应用

主　编　张国峰
副主编　李玉贤　郭景波　高　路
主　审　张晓峰

北京航空航天大学出版社

内 容 简 介

为了强化学生的综合应用能力,本书在确保基本理论够用的基础上,围绕电工电子技术应用中的实际问题,以具体项目为引领,淡化原理分析,强化解决思路和措施,以提高学生对电工电子技术的理解和灵活应用集成电路的能力,并体现职业技术教育的特色。

全书共有四个项目,14 个任务。项目 1 为直流电路分析与应用,包含多量程直流电压表和电流表的设计、复杂直流电路分析与测试 2 个任务。项目 2 为交流电路分析与应用,包含照明电路的连接与测量、交流电路中的无功补偿和三相交流电路的应用与测量 3 个任务。项目 3 为音频放大器的制作,包含半导体器件的识别与测试、晶体管放大电路的原理与测试、音频放大电路的制作和音频放大器稳压电源的制作 4 个任务。项目 4 为多功能数字钟的设计与制作,包含数字钟译码显示电路的设计与制作、数字钟校时电路设计与制作、数字钟计时电路的设计与制作、数字钟秒脉冲发生器的设计与制作和多功能数字钟的设计与制作 5 个任务。每一个工作任务的完成都是对必备理论知识与实践技能的一个综合运用的过程。

本书可作为高职高专院校机电类、电气类、电子信息类、自动化类、通信类等专业的教材,也可作为成人教育的教材及相关专业技术人员的参考和自学用书。

图书在版编目(CIP)数据

电工电子技术及应用 / 张国峰主编. －－北京 ：北京航空航天大学出版社,2021.1
ISBN 978 - 7 - 5124 - 3344 - 1

Ⅰ.①电… Ⅱ.①张… Ⅲ.①电工技术—教材②电子技术—教材 Ⅳ.①TM②TN

中国版本图书馆 CIP 数据核字(2020)第 160163 号

版权所有,侵权必究。

电工电子技术及应用

主　编　张国峰
副主编　李玉贤　郭景波　高　路
主　审　张晓峰
策划编辑　周世婷　　　责任编辑　陈守平

*

北京航空航天大学出版社出版发行

北京市海淀区学院路 37 号(邮编 100191)　　http://www.buaapress.com.cn
发行部电话:(010)82317024　传真:(010)82328026
读者信箱: goodtextbook@126.com　邮购电话:(010)82316936
北京宏伟双华印刷有限公司印装　各地书店经销

*

开本:787×1 092　1/16　印张:14.75　字数:378 千字
2021 年 1 月第 1 版　2021 年 1 月第 1 次印刷　印数:2 000 册
ISBN 978 - 7 - 5124 - 3344 - 1　定价:42.00 元

若本书有倒页、脱页、缺页等印装质量问题,请与本社发行部联系调换。联系电话:(010)82317024

前　言

本书是国家高水平高职院校专业群建设"双高计划"项目中专业基础课程"电工电子技术及应用"的教材,以"够用、实用"为基本编写原则,以日常生活中典型电路应用为课程结构线索,确定课程目标,设计课程内容,建立以实际工作任务为载体、集理论与实践于一体的教学模式,通过工作过程系统化来突出学生职业能力、设计能力和创新能力的培养。

本书共有四个项目,具体内容如下:

项目1为直流电路分析与应用。通过多量程直流电压表和电流表的设计、复杂直流电路分析与测试两个任务,学生可掌握直流电路的分析方法和实际应用技能。

项目2为交流电路分析与应用。通过完成照明电路的连接与测量、交流电路的无功补偿、三相交流电路的应用与测量3个任务,学生可掌握交流电路的分析方法和实际应用技能,从而获得电工技术的基础知识和基本操作技能。

项目3为音频放大器的制作。通过半导体器件的识别与测试、晶体管放大电路的原理与测试、音频放大电路的制作、音频放大器稳压电源的制作4个任务,学生可掌握模拟电子技术的基础理论和实际应用技能。

项目4为多功能数字钟的设计与制作。通过译码显示电路的设计与制作、数字钟校时电路的设计与制作、数字钟计时电路的设计与制作、秒脉冲发生器的设计与制作、多功能数字钟的设计与制作5个任务,学生可掌握数字电子技术的必备知识和实用技能。

本书建议教学学时为90学时,主要特色如下:

1. 打破了传统的学科式课程体系,不以知识的系统性来串联课程内容,而以完成任务为目标来串联课程内容。把培养学生的实际动手能力放在首位,在课程内容的选择标准方面,将以往的以知识传授为主要特征的传统学科课程模式,转变为以工作任务为中心而展开的课程内容。课程采用项目教学,学生在完成具体学习项目的过程中,既学会如何完成相应的工作任务,又构建了相关的理论知识体系,也培养了学生的电工电子技术的应用能力。

2. 为了充分体现任务引领、实践导向的课程思想,将课程的教学内容设计成若干任务,以任务为中心引出相关专业知识,并以任务为中心引导教学过程。教学活动由易而难,引导学生在学习活动中思考学习方法,培养兴趣,从而锻炼学生的自主学习能力。

3. 本课程结合电工电子相关行业的实际需求,每个项目都是以实用电路的制作为载体而设计的,并以电工电子技术所需的理论知识与实际应用技能为基本培养目标,紧紧围绕任务完成的需要来组织课程内容,突出工作任务与知识的紧密性。因此教学效果评价宜采取过程评价与结果评价相结合的方式,以任务完成为评价重心,通过理论与实践的结合度,重点评价学生的实际操作能力。

本书由黑龙江农业工程职业学院的张国峰主编，黑龙江农业工程职业学院的张晓峰教授主审，其中项目 1 由李玉贤编写，项目 2 由郭景波编写，项目 3 由高路、刘爽编写，全书由张国峰统稿。黑龙江农业工程职业学院的刘明建对本书的编写提出了许多宝贵的意见，在此表示衷心的感谢。

由于编者水平有限，编写时间仓促，书中难免有不当之处，真诚希望广大读者批评指正。

作　者

2020 年 6 月

课程的概述

目 录

项目 1 直流电路分析与应用 1

任务 1.1 多量程直流电压表和电流表的设计 1
    1.1.1 任务目标 1
    1.1.2 知识探究 1
    1.1.3 任务实施 20
    1.1.4 知识拓展 23
  思考与练习 27

任务 1.2 复杂直流电路分析与测试 29
    1.2.1 任务目标 29
    1.2.2 知识探究 29
    1.2.3 任务实施 34
    1.2.4 知识拓展 37
  思考与练习 40

项目 2 交流电路分析与应用 42

任务 2.1 照明电路的连接与测量 42
    2.1.1 任务目标 42
    2.1.2 知识探究 42
    2.1.3 任务实施 55
    2.1.4 知识拓展 57
  思考与练习 59

任务 2.2 交流电路中的无功补偿 61
    2.2.1 任务目标 61
    2.2.2 知识探究 61
    2.2.3 任务实施 69
    2.2.4 知识拓展 72
  思考与练习 73

任务 2.3 三相交流电路的应用与测量 75
    2.3.1 任务目标 75
    2.3.2 知识探究 76
    2.3.3 任务实施 83
    2.3.4 知识拓展 87
  思考与练习 90

项目3　音频放大器的制作 ··· 93

任务3.1　半导体器件的识别与测试 ··· 93
- 3.1.1　任务目标 ··· 93
- 3.1.2　知识探究 ··· 93
- 3.1.3　任务实施 ··· 101
- 3.1.4　知识拓展 ··· 104

思考与练习 ··· 105

任务3.2　晶体管放大电路的原理与测试 ··· 108
- 3.2.1　任务目标 ··· 108
- 3.2.2　知识探究 ··· 108
- 3.2.3　任务实施 ··· 121
- 3.2.4　知识拓展 ··· 122

思考与练习 ··· 125

任务3.3　音频放大电路的制作 ··· 127
- 3.3.1　任务目标 ··· 127
- 3.3.2　知识探究 ··· 127
- 3.3.3　任务实施 ··· 138
- 3.3.4　知识拓展 ··· 140

思考与练习 ··· 141

任务3.4　音频放大器稳压电源的制作 ··· 143
- 3.4.1　任务目标 ··· 143
- 3.4.2　知识探究 ··· 143
- 3.4.3　任务实施 ··· 148
- 3.4.4　知识拓展 ··· 149

思考与练习 ··· 151

项目4　多功能数字钟的设计与制作 ··· 154

任务4.1　数字钟译码显示电路的设计与制作 ··· 154
- 4.1.1　任务目标 ··· 154
- 4.1.2　知识探究 ··· 154
- 4.1.3　任务实施 ··· 165
- 4.1.4　知识拓展 ··· 167

思考与练习 ··· 171

任务4.2　数字钟校时电路的设计与制作 ··· 173
- 4.2.1　任务目标 ··· 173
- 4.2.2　知识探究 ··· 173
- 4.2.3　任务实施 ··· 179
- 4.2.4　知识拓展 ··· 181

思考与练习 ·· 183
　任务 4.3　数字钟计时电路的设计与制作 ·· 186
　　4.3.1　任务目标 ·· 186
　　4.3.2　知识探究 ·· 186
　　4.3.3　任务实施 ·· 193
　　4.3.4　知识拓展 ·· 196
　　思考与练习 ·· 200
　任务 4.4　数字钟秒脉冲发生器的设计与制作 ·· 202
　　4.4.1　任务目标 ·· 202
　　4.4.2　知识探究 ·· 202
　　4.4.3　任务实施 ·· 204
　　4.4.4　知识拓展 ·· 205
　　思考与练习 ·· 208
　任务 4.5　多功能数字钟的设计与制作 ··· 210
　　4.5.1　任务目标 ·· 210
　　4.5.2　知识探究 ·· 210
　　4.5.3　任务实施 ·· 214
　　4.5.4　知识拓展 ·· 214
　　思考与练习 ·· 221
附　　录 ·· 225
参考文献 ··· 227

项目1 直流电路分析与应用

在生活生产中,直流电虽然没有交流电应用广泛,但比交流电更加稳定。大部分低电压电器都是用直流电的,特别是电池供电的电器,许多电器都要求使用直流电路,比如汽车电路、电力系统的继电保护电路,还有所有使用干电池的小型电器,如手电筒、钟表等。

在本项目中,通过学习电路的组成、电路中的基本物理量、电路中常用线性电路元器件、电压源、电流源及其等效变换、基尔霍夫定律及应用、叠加定理及应用等知识,学生应能够正确地连接电路并测量电路基本参数,能够设计和搭接多量程直流电压表、电流表测量电路,会利用相应的定律和定理分析复杂直流电路。

任务1.1 多量程直流电压表和电流表的设计

1.1.1 任务目标

① 明确电路基本组成、电路作用、电路的工作状态及电路的基本物理量;
② 掌握直流电源和常用电工线性元件的特性;
③ 学会简单电工电路的搭接;
④ 会使用常用的电工仪器仪表测量电路的基本物理量。

1.1.2 知识探究

一、电路的定义及组成

电路是由一些电气设备和元件(发电机、电动机、电炉、电阻、电感和电容等)或电子器件(二极管、三极管和集成电路等)按一定方式联接而成的。无论电路的结构和作用如何,都可以看成由电源、负载和中间环节三个基本部分组成。

电路的概述

1. 电源

电源是电路中提供能源的设备,可把化学能、光能、机械能等非电能转换为电能,如蓄电池、干电池、太阳能电池、发电机等。

2. 负载

负载是电路中的用电设备,能将电能转换成其他形式的能量,如电灯、电炉、收音机、电视机、电动机等。

3. 中间环节

中间环节的作用是把电源和负载连接起来形成闭合电路,并对整个电路实行控制、保护及测量。主要有:连接导线、控制电器(开头插头、插座等)、保护电器(熔断器等)、测量仪表(电流表、电压表等)。

图1-1所示为最简单的实体电路,由电源和负载组成,其电源为两节5号电池,负载为一

只 0.75 W 灯珠,中间环节为导线、开关。若无特殊说明,电源是泛指的,既可以是一般电源,也可以是信号源;负载也是泛指的,既可以是一般用电设备,也可以是传递信号的某种装置。

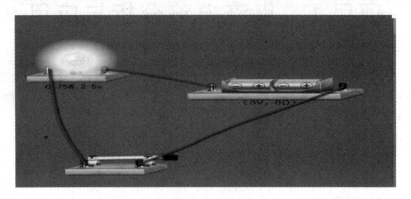

图 1-1　最简单的实体电路

二、电路的作用

实际电路种类繁多,形式和结构也各不相同,但其基本作用可以概括为以下两大类。

1. 实现电能的输送和转换

最典型的例子是电力系统,其电路如图 1-2 所示。在发电厂内可把热能、水能或核能转换为电能,发电机是电源,是提供电能的设备。电源有多种形式(发电机、蓄电池和光电池等),可以把各种能量(机械能、化学能和光能等)转化为电能。通过中间环节(变压器和输电线)将电能送给负载(电灯、电炉、电动机等),将电能转换为光能、热能、机械能等,实现电能的输送和转换。

图 1-2　电能的输送和转换

2. 实现信号的传递和转换

常见的例子如扩音器,其电路如图 1-3 所示。该图是扩音机的工作示意图。话筒将声音(信息)转换为电信号(以下简称为信号),经过中间环节(导线与放大器等),信号被放大并传递到扬声器,还原成原来的声音。这里,在声音的作用下,话筒源源不断地发出信号,因而叫做信号源。

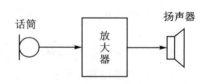

图 1-3　信号的传递和转换

三、电路模型

实际电路都是由一些因不同需要而起不同作用的实际电路元件或器件所组成的,诸如发电机、变压器、电动机、电池、晶体管以及各种电阻器和电容器等,它们的电磁性质较为复杂。为了便于对实际电路进行分析和数学描述,往往将实际元件理想化(或称模型化),即在一定条件下突出其主要的电磁性质,忽略其次要因素,把它近似地看作理想电路元件。由一些理想电路元件所组成的电路,就是实际电路的电路模型,它是对实际电路电磁性质的科学抽象和概括。

如图 1-4 所示,在实体电路与电路模型的对比中,白炽灯除具有消耗电能的性质(电阻性)外,当通有电流时还会产生磁场,因此还具有电感性,但其电感很小,可忽略不计,于是可认为是一电阻元件。干电池可以认为是能提供电压的电源元件。

在理想电路元件(简称为电路元件)中主要有电阻元件、电感元件、电容元件和电源元件等。

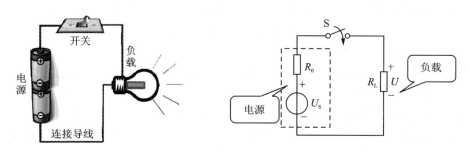

图 1-4 实体电路与电路模型的对比

应当指出,信号源也是一种电源,但与发电机和蓄电池等一般电源不同,其主要作用是产生电压信号和电流信号。各种非电的信息和参量(语言、音乐、图像、温度、压力、位移、速度与流量等)均可通过相应的变换成为电信号,从而进行传递和转换。电路的这一作用广泛应用于电子技术、测量技术、无线电技术和自动控制技术等领域。

四、电路的基本物理量

在电工电子技术中,实验和理论分析是解决电路问题的两种方法。理论分析方法是对具体电路先画出电路模型,然后作定性或定量分析计算的方法。在进行这种分析研究时,必须用到电流、电压、电动势和功率等基本物理量。根据基本电磁关系,对这些基本物理量列出方程式,其中还涉及有关电物理量的正方向问题。正方向在电路分析中是一个极为重要的概念,贯穿于本教材的全部内容。

电路的基本物理量

1. 电流

(1) 电流的定义

带电粒子有规律地定向运动形成电流。金属导体中的自由电子带负电荷,在电场力的作用下,自由电子逆着电场方向定向运动形成电流。同样,电解液中的正离子带正电荷,在电场力的作用下,正离子沿着电场方向作定向移动也形成电流。这两种带电粒子运动方向虽然相反,但形成的电流方向相同。

电流的强度在数值上等于单位时间内通过某一导体横截面的电荷量,通常称为电流。设在极短的时间 dt 内,通过导体横截面的微小电荷量为 dq,则电流为

$$i = \frac{dq}{dt} \tag{1-1}$$

式(1-1)表示,电流是随时间变化的,是时间的函数。

如果电流不随时间变化,即 $dq/dt = $ 常数,则这种电流称为恒定电流。恒定电流常用大写字母 I 表示,此时电流定义为

$$I = \frac{q}{t} \tag{1-2}$$

式中,q 是在时间 t 内通过导线横截面的电荷量,单位为 C(库仑);时间 t 的单位为 s(秒)。

如果电流的大小和方向都不随时间变化,称为直流电(简写为 DC),用大写字母 I 表示。如电流的大小和方向都随时间变化,则称为交流电(简写为 AC),用小写字母 i 表示。

(2) 电流的单位

电流的单位有 A(安培)、mA(毫安)、μA(微安)。它们之间的换算关系为

$$1\,\text{A} = 10^3\,\text{mA} = 10^6\,\mu\text{A} \tag{1-3}$$

(3) 电流的实际方向与参考方向

我们知道,正电荷定向运动的方向为电流的实际方向。电流的实际方向是客观存在的,但在分析较复杂的电路时,往往难于事先判断某电路中电流的实际方向。为此,在分析和计算电路时,可任意选定某一方向作为电流的正方向,或称为参考方向。这时可先假定一个电流方向,并在电路图中用箭头标出,称为参考方向(或正方向)。然后根据所假定的参考方向列出电路方程求解。参考方向可以任意设定,在电路中用箭头表示,并且规定:如果电流的实际方向与参考方向一致,电流为正值;反之,电流为负值,如图 1-5 所示。注意:不设定参考方向而谈电流的正负是没有意义的。

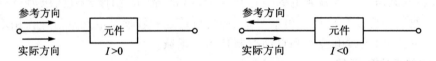

图 1-5 电流的实际方向与参考方向

例 1-1 如图 1-6 所示,各电流的参考方向已设定。已知 $I_1 = 10\,\text{A}$,$I_2 = -2\,\text{A}$,$I_3 = 8\,\text{A}$。试确定 I_1, I_2, I_3 的实际方向。

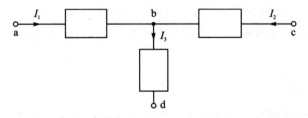

图 1-6 例 1-1 的图

解 $I_1 > 0$,I_1 的实际方向与参考方向相同,I_1 由 a 点流向 b 点。

$I_2 < 0$,I_2 的实际方向与参考方向相反,I_2 由 b 点流向 c 点。

$I_3 > 0$,I_3 的实际方向与参考方向相同,I_3 由 b 点流向 d 点。

2. 电位与电压

(1) 电位

电位又称电势,是指单位电荷在静电场中的某一点所具有的电势能。电位是电能的强度因素,它的大小取决于电势零点的选取,其数值只具有相对的意义。这就像计算高度时,总有一个计算高度的起点,通常以海平面作为基准参考点。电路中电位也必须有一个计算电位的起点,通常以大地作为零参考点;在电子电路中则以金属底板、机壳或公共点作为零参考点,用

符号 ⊥ 表示。因此,电路中任何一点的电位值是与参考点相比较而得出的,比其高者为正,比其低者则为负。电位用字母 V 表示,电位的单位是伏特。

(2) 电压

我们都知道,水总是由高处往低处流,因为高处的水位高,低处的水位低,它们之间存在水位差,从而形成水流。与此类似,电流的形成也是因为电路中存在着电位差。

1) 电压的定义

电压也称作电位差,是衡量单位电荷在静电场中由于电势不同所产生的能量差的物理量。其大小等于单位正电荷因受电场力作用从 A 点移动到 B 点所做的功。

如果电压的大小及方向都不随时间变化,则称为稳恒电压或恒定电压,简称为直流电压,用大写字母 U 表示。如果电压的大小及方向随时间变化,则称为变动电压。对电路分析来说,一种最为重要的变动电压是正弦交流电压(简称交流电压),其大小及方向均随时间按正弦规律作周期性变化。交流电压的瞬时值要用小写字母 u 或 $u(t)$ 表示。

2) 电压的单位

电压的单位是 V(伏特),简称伏,还可采用 μV(微伏)、mV(毫伏)和 kV(千伏)来表示。三者之间的换算关系为

$$1 \text{ kV} = 10^3 \text{ V} = 10^6 \text{ mV} = 10^9 \text{ μV} \tag{1-4}$$

3) 电压的实际方向与参考方向

电压与电流一样,也存在一个方向问题。习惯上规定电压的方向是从高电位端指向低电位端的,即电位降的方向是电压的实际方向。在分析和计算某一段电路时,电压的实际方向有时很难确定,同样可以任意选定该段电路电压的正方向,即电压的参考方向。图 1-7 所示的电路中,若选 A 点为高电位点,标以"+"号,则 B 点对于 A 点为低电位点,标以"-"号,也就是说,这段电路电压的正方向是从 A 点指向 B 点。当电压的正方向与实际方向一致时,为正值;反之为负值。因此,当电压的正方向选定后,电压就成为代数量。

电压的正方向有三种表示方式,如在图 1-8(a)中用箭头的指向表示,箭头由高电位端指向低电位端;在图 1-8(b)中用双下标来表示,电压的正方向即从下角标的第一字母指向第二字母,如 U_{AB},即 A 点表示高电位点,B 点表示低电位点;在图 1-8(c)中用"+""-"分别表示假定的高电位端和低电位端。

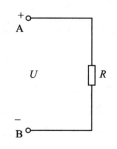

图 1-7 电压的方向

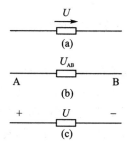

图 1-8 电压正方向的三种表示方式

以上三种表示方式的意义是相同的,可以互相代用。要注意的是:

① 若 $V_A > V_B$,则 $V_{AB} > 0$;反之,$V_{AB} < 0$,即电压的方向为电位降低的方向。

② 电位是相对的,电压是绝对的,即电路中各点的电位是相对参考点而言的,参考点选的

不同,各点的电位值也不同,但是任意两点之间的电位差不变,与参考点无关。

电位与电压在表达形式上虽有区别,但从本质上来讲是相同的。电路中两点之间的电压就是这两点的电位差;而电路中某点的电位,则是该点到参考点之间的电压。图1-9中,选取电源的负极C作为参考点,那么A,B两点的电位对C点而言,分别为V_A和V_B,而且V_A的电位高于V_B。A,B两点间的电压U_{AB}就是V_A与V_B之差,即$U_{AB}=V_A-V_B$,所以电压又叫电位差。

例 1-2　A,B两点的实际电位为$V_A=6$ V,$V_B=2$ V,试求图1-10所示电路中的U_{AB}及U_{BA}。

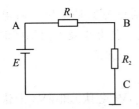

图1-9　电压与电位的比较

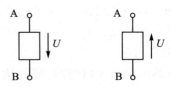

图1-10　例1-2的图

解　$U_{AB}=V_A-V_B=6-2=4$ V;$U_{BA}=V_B-V_A=2-6=-4$ V。

3. 电动势

前面已经讲过,水位差是产生水流的原因,那么在循环水路中如何产生水位差呢?靠水泵把水从低水位提升到高水位。与此类似,电位差是产生电流的原因,在电路中则靠电源来维持任意两点间的电位差,因此电源是电路中提供电能的装置,其作用是将非电能转换成电能。电源内部将其他形式的能量转换为电能,电源两极间所产生的电位差称为电动势E。

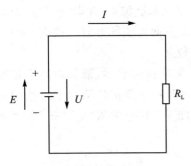

图1-11　电动势的实际方向

在数值上电动势等于电源力把单位正电荷从负极经电源内部移动到正极时所作的功。据此,电动势的单位也是V(伏特)。

电动势与电压的实际方向相反,从负极指向正极。如图1-11所示,直流电源的正、负极分别用"+""-"表示。

4. 电压与电流关联参考方向

在电路分析中,电流的参考方向和电压的参考极性都可以各自独立地任意设定。但为了方便,通常采用关联参考方向,即:电流从电压"+"极性的一端流入,并从电压"-"极性的另一端流出,如图1-12所示。这样,在电路图上只要标出电压的参考极性,就确定了电流的参考方向,只须用图1-11(b)和(c)中的一种表示即可。

反之亦然,即电流从电压"-"极性的一端流入,并从电压"+"极性的另一端流出,则电压与电流的方向为非关联参考方向。

实际电源上的电压、电流方向总是非关联的,实际负载上的电压、电流方向总是关联的。因此,假定某元件是电源时,应选取非关联参考方向,假定某元件是负载应选取关联参考方向。

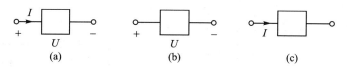

图 1-12 关联参考方向

5．功率与功率平衡

（1）功率的定义

电功率是单位时间内电路中电场驱动电流所作的功，简称功率，用 P 表示。

作为表示电流做功快慢的物理量，一个用电器功率的大小数值上等于它在 1 s 内所消耗的电能。如果在 t(SI 单位为 s)这么长的时间内消耗的电能为 W(SI 单位为 J)，那么这个用电器的电功率就是

$$P = W/t \tag{1-5}$$

电功率还等于导体两端电压与通过导体电流的乘积，即

$$P = U \cdot I \tag{1-6}$$

（2）功率的单位

功率的单位为 W（瓦），常用的单位还有 mW（毫瓦）、kW（千瓦），它们与 W（瓦）的换算关系是

$$1 \text{ kW} = 10^3 \text{ W} = 10^6 \text{ mW} \tag{1-7}$$

（3）功率平衡

1）电压、电流为关联正方向，则

$$P = UI \tag{1-8}$$

2）电压、电流为非关联正方向，则

$$P = -UI \tag{1-9}$$

如果用式(1-5)、式(1-8)计算，$P>0$ 为吸收功率（负载），$P<0$ 为产生功率（电源）。

我们可直观地根据电压和电流的实际方向来确定某一电路元件是电源还是负载。如果 U 与 I 的实际方向相反，电流从电压实际极性的高电位端流出，则表明是产生功率，此元件为电源。如果 U 与 I 的实际方向相同，电流从电压实际极性的高电位端流入，则表明是吸收功率，此元件为负载。当然对电阻元件而言，由于其电压与电流的实际方向总是一致的，所以电阻元件永远是吸收功率。在一个电路中，电源产生的功率和负载吸收的功率是平衡的。

例 1-3 试判断图 1-13 中元件是产生功率还是吸收功率。

解 在图 1-13(a)中，电压、电流是关联参考方向，根据式(1-8)有

$$P = UI = 10 \times 1 = 10 \text{ W} > 0$$

元件吸收功率。

在图 1-13(b)中，电压、电流是非关联参考方向，根据式(1-9)有

$$P = -UI = -10 \times (-1) = 10 \text{ W} > 0$$

元件吸收功率。

例 1-4 在图 1-14 中，方框代表电源或电阻，各电压、电流的参考方向均已设定。已知 $I_1 = 2$ A，$I_2 = 1$ A，$I_3 = -1$ A，$U_1 = 7$ V，$U_2 = 3$ V，$U_3 = -4$ V，$U_4 = 8$ V，$U_5 = 4$ V。求各元件吸收或向外发出的功率。

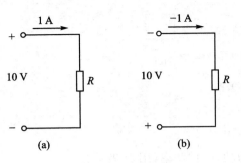

图 1-13 例 1-3 的图

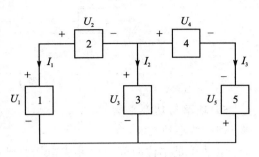

图 1-14 例 1-4 的图

解 元件 1,3,4 的电压、电流为关联方向,根据式(1-5)有

$$P_1 = U_1 I_1 = 7 \times 2 = 14 \text{ W} > 0,\text{吸收功率}$$
$$P_3 = U_3 I_2 = -4 \times 1 = -4 \text{ W} < 0,\text{产生功率}$$
$$P_4 = U_4 I_3 = 8 \times (-1) = -8 \text{ W} < 0,\text{产生功率}$$

元件 2,5 的电压、电流为非关联方向,根据式(1-6)有

$$P_2 = -U_2 I_1 = -(3 \times 2) = -6 \text{ W},\text{产生功率}$$
$$P_5 = U_5 I_3 = -[4 \times (-1)] = 4 \text{ W},\text{吸收功率}$$

电路产生的总功率为

$$4 + 8 + 6 = 18 \text{ W}$$

电路吸收的总功率为

$$14 + 4 = 18 \text{ W}$$

由此可见,在一个电路中,电源产生的功率和负载吸收的功率是平衡的。

五、线性电路元件

1. 电阻元件

电荷在导体中运动时,会受到分子和原子等其他粒子的碰撞与摩擦,碰撞和摩擦的结果形成了导体对电流的阻碍,这种阻碍作用最明显的特征是导体消耗电能而发热(或发光)。物体对电流的这种阻碍作用称为该物体的电阻。

线性电路元件

电阻器(Resistor)在日常生活中一般直接称为电阻,用 R 表示。R 是一个限流元件,将电阻接在电路中后,电阻器的阻值是固定的,一般是两个引脚,可限制通过它所连支路的电流大小。阻值不能改变的称为固定电阻器;阻值可变的称为电位器或可变电阻器。理想的电阻器是线性的,即通过电阻器的瞬时电流与外加瞬时电压成正比。用于分压的可变电阻器在裸露的电阻体上紧压着一至两个可移金属触点,触点位置确定电阻体任一端与触点间的阻值。

(1) 电阻的种类

电阻的种类有很多,通常分为三大类:固定电阻、可变电阻和特种电阻。在电子产品中,以固定电阻应用最多,而固定电阻以其制造材料又可分为很多类,但最常见的有膜式(碳膜、金属膜、金属氧化膜)电阻(见图 1-15)、RX 型线绕电阻器(见图 1-16)。

(2) 电阻元件图符号

电阻元件图符号如图 1-17 所示。

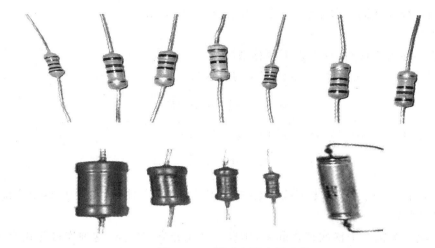

图 1-15 膜式电阻产品实物

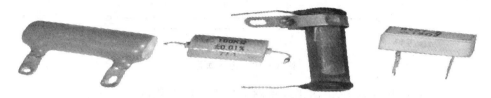

图 1-16 线绕电阻器产品实物

(3) 电阻的伏安特性

电阻的伏安特性曲线可由 $u\text{-}i$ 平面坐标的一条曲线表示。如果电阻的伏安特性曲线是一条通过坐标原点的直线,则电阻为线性电阻(见图 1-18)。

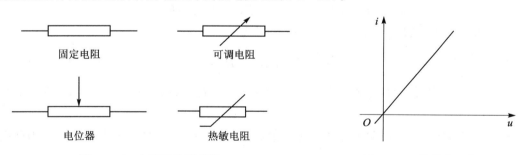

图 1-17 电阻元件图符号   图 1-18 线性电阻伏安特性

由电阻元件的伏安关系可知,其两端电压与通过它的电流在任一瞬时都存在即时的线性正比关系,因此常把电阻称为即时元件。

(4) 欧姆定律(线性电阻)

1) 基本内容

导体中的电流跟导体两端的电压成正比,跟导体的电阻成反比,表达式(适用于纯电阻电路)为

$$I = \frac{U}{R} \quad \text{或} \quad U = IR \tag{1-10}$$

I, U, R 对应同一导体或同一段电路,三者单位依次是 A、V、Ω。

2)公式推广

考虑 U, I 的参考方向时,存在以下两种情况:

① 在 U, I 关联正方向条件下,欧姆定律的表示为

$$I = \frac{U}{R} \quad \text{或} \quad U = IR \tag{1-11}$$

② 在非关联正方向条件下,欧姆定律的表示为

$$I = -\frac{U}{R} \quad \text{或} \quad U = -IR \tag{1-12}$$

欧姆定律适用于金属导电和电解液导电,在气体导电和半导体元件等中欧姆定律将不适用。

(5)电阻的串联

将几个电阻一个接一个依次连接起来,构成一个无分支的电路,这种连接方式称为电阻的串联,如图 1-19 所示。

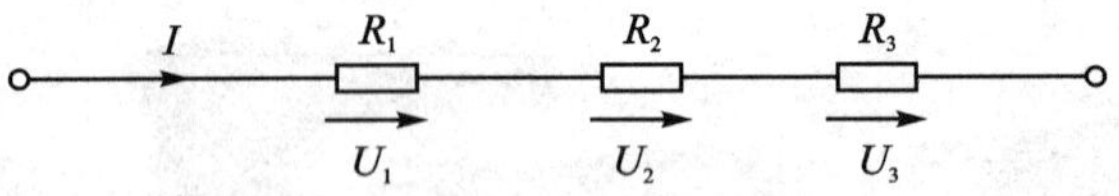

图 1-19 电阻串联

以图 1-19 所示电路为例,电阻串联电路的特点有以下几点:

① 各串联电阻中流过的电流相同。

② 两端总电压等于各电阻电压之和,即

$$U = U_1 + U_2 + U_3 \tag{1-13}$$

③ 对线性电阻电路有

$$U_1 = IR_1, \quad U_2 = IR_2, \quad U_3 = IR_3$$

所以 $U = IR_1 + IR_2 + IR_3 = I(R_1 + R_2 + R_3)$,那么

$$\frac{U}{I} = R_1 + R_2 + R_3 = R \tag{1-14}$$

由式(1-11)可知,串联电路的等效电阻比每个电阻都大,两端电压一定时,串联的电阻越多,电流越小。

④ 电阻串联时,每个电阻的电压与电阻值成正比,电阻越大,分得的电压越高。串联电阻的分压关系为

$$U_1 = R_1 I = R_1 \frac{U}{R} = \frac{R_1}{R_1 + R_2 + R_3} U$$

$$U_2 = R_2 I = R_2 \frac{U}{R} = \frac{R_2}{R_1 + R_2 + R_3} U \tag{1-15}$$

$$U_3 = R_3 I = R_3 \frac{U}{R} = \frac{R_3}{R_1 + R_2 + R_3} U$$

⑤ 由于电流相等,串联各电阻的功率与电阻成正比,电阻大,吸收的功率就大。电路的总功率等于各电阻功率之和,即

$$P = P_1 + P_2 + P_3 = I^2 R_1 + I^2 R_2 + I^2 R_3 \tag{1-16}$$

例 1-5 如图 1-20 所示,设输入电压 $U_1=100$ V,$R_1=2$ Ω,$R_2=3$ Ω,$R_3=5$ Ω,滑动触头可上下滑动,当输出端开路时,输出电压调节范围是多少?

解 当滑动触头滑到 R_2 电阻的上端时,输出电压为

$$U_{2\max}=\frac{R_2+R_3}{R_1+R_2+R_3}\times U_1=\frac{3+5}{2+3+5}\times 100=80 \text{ V}$$

当滑动触头滑到 R_2 电阻的下端时,输出电压为

$$U_{2\min}=\frac{R_3}{R_1+R_2+R_3}\times U_1=\frac{5}{2+3+5}\times 100=50 \text{ V}$$

故输出电压调节范围为 50~80 V。

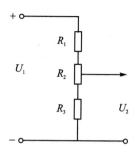

图 1-20 例 1-5 的图

(6) 电阻的并联

将几个电阻的首尾端分别连接在两个公共节点之间,这种连接方式称为电阻的并联。

现以图 1-21 三个电阻并联为例,总结电阻并联电路的特点如下:

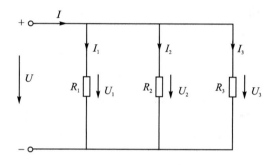

图 1-21 并联电路

① 各并联电阻的端电压相等。
② 电路总电流等于各电阻电流之和,即

$$I=I_1+I_2+I_3 \qquad (1-17)$$

③ 对线性电阻电路,由欧姆定律可求得各支路的电流分别为

$$I_1=\frac{U}{R_1}=G_1U$$

$$I_2=\frac{U}{R_2}=G_2U$$

$$I_3=\frac{U}{R_3}=G_3U$$

所以 $\qquad I=UG_1+UG_2+UG_3=U(G_1+G_2+G_3)$

那么 $\qquad \dfrac{I}{U}=G_1+G_2+G_3$

用 G 表示 $\dfrac{I}{U}$,把它称为 G_1,G_2,G_3 并联的等效电导,即

$$G=G_1+G_2+G_3 \qquad (1-18)$$

$$\frac{1}{R}=\frac{1}{R_1}+\frac{1}{R_2}+\frac{1}{R_3}$$

由式(1-18)可知,并联电阻的等效电导比每个电导都大,即并联电阻的总电阻比每一个电阻都小。

④ 两个并联电阻上的电流分别为

$$I_1 = \frac{U}{R_1} = \frac{IR}{R_1} = \frac{R_2}{R_1+R_2}I$$

$$I_2 = \frac{U}{R_2} = \frac{IR}{R_2} = \frac{R_1}{R_1+R_2}I \tag{1-19}$$

一般负载都是并联运用的。负载并联运用时,它们处于同一电压之下,任何一个负载的工作情况基本上不受其他负载的影响。并联的负载电阻愈多(负载增加),则总电阻愈小,电路中总电流和总功率也就愈大。

⑤ 电路的总功率等于各电阻功率之和,即

$$P = P_1 + P_2 + P_3 = I_1^2 R_1 + I_2^2 R_2 + I_3^2 R_3$$

(7) 电阻的混联计算举例

图1-22所示电路的分析方法是:由 a、b 端向里看,R_2 和 R_3,R_4 和 R_5 均连接在相同的两点之间,因此是并联关系。把 $R_2 \sim R_5$ 这4个电阻两两并联后,电路中 a、b 两点不再有结点,所以它们的等效电阻与 R_1 和 R_6 相串联,即

$$R_{ab} = R_1 + R_6 + (R_2 /\!/ R_3) + (R_4 /\!/ R_5)$$

电阻混联电路的等效电阻计算,关键在于找出电路正确的连接点,然后分别把两两结点之间的电阻进行串、并联简化计算,最后将简化的等效电阻相串即可求出。

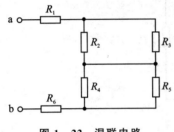

图1-22 混联电路

例1-6 图1-23(a)所示电路中,已知 $R_1 = 10\ \Omega$,$R_2 = 8\ \Omega$,$R_3 = 2\ \Omega$,$R_4 = 6\ \Omega$,路端电压 $U = 140\ \text{V}$。试求电路中的电流 I_1。

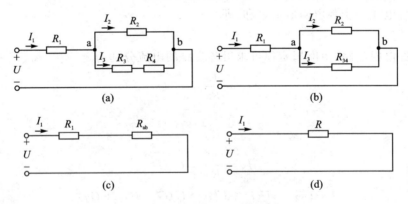

图1-23 例1-6的图

解 由图1-23(a)电路变换为图1-23(b)电路,其中,$R_{34} = R_3 + R_4 = 2 + 6 = 8\ \Omega$。

再由图1-23(b)得图1-23(c)电路,其中,$R_{ab} = \dfrac{R_2 R_{34}}{R_2 + R_{34}} = \dfrac{8 \times 8}{8 + 8} = 4\ \Omega$。

由图1-23(c)得图1-23(d)电路,即 $R = R_1 + R_{ab} = 10 + 4 = 14\ \Omega$。

最后求出

$$I_1 = \frac{U}{R} = \frac{140}{14} = 10 \text{ A}$$

2. 电感元件

电感元件的原始模型为导线绕成圆柱线圈，如图 1-24(a)所示。当线圈中通以电流 i，在线圈中就会产生磁通量 Φ；若磁通量 Φ 与线圈 N 匝相交链，则磁通链 $\Psi = N\Phi$，并储存能量。表征电感元件（简称电感）产生磁通，存储磁场能力的参数叫电感，用 L 表示。它在数值上等于单位电流产生的磁链，即

$$L = \Psi/i \tag{1-20}$$

式(1-20)等式关系可用 $\Psi - i$ 的平面坐标表示，这就是电感元件的韦安特性。

如果任意时刻，电感元件韦安关系可用 $\Psi - i$ 平面上的一条不随时间变化、通过原点的直线表征时，如图 1-24(b)所示，可称其为线性电感元件。本教材只讨论线性电感元件。

(1) 电感元件图符号及电感量 L 的单位

电感元件的图符号如图 1-24 所示。电感 L 的单位为 H(亨)、mH(毫亨)、μH(微亨)，三者之间的换算关系为

$$1 \text{ H} = 10^3 \text{ mH} = 10^6 \text{ μH} \tag{1-21}$$

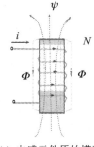
(a) 电感元件原始模型

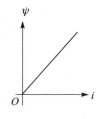
(b) 线性电感元件的韦安特性

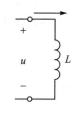
(c) 电感元件符号图

图 1-24 线性电感元件

(2) 线性电感元件的特性

对于一定 L 线性电感元件而言，任一瞬时，其电压和电流的关系为微分(或积分)的动态关系，即

$$u_L = L \frac{di}{dt} \tag{1-22}$$

式(1-22)表明，对一定 L 值的线性电感线圈而言，任意时刻元件两端产生的自感电压与该时刻通过元件的电流变化率成正比。电感线圈上的这种微分(或积分)的伏安关系说明，当通入电感元件中的电流是稳恒直流电时，由于电流变化率为零，电感元件两端的自感电压 u_L 也为零，即直流下电感元件相当于短路；当电感电压 u_L 为有限值时，通入元件的电流变化率也为有限值，此时电感元件中的电流不能跃变，只能连续变化，即电流变化时伴随着自感电压的存在，因此又把电感线圈称为动态元件。

理想电感元件不消耗电能，是电路中存储磁场能器件的理想化模型，存储的磁能为

$$W_L = \frac{1}{2}LI^2 \tag{1-23}$$

(3) 电感种类

电感元件通常指电感器（电感线圈）和各种变压器。

电感按电感值分为固定电感、可变电感；按导磁体性质分为空芯线圈、铁氧体线圈、铁芯线圈、铜芯线圈；按工作性质分为天线线圈、振荡线圈、扼流线圈、陷波线圈、偏转线圈；按绕线结构分为单层线圈、多层线圈、蜂房式线圈。电感产品实物如图1-25所示。

图1-25 电感产品实物图

3. 电容元件

电容元件是"电路分析"学科中电路模型里面除了电阻元件 R、电感元件 L 以外的又一个电路基本元件。在线性电路中，电容元件原始模型为由两块金属极板中间用绝缘介质隔开的平板电容器。当在两极板上加上电压后，极板上分别积聚着等量的正负电荷，在两个极板之间产生电场。积聚的电荷愈多，所形成的电场就愈强，也就是电容元件所储存的电场能也就愈大。在电学里，在一定电位（电压）差下，电容元件存储电荷的能力称为电容量（capacitance），也叫电容，标记为 C。实际上电容元件的工作方式就是充放电，当电容元件两端的电压与电容充、放电电流为关联参考方向时，电容器极板上的电荷与电容器两端的电压为

$$q = Cu \quad 或 \quad C = q/u \tag{1-24}$$

式（1-24）可用 q-u 的平面坐标表示，即电容的库伏特性。

电容元件在任意时刻，电容器极板上的电荷与电容两端的电压的关系可用 q-u 平面上的通过坐标原点的一条直线表示（见图1-26），则该电容为线性电容元件。

(1) 电容元件图符号及电容量 C 的单位

电容元件图符号如图1-27所示。在国际单位制里，电容的单位是 F（法拉），简称法。由于法拉这个单位太大，所以常用的电容单位有 mF（毫法）、μF（微法）、nF（纳法）和 pF（皮法）等，换算关系是

$$1\,\text{F} = 10^3\,\text{mF} = 10^6\,\mu\text{F} = 10^9\,\text{nF} = 10^{12}\,\text{pF}$$

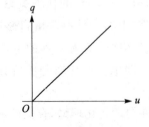

图1-26 线性电容元件的库伏特性

图1-27 电容元件图符号

(2) 线性电容元件的特性

对线性电容元件而言,任一瞬时,其电压、电流的关系也是微分(或积分)的动态关系,即

$$i_C = C \frac{\mathrm{d}u}{\mathrm{d}t} \tag{1-25}$$

式(1-25)表明,对一定容量 C 的电容元件而言,任意时刻,元件中通过的电流与该时刻的电压变化率成正比。显然电容元件与电感元件具有对偶关系,因此电容元件也为动态元件。由上式还可知,只要电容元件中的电流不为零,它一定是在充电(放电)状态下,充电时极间电压随着充电的过程逐渐增大;放电时极间电压随着放电的过程不断减小。当电容元件极间电压不发生变化,即电压变化率等于零时,电容支路电流为零,说明直流稳态情况下电容元件相当于开路;只要通过电容元件的电流为有限值,电容元件两端的电压变化率也必定为有限值,又说明电容元件的极间电压不能发生跃变,只能连续变化。

电容元件是电路中储存电场能器件的理想化模型,元件上存储的电场能量为

$$W_C = \frac{1}{2} C u^2 \tag{1-26}$$

(3) 电容种类

电容器包括固定电容器和可变电容器两大类,其中固定电容器又可根据所使用的介质材料分为云母电容器、陶瓷电容器、纸/塑料薄膜电容器、电解电容器和玻璃釉电容器等;可变电容器也可以是玻璃、空气或陶瓷介质结构。电容产品实物如图 1-28 所示。

图 1-28 电容产品实物图

六、电源模型

电源元件分为独立电源元件和受控电源元件两大类。独立电源元件能独立地给电路提供电压和电流,而不受其他支路的电压或电流的支配;受控电源元件向电路提供电压和电流,是受其他支路的电压或电流控制的。

我们只介绍独立电源元件(简称独立电源),可将独立电源分成两大类:电压源和电流源。

电源模型

1. 电压源

任何一个电源,例如发电机、各种信号源,都含有电动势 U_S 和内阻 R_0。在分析与计算电路时,往往把它们分开,组成的电路模型如图 1-29 所示,即电压源模型,简称电压源。

由图 1-29 所示电路可得

$$U = U_S - R_0 I \tag{1-27}$$

式中,U 表示电源端电压,随电源输出电流的变化而变化,其外特性曲线如图 1-30 所示。当电压源开路时,$I = 0$,$U = U_S$;当短路时,$U = 0$,$I = I_S = \dfrac{U_S}{R_0}$。内阻 R_0 愈小,直线愈平。

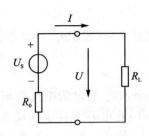

图 1-29 电压源电路

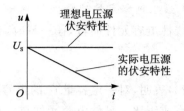

图 1-30 电压源和理想
电压源的外特性曲线

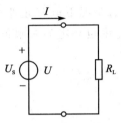

图 1-31 理想电压源电路

当 $R_0=0$ 时,电压 U 恒等于电动势 U_s,是一定值,而其中的电流 I 是任意的,由负载电阻 R_L 及电压 U 本身确定。这样的电源称为理想电压源或恒压源,外特性曲线是平行于横轴的一条直线。理想电压源是理想的电源,如果一个电源的内阻远远小于负载电阻,即 $R_0 \ll R_L$ 时,则内阻压降 $R_0 I \ll U$,于是 $U \approx U_s$,基本上恒定,可以认为是理想电压源。通常用的稳压电源也可以认为是一个理想电压源,如图 1-31 所示。

2. 电流源

电源除用电动势 U_s 和内阻 R_0 的电路模型来表示外,还可以用另一种电路模型来表示。将式(1-27)两边除以电压源的内阻可得

$$\frac{U}{R_0} = \frac{U_s}{R_0} - I = I_s - I$$

或
$$I_s = \frac{U}{R_0} + I \qquad (1-28)$$

式中,$I_s = \dfrac{U_s}{R_0}$,为电源的短路电流;I 为负载电流;$\dfrac{U}{R_0}$ 是流经电源内阻的电流。

由式(1-28)可得电流源的电路模型,即电流源模型,简称电流源。两条支路并联,流过的电流分别为 I_s 和 U/R_0,其外特性曲线如图 1-32 所示。当电流源开路时,$I=0$,$U=U_0=R_0 I_s$;当短路时,$U=0$,$I=I_s$。内阻 R_0 愈大,则直线愈陡。

当 $R_0 = \infty$ 时,电流 I 恒等于电流 I_s,是一定值,而其两端的电压 U 是任意的,由负载电阻 R_L 及电流 I_s 本身确定。这样的电源称为理想电流源或恒流源,如图 1-33 所示,外特性曲线是平行于纵轴的一条直线,如图 1-32 所示。

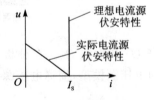

图 1-32 电流源和理想
电流源的外特性曲线

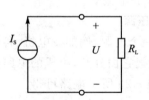

图 1-33 理想电流源电路

当 $R_0 \gg R_L$ 时,电流 I 基本上恒等于 I_s,也可认为是恒流源。

3. 电压源与电流源的等效变换

式(1-27)和式(1-28)是相等的,电流源和电压源的外特性是相同的。因此,它们的电路模型之间是等效的,可以等效变换。

电流源和电压源的等效关系对外电路是合适的,而对电源内部则是不等效的。例如,在图 1-34(a)中,当电压源开路时,$I=0$,内阻 R_0 不损耗功率;但在图 1-34(b)中,当电流源开路时,电源内部仍有电流,内阻 R_0 上有功率损耗。同理,电压源短路($R_L=0$)时,$U=0$,电源内部有电流,有损耗。

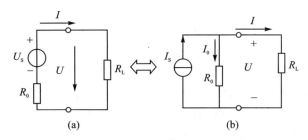

图 1-34 电压源与电流源的等效变换

需要指出:

① 理想电压源($R_0=0$)和理想电流源($R_\infty=0$)外特性不相等,故不可等效变换。

② 上述电压源为由电动势为 U_s 的理想电压源和内阻 R_0 串联的电路,电流源是电流为 I_s 和内阻 R_0 并联的电路,两者是等效的。一般不限于内阻 R_0,只要一个电动势为 E 的理想电压源和某个电阻 R 串联的电路,都可以化为一个电流为 I_s 的理想电流源和这个电阻并联的电路,两者是等效的,其中

$$I_s = \frac{E}{R} \quad 或 \quad E = RI_s \tag{1-29}$$

在分析与计算电路时,也可以用这种等效变换的方法。

例 1-7 已知两个电压源,$E_1=24$ V,$R_{01}=4$ Ω,$E_2=30$ V,$R_{02}=6$ Ω,连接方式如图 1-35 所示,试求其等效电压源的电动势和内阻 R_0。

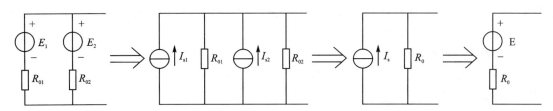

图 1-35 例 1-7 的图

解 如图 1-34 所示,先将两个电压源分别等效变换为电流源,即

$$I_{s1} = \frac{E_1}{R_{01}} = \frac{24}{4} = 6 \text{ A}$$

$$I_{s2} = \frac{E_2}{R_{02}} = \frac{30}{6} = 5 \text{ A}$$

将两个电流源合并为一个等效电流源,即

$$I_s = I_{s1} + I_{s2} = 6 + 5 = 11 \text{ A}$$

$$R_0 = \frac{R_{01} \times R_{02}}{R_{01} + R_{02}} = 2.4 \text{ Ω}$$

然后,将这个等效电流源变换成等效电压源,即

$$E = I_s R_0 = 2.4 \times 11 = 26.4 \text{ V}$$

$$R_0 = 2.4 \text{ Ω}$$

七、电气设备的额定值及电路的工作状态

1. 电气设备的额定值

无论电源还是负载,在实际使用时都会有关于电压、电流、频率及功率工作在安全范围以内的规定值。若电路超过这个限度较长时间,电气设备可能会因过热而烧毁。这就是电气设备的额定值。

电气设备的额定值及电路的工作状态

为了保证电气设备安全、可靠、经济地工作,制造厂家在电气设备的铭牌上大多标出其额定值,比如在电饭煲的商品标签上标有额定功率 900 W,额定电压 220 V,额定频率 50 Hz。通常额定值有以下几种。

(1) 额定电压 U_N

额定电压 U_N 即为电气设备规定的正常使用电压。当电压过高或过低时,设备不能正常工作,而且有可能使绝缘击穿。

(2) 额定电流 I_N

额定电流 I_N 即设备(或规定时间内)允许通过的最大电流,使用时,不得超过。当电流大于额定值时称为过载,小于额定电流时称为轻载,达到额定值时称为额定工作状态。短时过载还可以允许,长时间过载是不允许的,使用时应特别注意。

(3) 额定功率 P_N

额定功率 P_N 即电气设备在额定电压时允许的最大输入或输出功率,使用时一般不得超过。

在实际使用电器设备时,只有当用电器两端的实际电压等于或稍小于它的额定电压时,用电器才能安全使用。必须遵守有关额定值的规定,否则将损坏或毁坏电器设备。为了防止电器设备受损,通常用熔断器对电路进行保护。

2. 电路的工作状态

电路在不同的工作条件下,会有不同的工作状态,并具有不同的特点。通常有三种工作状态,即有载运行(通路)、开路和短路。

(1) 有载运行状态

在图 1-36 中,开关合上,电路中电源与负载接通而形成闭合电路,此时负载 R 就有电流通过,称为有载运行状态,电路中的电流为

$$I = \frac{U_s}{R_0 + R} \tag{1-30}$$

电阻 R 两端的电压为

$$U = IR = U_s - IR_0$$

也就是说,负载时的端电压 U 总是小于电动势 U_s,两者的差值就是电源内阻上的压降 IR_0。

当电源内阻 R_0 很小,即 $R_0 \ll R$ 时,才可以有
$$U \approx U_s$$

从式(1-30)可知,$U_s = IR_0 + IR$,两边同乘以电流 I 即为功率平衡方程式

$$U_s I = I^2 R_0 + I^2 R$$
$$I^2 R = U_s I - I^2 R_0$$

即
$$P = P_s - P_0 \quad (1-31)$$

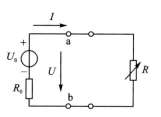

图 1-36 电路有载工作状态

其中,$P = I^2 R = UI$,为负载消耗的功率;$P_s = U_s I$,为电源产生的总功率;$P_0 = I^2 R_0$,为电源内阻消耗的功率。

一般情况下,电源的电动势 U_s 和内阻 R_0 是一定的。由式(1-30)知,电流 I 大小决定于负载电阻 R,R 越小,电路中的电流 I 就越大,负载消耗功率 P 和电源发出功率 P_s 就越大。这种情况下,我们称之为负载增大。显然负载的大小绝不是指负载电阻的大小,而是指负载电流和功率的大小。当负载电阻增大时,称负载变小,而负载电阻减少时,则为负载变大。电源输出的功率和电流取决于负载的大小,且随负载的变化而变化。

(2) 开路状态

在图 1-37 所示的电路中,开关 S 打开,则电源处于开路(空载状态)。开路时电路的电阻对电源而言相当于无穷大,故电路中电流为零,此时电源的端电压即开路电压(空载电压),等于电源电动势,电源对外电路不输出功率。

如上所述,电源开路时的特征可表示为

$$\begin{aligned} I &= 0 \\ U &= U_s \\ P &= 0 \end{aligned} \quad (1-32)$$

(3) 短路状态

如图 1-38 所示的电路中,当电源两端 a 和 b 由于某种原因直接连在一起,电流不通过负载,直接通过短路线返回电源,此时电路处于短路状态。

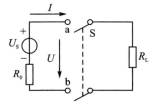

图 1-37 电路开路状态

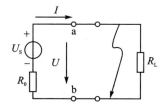

图 1-38 电路短路状态

一般来说,电源内阻很小,导线电阻可视为零,短路电流 I_s 必然很大,这时电源所发出的功率全部消耗在电阻 R_0 上,会产生大量的热量而烧毁电源。

如上所述,电源短路时的特征可表示为

$$\begin{aligned} U &= 0 \\ I &= I_s = \frac{U_s}{R_0} \\ P_s &= \Delta P = R_0 I^2, \quad P = 0 \end{aligned} \quad (1-33)$$

短路通常是一种事故,应竭力避免。为了防止短路事故所引起的后果,实际电路中应接入熔断器或断路器,一旦发生短路就能迅速将故障电路与电源自动断开。

1.1.3 任务实施

一、万用表的使用方法

1. 直流(交流)电压的测量

本次任务以优德利 UT39A 型数字万用表为例进行测量。

① 将红表笔插入"VΩ"插孔,黑表笔插入"COM"插孔;

② 正确选择量程,将功能开关置于直流或交流电压量程挡;如果事先不清楚被测电压的大小,应先选择最高量程挡,根据读数的大小逐步调低量程挡;

③ 将测试笔并联到待测电源或负载上,从显示器上读取测量结果,如图 1-39 和 1-40 所示;

图 1-39 数字万用表测交流电压

图 1-40 数字万用表测直流电压

④ 当被测电路电压大于量程电压时,万用表显示"1",表示过量程,这时需适当调大量程,如图 1-41 所示。

2. 电阻的测量

① 将红表笔插入"VΩ"插孔,黑表笔插入"COM"插孔;

② 将功能开关置于 Ω 量程,将测试表笔并接到待测电阻上;

③ 从显示器上读取测量结果,如图 1-42 所示,电阻为 2.34 kΩ。

图 1-41 数字万用表电压超量程显示

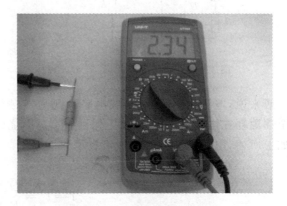
图 1-42 数字万用表测电阻

注意: 测在线电阻时,须确认被测电路已关掉电源、电容已放完电、无旁路电阻等方可进行测量。

3. 直流(交流)电流测量

① 将红表笔插入"mA"或"10 A~20 A"插孔(测量 200 mA 以下的电流时,插入"mA"插孔;测量 200 mA 及以上的电流时,插入"10 A~20 A"插孔),黑表笔插入"COM"插孔;

② 将功能开关置 A--或 A~量程,并将测试表笔串联接入待测负载回路里,如图 1-43 所示;

③ 从显示器上读取测量结果,如图 1-44 所示,电流为 60 mA。

图 1-43 数字万用表测直流电流

图 1-44 电流的读数

二、基本电路的连接与测量

1. 仪器和设备

所需仪器和设备见表 1-1。

表 1-1 所需仪器与设备

序 号	名 称	型号与规格	数 量	备 注
1	直流可调稳压电源	0~30 V	二路	
2	万用表		1	自备
3	直流数字电压表	0~200 V	1	
4	电位、电压测定实验电路板		1	DGJ-03

2. 双电源电路的连接

将表 1-1 设备按图 1-45 所示电路完成电路的连接。

3. 电压与点位的测量

① 分别将两路直流稳压电源接入电路,令 $U_1=6$ V,$U_2=12$ V。应先调准输出电压值,再接入实验线路中。

② 以图 1-45 中的 A 点作为电位的参考点,分别测量 B,C,D,E,F 各点的电位值 V 及相邻两点之间的电压值 U_{AB},U_{BC},U_{CD},U_{DE},U_{EF} 及 U_{FA},记录数据。

③ 以 D 点作为参考点,重复实验内容 2 的测量,测得数据列于表 1-2 中。

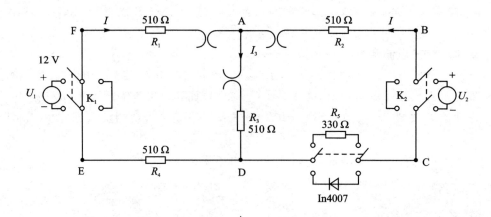

图 1-45 原理电路接线图

表 1-2 实验测量数据

电位参考点	V 与 U	V_A	V_B	V_C	V_D	V_E	V_F	U_{AB}	U_{BC}	U_{CD}	U_{DE}	U_{EF}	U_{FA}
A	测量值1												
	测量值2												
	平均值												
D	测量值1												
	测量值2												
	平均值												

4．测量数据报告

根据表 1-2 测得的数据，分析电压与点位的关系。

三、多量程直流电压表和电流表的设计

1．设计内容

多量程直流电压表、电流表电路的设计与制作。

2．设计要求

（1）多量程直流电压表电路

① 已知表头参数为 $I_g=260\ \mu A$，$R_g=378\ \Omega$，要求设计直流电压为 50 V，250 V，500 V 三挡。

② 设计灵敏度均为 20 kΩ/V。

③ 画出电路图，并计算各分压电阻。

（2）多量程直流电流表电路

① 已知表头参数为 $I_g=260\ \mu A$，$R_g=378\ \Omega$，要求设计直流电压挡为 1 mA，50 mA，100 mA 三挡。

② 画出电路图，并计算各分压电阻。

3. 制作要求

① 按所设计的多量程直流电压表、电流表电路图制作电路,按布线要求进行布线。
② 要求各量程都能正常工作。

4. 设计报告

① 设计多量程直流电压表、电流表的电路图、电路工作原理及相关参数的计算。
② 编写电路安装步骤。
③ 编写电路测量数据表,测量数据并对数据进行分析。

1.1.4 知识拓展

一、色环电阻的识别

色环电阻的电阻封装上(电阻表面)涂有一定颜色的色环,色环代表这个电阻的阻值。色环实际上是为了帮助人们分辨不同阻值而设定的标准,如图 1-46 所示。

色环电阻现在应用还是很广泛的,如家用电器、电子仪表、电子设备中常常可以见到。色环电阻的阻值比较大,不适合现代高度集成的性能要求。

图 1-46 色环电阻图

色环电阻分四环和五环两种,通常用四环。色环电阻的表示法包括三个部分:有效数字、倍率和误差范围,如图 1-47 所示。

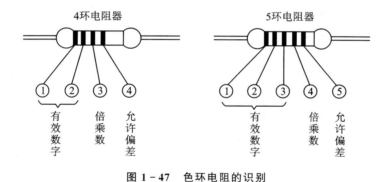

图 1-47 色环电阻的识别

1. 四环电阻

各色环的数值为:黑 0、棕 1、红 2、橙 3、黄 4、绿 5、蓝 6、紫 7、灰 8、白 9,金、银表示误差。各色环表示意义如下:

第一条色环,阻值的第一位数字;
第二条色环,阻值的第二位数字;
第三条色环,10 的幂数;
第四条色环,误差表示。

2. 精确度更高的"五色环"电阻

可用五条色环表示电阻的阻值大小,具体如下:

第一条色环,阻值的第一位数字;
第二条色环,阻值的第二位数字;

第三条色环,阻值的第三未数字;
第四条色环,阻值乘数的 10 的幂数;
第五条色环,误差(常见是棕色,误差为 1%)。
四色环电阻误差为 5%～10%,五色环常为 1%,精度提高了。

二、判断电容好坏的检测方法

1. 固定电容器的检测

① 检测 10 pF 以下的小电容时,因 10 pF 以下的固定电容器容量太小,若用指针万用表测量,只能定性地检查其是否有漏电、内部短路或击穿现象。测量时,可选用万用表 R×10k 挡,用两表笔分别任意接电容的两个引脚,阻值应为无穷大。若测出阻值(指针向右摆动)为零,则说明电容漏电损坏或内部击穿。

② 检测 10 pF～0.01 μF 固定电容器是否有充电现象,进而判断其好坏。万用表选用 R×1k 挡。两只三极管的 β 值均为 100 以上,且穿透电流要小。可选用 3DG6 等型号硅三极管组成复合管。万用表的红表笔和黑表笔分别与复合管的发射极 e 和集电极 c 相接。由于复合三极管的放大作用,把被测电容的充放电过程予以放大,使万用表指针摆幅度加大,从而便于观察。应注意的是:在测试操作时,特别是在测较小容量的电容时,要反复调换被测电容引脚接触 A、B 两点,才能明显地看到万用表指针的摆动。

③ 对于 0.01 μF 以上的固定电容,可用万用表的 R×10k 挡直接测试电容器有无充电过程以及有无内部短路或漏电,并可根据指针向右摆动的幅度大小估计出电容器的容量。

2. 电解电容器的检测

① 因为电解电容的容量较一般固定电容大得多,所以,测量时应针对不同容量选用合适的量程。根据经验,一般情况下,1～47 μF 间的电容,可用 R×1k 挡测量,大于 47 μF 的电容可用 R×100 挡测量。

② 将万用表红表笔接负极,黑表笔接正极,在刚接触的瞬间,万用表指针即向右偏转较大偏度(对于同一电阻挡,容量越大,摆幅越大),接着逐渐向左回转,直到停在某一位置。此时的阻值便是电解电容的正向漏电阻,此值略大于反向漏电阻。实际使用经验表明,电解电容的漏电阻一般应在几百千欧以上,否则将不能正常工作。在测试中,若正向、反向均无充电的现象,即表针不动,则说明容量消失或内部断路;如果所测阻值很小或为零,说明电容漏电大或已击穿损坏,不能再使用。

③ 对于正、负极标志不明的电解电容器,可利用上述测量漏电阻的方法加以判别,即先任意测一下漏电阻,记住其大小,然后交换表笔再测出一个阻值。两次测量中阻值大的那一次便是正向接法,即黑表笔接的是正极,红表笔接的是负极。

④ 使用万用表电阻挡,采用给电解电容进行正、反向充电的方法,根据指针向右摆动幅度的大小,可估测出电解电容的容量。

3. 可变电容器的检测

① 用手轻轻旋动转轴,应感觉十分平滑,不应感觉有时松时紧甚至有卡滞现象。将转轴向前、后、上、下、左、右各个方向推动时,转轴不应有松动的现象。

② 用一只手旋动转轴,另一只手轻摸动片组的外缘,不应感觉有任何松脱现象。转轴与动片之间接触不良的可变电容器,是不能继续使用的。

③ 将万用表置于 R×10k 挡,一只手将两个表笔分别接可变电容器的动片和定片的引出端,另一只手将转轴缓缓旋动几个来回,万用表指针都应在无穷大位置不动。在旋动转轴的过程中,如果指针有时指向零,说明动片和定片之间存在短路点;如果碰到某一角度,万用表读数不为无穷大而是出现一定阻值,说明可变电容器动片与定片之间存在漏电现象。

三、电感简介

电感是闭合回路的一种属性。当线圈通过电流后,在线圈中形成磁场感应,感应磁场又会产生感应电流来抵制通过线圈中的电流。这种电流与线圈的相互作用关系称为电的感抗,也就是电感,单位是 H(亨利)。

1. 自感

当线圈中有电流通过时,线圈的周围就会产生磁场。当线圈中电流发生变化时,其周围的磁场也产生相应的变化,此变化的磁场可使线圈自身产生感应电动势(感生电动势,电动势用以表示有源元件理想电源的端电压),这就是自感。

2. 互感

两个电感线圈相互靠近时,一个电感线圈的磁场变化将影响另一个电感线圈,这种影响就是互感。互感的大小取决于电感线圈的自感与两个电感线圈耦合的程度,利用此原理制成的元件叫做互感器。

3. 基本术语

(1) 小型固定电感器

小型固定电感器通常用漆包线在磁芯上直接绕制而成,如图 1-48 所示。电感主要用在滤波、振荡、陷波、延迟等电路中,有密封式和非密封式两种封装形式,两种形式又都有立式和卧式两种外形结构。

① 立式密封固定电感器。它采用同向型引脚;国产电感量范围为 0.1~2 200 μH(直接标在外壳上),额定工作电流为 0.05~1.6 A,误差范围为 ±5%~±10%;进口的电感量、电流量范围更大,误差则更小。进口有 TDK 系列色码电感器,其电感量用色点标在电感器表面。

② 卧式密封固定电感器。它采用轴向型引脚,国产有 LG1、LGA、LGX 等系列。

LG1 系列电感器的电感量范围为 0.1~2 2000 μH(直标在外壳上),额定工作电流为 0.05~1.6 A,误差范围为 ±5%~±10%。

图 1-48 小型固定电感器

LGA 系列电感器采用超小型结构,外形与 1/2W 色环电阻器相似,其电感量范围为 0.22~100 μH(用色环标在外壳上),额定电流为 0.09~0.4 A。

LGX 系列色码电感器也为小型封装结构,其电感量范围为 0.1~10 000 μH,额定电流分为 50 mA、150 mA、300 mA 和 1.6 A 四种规格。

(2) 可调电感器

常用的可调电感器有半导体收音机用振荡线圈、电视机用行振荡线圈、电感行线性线圈、中频陷波线圈、音响用频率补偿线圈、阻波线圈等,如图 1-49 所示。

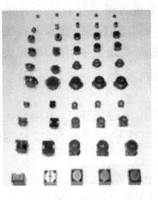

图 1-49　可调电感器

① 半导体收音机用振荡线圈。此振荡线圈在半导体收音机中与可变电容器等组成本机振荡电路。其外部为金属屏蔽罩，内部由尼龙衬架、工字形磁心、磁帽及引脚座等构成，在工字磁心上有用高强度漆包线绕制的绕组。磁帽装在屏蔽罩内的尼龙架上，可以上下旋转动，通过改变它与线圈的距离来改变线圈的电感量。电视机中频陷波线圈的内部结构与振荡线圈相似，是磁帽可调磁心。

② 电视机用行振荡线圈。行振荡线圈用在早期的黑白电视机中，与外围的阻容元件及行振荡晶体管等组成自激振荡电路（三点式振荡器或间歇振荡器、多谐振荡器），用来产生频率为 15 625 Hz 的矩形脉冲电压信号。该线圈的磁心中心有方孔，行同步调节旋钮直接插入方孔内，旋动行同步调节旋钮，即可改变磁心与线圈之间的相对距离，从而改变线圈的电感量，使行振荡频率保持为 15 625 Hz，与自动频率控制电路（AFC）送入的行同步脉冲产生同步振荡。

③ 行线性线圈。这是一种非线性磁饱和电感线圈（其电感量随着电流的增大而减小），一般串联在行偏转线圈回路中，利用其磁饱和特性来补偿图像的线性畸变。行线性线圈是用漆包线在"工"字型铁氧体高频磁心或铁氧体磁棒上绕制而成的，线圈的旁边装有可调节的永久磁铁。可通过改变永久磁铁与线圈的相对位置来改变线圈电感量的大小，从而达到线性补偿的目的。

（3）阻流电感器

阻流电感器是指在电路中用以阻塞交流电流通路的电感线圈，分为高频阻流线圈和低频阻流线圈，如图 1-50 所示。

① 高频阻流线圈。高频阻流线圈也称高频扼流线圈，用来阻止高频交流电流通过。高频阻流线圈工作在高频电路中，多采用空心或铁氧体高频磁心，骨架用陶瓷材料或塑料制成，线圈采用蜂房式分段绕制或多层平绕分段绕制。

② 低频阻流线圈。低频阻流线圈也称低频扼流圈，应用于电流电路、音频电路或场输出等电路，其作用是阻止低频交流电流通过。

通常，将用在音频电路中的低频阻流线圈称为音频阻流圈，将用在场输出电路中的低频阻流线圈称为场阻流圈，将用在电流滤波电路中的低频阻流线圈称为滤波阻流圈。

图 1-50　阻流电感器

低频阻流圈一般采用"E"形硅钢片铁芯（俗称矽钢片铁芯）、坡莫合金铁芯或铁淦氧磁心。为防止通过较大直流电流引起磁饱和，安装时在铁芯中要留有适当空隙。

思考与练习

一、填空题

1. 任何一个完整的电路都必须有_____、_____和_____三个基本组成部分。
2. 电路模型是由一些_____组成的电路。
3. 电源和负载的本质区别是：电源是把_____能量转换成_____能的设备，负载是把能量转换成_____能量的设备。
4. 常见的无源电路元件有_____、_____和_____。
5. 常见的有源电路元件是_____和_____。
6. _____是产生电流的根本原因。电路中某点到参考点间的_____称为该点的电位，电位具有_____性。
7. 线性电阻元件上的电压、电流关系，任意瞬间都受_____定律的约束。
8. 如果电流从电压"＋"极性的一端流入，并从电压"－"极性的另一端流出，则称为电流和电压_____方向。
9. 电阻串联电路中电流的特点是_____。
10. 电阻并联电路中总等效电阻等于_____。

二、判断题

1. 电源发生短路时，其端电压一定为零。（   ）
2. 两点电位都很高，它们之间的电压必定很大。（   ）
3. 测量直流电路的电流时，直流电流表应串接在电路中。（   ）
4. 测量电路中的电压时，应将电压表并联在被测电路中。（   ）
5. 电阻 $R_1=30\ \Omega$，$R_2=20\ \Omega$，$R_3=60\ \Omega$ 相并联，其总等效电阻值是零。（   ）
6. 电压源是理想电压源的简称，其内阻为零，实际电压源模型客观存在内阻。（   ）
7. 电流源是理想电流源的简称，其内阻无穷大，实际电流源模型的内阻是有限值。（   ）
8. 可以把 1.5 V 和 6 V 的两个电源相串联后作为 7.5 V 电源使用。（   ）。
9. 电气设备的额定值，通常是指其长期、安全工作条件下的最高限值。（   ）
10. 电压是电路中产生电流的根本原因，数值上等于两点电位的差值，是绝对的量。（   ）

三、选择题

1. 常用的理想电路元件中，储存电场能量的元件是（   ）。
   A. 电阻器　　　　B. 电感器　　　　C. 电容器　　　　D. 二极管
2. 2 个 2 Ω 的电阻并联的总等效电阻为（   ）。
   A. 1 kΩ　　　　B. 4 kΩ　　　　C. 2 Ω　　　　D. 0.5 kΩ
3. 电路由（   ）部分组成。
   A. 电源　　　　B. 电源　　　　C. 中间环节　　　　D. 导线
4. 电路的功能是（   ）。
   A. 实现电能的传输、分配和转换　　　　B. 实现对电信号的传递、存储与处理
   C. 实现加热的功能　　　　D. 实现对信号的放大

5. 两个电阻 $R_1=10\ \Omega,R_2=10\ \text{k}\Omega$,若两电阻相串联,其等效电阻约等于(   )。
   A. 10 kΩ   B. 15 kΩ   C. 10 Ω   D. 20 kΩ

6. 电阻 $R_1=30\ \Omega,R_2=20\ \Omega,R_3=60\ \Omega$ 相并联,若 R_3 发生短路,此时三个电阻的并联等效电阻值是(   )。
   A. 0 Ω   B. 30 Ω   C. 20 Ω   D. 60 Ω

7. 电路有(   )工作状态。
   A. 有载   B. 无载   C. 开路   D. 短路

8. 已知电路中 A 点的对地电位是 65 V,B 点的对地电位是 35 V,则 $U_{BA}=$(   )。
   A. 100 V   B. −30 V   C. 30 V   D. 0 V

9. 某电阻元件的额定数据为"1 kΩ,2.5 W"。正常使用时允许通过的最大电流为(   )。
   A. 50 mA   B. 2.5 mA   C. 250 mA   D. 1 mA

四、简述题

1. 在电路中已经定义了电流、电压的实际方向,为什么还要引入参考方向?参考方向与实际方向有何区别和联系?

2. 两个电阻 $R_1=10\ \Omega,R_2=10\ \text{k}\Omega$,问:若两电阻相串联,其等效电阻约等于哪一个电阻的数值;当它们相并联时,其等效电阻又约等于哪一个电阻的阻值?

3. 你能否说明设计多量程直流电压表和电流表是应用了电路中的什么原理?

4. 标有"1 W,100 Ω"的金属膜电阻,在使用时电流和电压不得超过多大数值?

5. 试述电压和电位这两个概念的异同。若电路中某两点电位都很高,则这两点间电压是否也一定很高?

五、计算题

1. 在图 1-51 中,5 个二端元件分别代表电源或负载,其中的 3 个元件上电流和电压的参考方向已标出,在参考方向下通过测量得到:$I_1=-2\ \text{A},I_2=6\ \text{A},I_3=4\ \text{A},U_1=80\ \text{V},U_2=-120\ \text{V},U_3=30\ \text{V}$。试判断哪些元件是电源,哪些是负载?

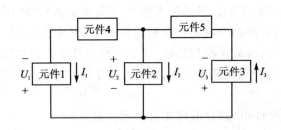

图 1-51 计算题 1 的图

2. 电源的开路电压为 12 V,短路电流为 30 A,求电源的参数 U_s 和 R_0。

3. 电阻 $R_1=30\ \Omega,R_2=20\ \Omega,R_3=60\ \Omega$ 相并联,其等效电阻是多少?若 R_3 发生短路,此时三个电阻的并联等效电阻值又是多少?

4. 将图 1-52 所示电路化成等值电流源电路。

5. 求图 1-53 所示电路的等效电阻。

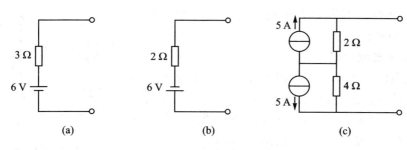

图 1-52 计算题 4 的图

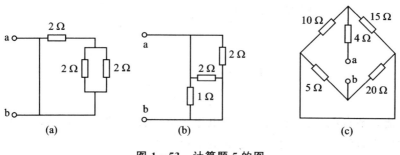

图 1-53 计算题 5 的图

任务1.2 复杂直流电路分析与测试

1.2.1 任务目标

① 掌握基尔霍夫定律和叠加原理的内容；
② 能灵活运用基尔霍夫定律和叠加原理分析复杂直流电路；
③ 能搭接实际的电路来验证基尔霍夫定律和叠加原理；
④ 熟练掌握常用电工仪器仪表的使用方法。

1.2.2 知识探究

一、基尔霍夫定律

1. 名词解释

基尔霍夫定律

在物理学中,讨论简单电路时往往应用两条原理,即基于电荷守恒的电流连续性原理和基于能量守恒的电位单值性原理,以确定各元件的电压或电流之间的关系。

分析与计算电路的基本定律除了欧姆定律以外,还有基尔霍夫定律。基尔霍夫定律分为电流定律和电压定律。基尔霍夫电流定律应用于节点,电压定律应用于回路。在讨论基尔霍夫定律之前,先要介绍几个名词。

① 支路：电路中通过同一电流的每个分支。图 1-54 中,ab,acb,adb 均是支路。ab 支路不含有电源,称为无源支路;acb,adb 支路含有电源,称为有源支路。

② 节点：电路中三条或三条以上支路的联接点。图 1-54 中 a,b 两点均为节点。

③ 回路：一条或多条支路组成闭合电路。图 1-54 中的 adbca,adba,adca 均是回路。

④ 网孔：回路内部不含有支路。图 1-54 中的回路 adbca，abda 均是网孔。

2. 基尔霍夫电流定律

基尔霍夫电流定律(KCL)表明了任何一个电路中连接在同一节点上的各支路电流之间的关系。由于电流的连续性，对于电路中的任何一个节点，在任何瞬间流入该节点的电流之和，必然等于流出该节点的电流之和，即

$$\sum I_入 = \sum I_出 \qquad (1-34)$$

显然在图 1-55 所示电路的节点 a 可得到

$$I_2 = I_1 + I_3 + I_4$$

可改写为

$$I_1 + I_3 + I_4 - I_2 = 0$$

即

$$\sum I = 0 \qquad (1-35)$$

如果规定流入节点电流为正，流出节点电流为负，则任何节点上电流的代数和等于零。这一结论不仅适用于直流电流，而且适用于交流电流。

在应用基尔霍夫电流定律时，需要说明以下几点。

① 在应用基尔霍夫电流定律进行计算时，首先应假定各支路电流的正方向。当某支路电流的正方向与实际方向相同时电流为正值，否则为负值，它自动满足所列方程。

② 基尔霍夫电流定律通常用于节点，但也可以将节点推广到电路的一个闭合面(广义节点)所包围的部分电路。在图 1-56 所示电路中

$$I_1 + I_2 = I_3 \qquad (1-36)$$

即流入闭合面的电流等于流出闭合面的电流，这也体现了电流的连续性原理。

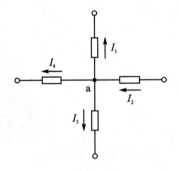

图 1-55 节点示例

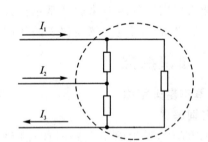

图 1-56 电流定律的广义应用

3. 基尔霍夫电压定律

基尔霍夫电压定律(KVL)表明了电路中任一回路中各部分电压之间的相互关系。由于电路中的任意一点的瞬时电位具有单值性，所以在任一时刻，沿电路的任一闭合回路循环一周，回路各部分电压降的代数和等于零，即

$$\sum u = 0$$

对直流电路有

$$\sum U = 0 \tag{1-37}$$

式中,电压的正方向与绕行方向一致取正号,相反取负号。在图 1-57 所示的回路中,若以顺时针方向为绕行方向,该回路的基尔霍夫电压定律方程为

$$U_1 - U_3 - U_2 + U_4 = 0 \tag{1-38}$$

在应用基尔霍夫电压定律时,需要说明以下几点。

① 应用基尔霍夫电压定律,需首先假设回路循环方向,在具体应用式(1-38)计算代数和时,凡电压的正方向与绕行方向一致者取正,与绕行方向相反取负。

② 基尔霍夫电压定律,不仅适用于线性电路,同样适用于非线性电路。

③ 基尔霍夫电压定律不仅适用于电路中任一闭合回路,而且还可以推广应用于任何一个假想闭合的电路。例如,图 1-58 所示电路中,a,b 间无支路连通,开口处虽无电流,但有电压。根据基尔霍夫电压定律列出的回路电压方程为

$$U + IR - U_s = 0 \tag{1-39}$$

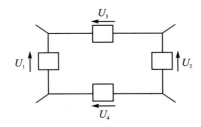

图 1-57 回路示例

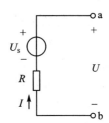

图 1-58 电压定律的广义应用

例 1-8 电路如图 1-59 所示,有关数据已标出,求 U_{R_4}、I_2、I_3、R_4 及 U_s 的值。

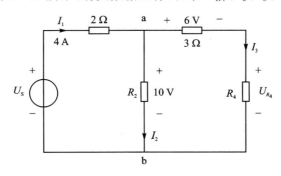

图 1-59 例 1-8 的图

解 设左边网孔绕行方向为顺时针方向,根据基尔霍夫电压定律,有

$$-U_s + 2 \times 4 + 10 = 0$$

代入数值后,有

$$U_s = 2 \times 4 + 10 = 18 \text{ V}$$

$$I_3 = \frac{6}{3} = 2 \text{ A}$$

对于节点 a,根据基尔霍夫电流定律,有

$$I_2 = I_1 - I_3 = 4 - 2 = 2 \text{ A}$$

$$R_2 = \frac{10}{I_2} = \frac{10}{2} = 5 \ \Omega$$

对右边网孔设定顺时针方向为绕行方向,根据基尔霍夫电压定律,有

$$-10 + 6 + U_{R_2} = 0$$

则

$$U_{R_4} = 10 - 6 = 4 \ \text{V}$$

$$R_4 = \frac{U_{R_4}}{I_3} = \frac{4}{2} = 2 \ \Omega$$

二、支路电流法

1. 支路电流法简介

在计算复杂电路的各种方法中,支路电流法是最基本的方法。它是以支路电流为未知量,应用基尔霍夫定律列出与支路电流数目相等的独立方程式,再联立求解。

支路电流法

2. 支路电流法的解题步骤

应用支路电流法解题的方法步骤(假定某电路有 m 条支路,n 个结点)如下:
① 首先标定各待求支路的电流参考正方向及回路绕行方向;
② 应用基尔霍夫电流定律列出 $(n-1)$ 个结点方程;
③ 应用基尔霍夫电压定律列出 $[m-(n-1)]$ 个独立的回路(网孔)电压方程式;
④ 由联立方程组求解各支路电流。

例 1-9 如图 1-60 所示电路中,$U_{s_1} = 14 \ \text{V}$,$R_1 = 2 \ \Omega$,$U_{s_2} = 2 \ \text{V}$,$R_2 = 3 \ \Omega$,$R_3 = 8 \ \Omega$,用支路电流法求各支路电流。

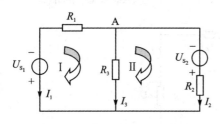

图 1-60 例 1-9 的图

解 假定各支路电流方向如图 1-60 所示,根据基尔霍夫电流定律,对节点 A 有

$$I_1 + I_2 + I_3 = 0$$

设闭合回路的绕行方向为顺时针方向,对回路 I,有

$$-I_1 R_1 + I_3 R_3 + U_{s_1} = 0$$

对回路 II,有

$$I_2 R_2 - I_3 R_3 - U_{s_2} = 0$$

联立方程组

$$\begin{cases} I_1 + I_2 + I_3 = 0 \\ 2I_1 + 8I_3 = -14 \\ 3I_2 - 8I_3 = 2 \end{cases}$$

解方程组得 $I_1 = 3 \ \text{A}$,$I_2 = -2 \ \text{A}$,$I_3 = -1 \ \text{A}$。

这里解得 I_2,I_3 为负值,说明实际方向与假定方向相反,同时说明 E_1 此时相当于负载。

三、叠加定理

叠加定理是线性电路的一个基本定理,体现了线性网络的基本性质,在网络理论中占有重要的地位,是分析线性电路的基础。线性电路中的许

叠加定理

多定理可以由叠加定理导出。

当线性电路中有两个或两个以上的独立源作用时,任意支路的电流(或电压)响应,等于电路中每个独立源单独作用下在该支路中产生的电流(或电压)响应的代数和。

一个独立源单独作用意味着其他独立源不起作用,即不作用的电压源的电压为零,不作用的电流源的电流为零。电路分析中可用短路代替不作用的电压源,可用开路代替不作用的电流源。用叠加定理计算复杂的电路时,要把一个复杂电路化为几个单电源电路进行计算,然后把它们叠加起来;电压或电流的叠加要按照标定的参考方程进行。因为电流与功率不成线性关系,功率必须根据元件上的总电流和总电压计算,而不能够按照叠加定理计算。

综上所述,应用叠加定理进行电路分析时,应注意下列几点:

① 叠加定理只能用来计算线性电路的电流和电压,不适用于非线性电路。

② 叠加时要注意电流和电压的参考方向,求其代数和。

③ 化为几个单电源电路进行计算时,所谓电压源不作用,就是在该电压源处用短路代替;电流源不作用,就是在该电流源处用开路代替;所有电阻不变。

例 1-10 用叠加定理求图 1-61(a)电路中的电流 I。

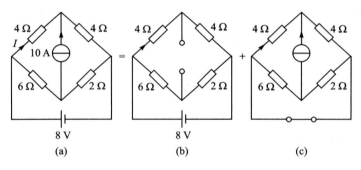

图 1-61 例 1-10 的图

解 根据叠加定理,图 1-61(a)中的电压可以看成(b)和(c)中响应的叠加。图(b)为 8 V 电压源单独作用的电路,图(c)为 10 A 电流源单独作用的电路。

在图 1-61(b)中

$$I' = \frac{8}{4+4} = 1 \text{ A}$$

在图 1-61(c)中

$$I'' = -\frac{10}{4+4} \times 4 = -5 \text{ A}$$

进行叠加得 $I = I' + I'' = -4$ A

例 1-11 电路如图 1-62 所示。①试用叠加原理求电压 U;②求电流源提供的功率。

解 ① 由叠加原理可知,当 3 A 电流源单独作用时的等效电路如图 1-62(b)所示,有

$$U' = \frac{5 \times 10}{5+10} \times 3 = 10 \text{ V}$$

9 V 电压源单独作用时的等效电路如图 1-62(c)所示,有

$$U'' = -\frac{5}{5+10} \times 9 = -3 \text{ V}$$

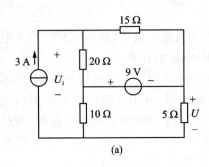
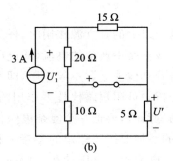
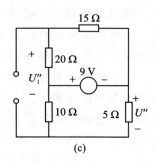

图 1-62 例 1-11 的图

所以
$$U = U' + U'' = 10 + (-3) = 7 \text{ V}$$

② 由图 1-62(b),有
$$U'_1 = 3 \times \left(\frac{15 \times 20}{15 + 20} + \frac{5 \times 10}{5 + 10}\right) = 35.7 \text{ V}$$

由图 1-62(c),有
$$U''_1 = -\frac{20}{20 + 15} \times 9 + \frac{10}{10 + 5} \times 9 = 0.86 \text{ V}$$

故
$$U_1 = U'_1 + U''_1 = 35.7 + 0.86 = 36.56 \text{ V}$$

3 A 电流源产生的功率为
$$P_S = 3 \times 36.56 = 109.68 \text{ W}$$

1.2.3 任务实施

一、基尔霍夫定律的验证

1. 验证要求

① 根据给定的电路图(见图 1-63),能正确布线,使电路正常工作;

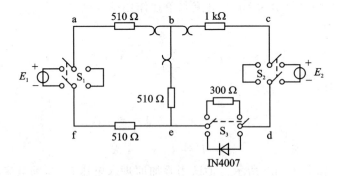

图 1-63 测试电路接线图

② 正确使用电流插头、插座测量各支路电流;
③ 正确运用测试出的数据,验证基尔霍夫定律;
④ 正确填写测试报告。

2. 验证的仪器和设备

测试所需的仪器和设备见表 1-3。

表 1-3 所需仪器和设备

序号	名称	型号与规格	数量	备注
1	直流可调稳压电源	0～30 V	二路	
2	万用表		1	自备
3	直流数字电压表	0～200 V	1	
4	电位、电压测定实验电路板		1	DGJ-03

3. 验证的内容

① 测试前先任意设定三条支路和三个闭合回路的电流正方向。图 1-63 中的 I_1,I_2,I_3 的方向已设定。三个闭合回路的电流正方向可设为 adefa、badcb 和 fbcef。

② 分别将两路直流稳压源接入电路,令 $E_1=6$ V,$E_2=12$ V。

③ 熟悉电流插头的结构,将电流插头的两端接至数字毫安表的"＋""－"两端。

④ 将电流插头分别插入三条支路的三个电流插座中,读出并记录电流值。

⑤ 用直流数字电压表分别测量两路电源及电阻元件上的电压值,记录于表 1-4 中。

表 1-4 基尔霍夫定律的测量数据

被测量	I_1/mA	I_2/mA	I_3/mA	U_1/V	U_2/V	U_{fa}/V	U_{ab}/V	U_{ad}/V	U_{cd}/V	U_{de}/V
计算值										
测量值										
相对误差										

4. 注意事项

① 本实验线路板系多个实验通用,本次实验中不使用电流插头。DGJ-03 上的 S_3 应拨向 330 Ω 侧,三个故障按键均不得按下,但需用到电流插座。

② 所有需要测量的电压值,均以电压表测量的读数为准。E_1,E_2 也需测量,不应取电源本身的显示值。

③ 防止稳压电源两个输出端碰线短路。

④ 用指针式电压表(电流表)测量电压(电流)时,如果仪表指针反偏,则必须调换仪表极性,重新测量。此时指针正偏,可读得电压(电流)值。若用数显电压表(电流表)测量,则可直接读出电压(电流)值。但应注意:所读得的电压(电流)的正确正、负号应根据设定的电流参考方向来判断。

⑤ 根据图 1-63 的电路参数,计算出待测的电流 I_1,I_2,I_3 和各电阻上的电压值,记入表中,以便实验测量时可正确地选定毫安表和电压表的量程。

5. 问题讨论

① 实验中,若用指针式万用表直流毫安档测各支路电流,在什么情况下可能出现指针反偏,应如何处理?

② 在记录数据时应注意什么?

③ 若用直流数字毫安表测量,则会有什么显示?

二、叠加定理的验证

1. 验证要求

① 根据给定的电路图(见图1-64),能正确布线,使电路正常工作;
② 正确使用电流插头、插座测量各支路电流;
③ 正确运用测试出的数据,验证线性电路叠加原理正确性;
④ 正确填写测试报告。

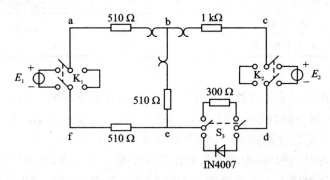

图1-64 测试电路接线图

2. 验证原理说明

叠加原理指出:在有多个独立源共同作用下的线性电路中,通过每一个元件的电流或其两端的电压,可以看成是由每一个独立源单独作用时在该元件上所产生的电流或电压的代数和。

线性电路的齐次性是指当激励信号(某独立源的值)增加或减小 K 倍时,电路的响应(在电路中各电阻元件上所建立的电流和电压值)也将增加或减小 K 倍。

3. 验证仪器和设备

验证所需的测试仪器和设备见表1-5。

表1-5 测试仪器和设备表

序号	名称	数量	备注
1	直流稳压电源	0~30 V可调 二路	
2	万用表	1	自备
3	直流数字电压表	0~200 V	1
4	直流数字毫安表	0~200 mV	1
5	叠加原理实验电路板	1	DGJ-03

4. 验证内容

① 将两路稳压源的输出分别调节为 12 V 和 6 V,接入 E_1 和 E_2 处。
② 令 E_1 电源单独作用(将开关 K_1 投向 E_1 侧,开关 K_2 投向短路侧)。用直流数字电压表和毫安表(接电流插头)测量各支路电流及各电阻元件两端的电压,数据记入表1-6中。
③ 令 E_2 电源单独作用(将开关 K_1 投向短路侧,开关 K_2 投向 E_2 侧),重复实验步骤②的测量和记录,数据记入表1-6中。
④ 令 E_1 和 E_2 共同作用(开关 K_1 和 K_2 分别投向 E_1 和 E_2 侧),重复上述步骤②的测量

和记录,数据记入表1-6中。

⑤ 将 E_2 的数值调至+12 V,重复上述步骤②的测量并记录,数据记入表1-6中。

表1-6 叠加定理的测量数据

被测量	E_1	E_2	I_1/mA	I_2/mA	I_3/mA	U_{FA}/V	U_{BA}/V	U_{AD}/V
E_1 单独作用								
E_2 单独作用								
E_1、E_2 共同作用								
$2E_2$ 单独作用								

5. 注意事项

① 用电流插头测量各支路电流时,或者用电压表测量电压降时,应注意仪表的极性,正确判断测得值的"+""—"号后,记入数据表格。

② 注意仪表量程,应及时更换。

6. 问题讨论

① 叠加定理中各电源分别单独作用,在测试中应如何操作?可否直接将不作用的电源短接?

② 各电阻所消耗的功率能否用叠加原理计算得出?试用测试出的数据进行计算并得出结论。

1.2.4 知识拓展

1. 戴维南定理

有时在求解复杂电路时只需求某一支路中的电流,例如求图1-65中流过负载电阻 R 的电流 I。这时如用支路电流法或别的方法求解就比较繁琐。而在实际的电源系统中都包含有许多供电及用电设备,各用电设备如照明灯、电风扇、电视机、电冰箱等都并联接在电源的两个接线端上。这种具有两个出线端并包含有电源电动势的电路称为有源二端网络。

任何一个线性有源二端网络,不管其结构如何复杂,对于某一个用电设备(如一盏照明灯)而言,都可以用一个等效的电动势 E_0 和内电阻 R_0 串联而成的电路模型来代替。这样一来,一个复杂的电路就变换成了一个等效电源 E_0 及内电阻 R_0 和待求支路相串联的简单电路,如图1-65所示。这时流过待求支路中的电流 I 便可用欧姆定律方便地求出,即

$$I = \frac{E_0}{R + R_0} \tag{1-40}$$

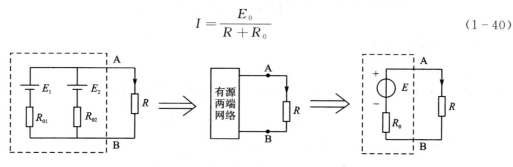

图1-65 有源电路的等效变换

现在的关键是等效电动势 E_0 及 R_0 如何确定？下面来说明戴维南定理的具体应用。

戴维南定理指出：任何一个有源线性二端网络，对其外部电路而言，都可以用电压源与电阻串联组合等效代替；该电压源的电压等于二端网络的开路电压，该电阻等于网络内部所有独立源作用为零时（电压源短路，电流源开路）网络的等效电阻。

应用戴维南定理求解电路的步骤如下：

① 把待求支路从电路中移去，其他部分看成一个有源二端网络。

② 求出有源二端网络的开路电压 U_0 及等效电阻 R_0。

③ 把有源二端网络的等效电路与所求的支路连接起来，计算待求支路电流。

例 1-12 应用戴维南定理求图 1-66(a) 电路中电阻 R_L 上的电流 I, U。

解 将图 1-66(a) 中 $R_L = 1.5\ \Omega$ 的支路断开，得到图 1-66(b) 所示的电路，该电路是含独立源的二端网络，这个网络的开路电压为 E_0。

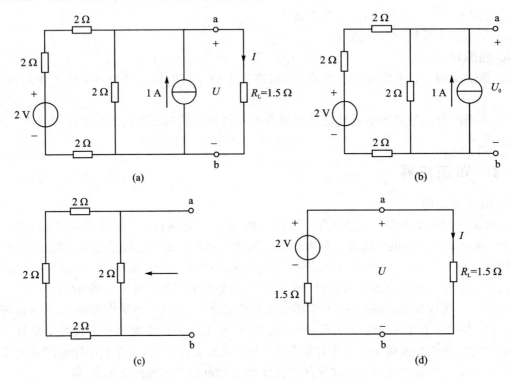

图 1-66 例 1-12 的图

图 1-66(b) 中电流为
$$I' = \frac{24 + 12}{6 + 3} = 4\ \text{A}$$

开路电压为
$$E_0 = 2 \times 10 + 24 - 3 \times 4 = 32\ \text{V}$$

如图 1-66(c) 所示，二端网络所有独立源作用为零的等效电阻为
$$R_0 = 2 + \frac{3 \times 6}{3 + 6} = 4\ \Omega$$

画出戴维南等效电路，如图 1-66(d) 所示，可求 R_L 的电流为
$$I = \frac{32}{4 + 4} = 4\ \text{A}$$

2. 结点电压法

支路电流法是求解电路的基本方法,但随着支路、结点数目的增多,求解会变得极为复杂。当一个电路的支路数较多,而结点数较少时,采用结点电压法可以减少方程的个数,从而简化电路的计算。通过计算结点间的电压来求解电路及其他参数的方法称为结点电压法。下面以两个结点、多个支路的复杂电路的求解为例介绍结点电压法。

两个结点、多个支路的复杂电路如图 1-67 所示。图中,只有两个结点 a、b。

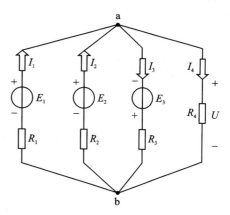

图 1-67 两结点的复杂电路

结点间的电压 U_{ab} 为

$$U_{ab} = E_1 - R_1 I_1, \quad I_1 = \frac{E_1 - U_{ab}}{R_1}$$

$$U_{ab} = E_2 - R_2 I_2, \quad I_2 = \frac{E_2 - U_{ab}}{R_2}$$

$$U_{ab} = E_3 + R_3 I_3, \quad I_3 = \frac{-E_3 + U_{ab}}{R_3}$$

$$U_{ab} = R_4 I_4, \quad I_4 = \frac{U_{ab}}{R_4}$$

可见,在已知电动势和电阻的情况下,只要先求出结点电压 U_{ab},就可以计算出支路电流了。

根据基尔霍夫电流定律可得

$$I_1 + I_2 - I_3 - I_4 = 0$$

代入上式,因此有

$$\frac{E_1 - U_{ab}}{R_1} + \frac{E_2 - U_{ab}}{R_2} - \frac{-E_3 + U_{ab}}{R_3} - \frac{U_{ab}}{R_4} = 0$$

整理可得结点电压的公式为

$$U = \frac{\dfrac{E_1}{R_1} + \dfrac{E_2}{R_2} + \dfrac{E_3}{R_3}}{\dfrac{1}{R_1} + \dfrac{1}{R_2} + \dfrac{1}{R_3} + \dfrac{1}{R_4}} = \frac{\sum \dfrac{E}{R}}{\sum \dfrac{1}{R}} \quad (1-41)$$

在用式(1-41)求结点电压时,电动势的方向与结点电压的参考方向相同时取正值,反之取负值,最终结果与支路电流的参考方向无关;若电路图中的结点数目多于两个,则式(1-41)不可直接使用,可列出联立方程或变换为两个结点求解。对各支路应用基尔霍夫电压定律,可求出各支路电流和电路的其他待求物理量。

使用结点电压方法时要注意几点:

① 若两结点间有一条支路仅含有恒压源,且以它的一端为参考点,则恒压源的值即为结点电压值。

② 若两节点间含有恒流源支路,则该恒流源的值即为该支路的电流值。

③ 若两结点间含有恒流源支路(或恒流源与电阻串联),两结点的节点电压公式为

$$U = \frac{\sum \dfrac{E}{R} + \sum I_s}{\sum \dfrac{1}{R}} \tag{1-42}$$

式中,若 I_s 流向节点,取正值,否则取负值。在分母中,不要计入与恒流源串联的电阻,因为恒流源支路中的任何元件都不影响恒流值。

例 1-13 在图 1-68 所示的电路中,设 $E_1 = 140$ V, $E_2 = 90$ V, $R_1 = 20$ Ω, $R_2 = 5$ Ω, $R_3 = 6$ Ω, 试求各支路电流。

解 图 1-68 所示的电路只有两个结点 a 和 b。结点电压为

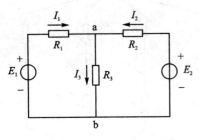

图 1-68 例 1-13 的图

$$U_{ab} = \frac{\dfrac{E_1}{R_1} + \dfrac{E_2}{R_2}}{\dfrac{1}{R_1} + \dfrac{1}{R_2} + \dfrac{1}{R_3}} = \frac{\dfrac{140}{20} + \dfrac{90}{5}}{\dfrac{1}{20} + \dfrac{1}{5} + \dfrac{1}{6}} = 60 \text{ V}$$

由此可计算出各支路电流为

$$I_1 = \frac{E_1 - U_{ab}}{R_1} = \frac{140 - 60}{20} = 4 \text{ A}$$

$$I_2 = \frac{E_2 - U_{ab}}{R_2} = \frac{90 - 60}{5} = 6 \text{ A}$$

$$I_3 = \frac{U_{ab}}{R_3} = \frac{60}{6} = 10 \text{ A}$$

思考与练习

一、填空题

1. _____ 定律表明了电路中结点上各电流应遵循的规律,是体现电流 _____ 原理的。它还可以推广用到任意假设的 _____。
2. _____ 定律表明了回路上各电压应遵循的规律。
3. 电路中通过同一电流的每个分支叫 _____。
4. 设电路有 b 条支路,有 n 个节点,共需列几个 _____ 个 _____ 方程。
5. KVL 定律说明在任一时刻,沿电路的任一闭合回路循环一周,回路各部分 _____ 的代数和等于 _____。

二、判断题

1. 叠加定理仅适用于直流电路,不适用于交流电路的分析。(   )
2. 电功率不适用叠加定理。(   )
3. 基尔霍夫电流定律又叫 KCL 定律。(   )
4. 基尔霍夫定律只是用来分析和计算复杂电路的,对简单电路不适用。(   )
5. 基尔霍夫电流定律说明在任一时刻,沿电路的任一闭合回路循环一周,回路各部分电

压降的代数和等于零。（ ）

三、选择题

1. 在计算线性电阻电路的功率时叠加原理（   ）。
   A. 可以用　　　B. 不可以用　　　C. 有条件地使用　　　D. 无条件使用
2. 在用叠加定理分析电路时，所有电源的处理方法是（   ）。
   A. 电压源短路处理　　　　　　B. 电流源开路处理
   C. 电流源短路处理　　　　　　D. 电压源开路处理
3. 电路中三条或三条以上支路的联接点叫（   ）。
   A. 支路　　　B. 结点　　　C. 回路　　　D. 网孔
4. 一条或多条支路所组成的闭合电路叫（   ）。
   A. 支路　　　B. 结点　　　C. 回路　　　D. 网孔
5. 基尔霍夫电压定律又叫（   ）定律。
   A. KCL　　　B. KVL　　　C. KTL　　　D. KKL

四、简述题

1. 利用支路电流法解题的步骤是什么？
2. 从叠加定理的学习中，可以掌握哪些基本分析方法？
3. 分析图 1-69 所示电路中有多少个支路数、结点数、回路数、网孔数？

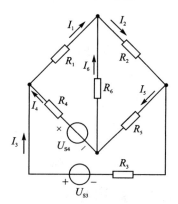

图 1-69　简述题 3 的图

五、计算题

1. 图 1-70 所示电路中，$R_1=R_2=R_3=2\ \Omega$，$U_{s2}=6\ V$，$I_s=3\ A$。

   （1）试分别用电压源电流源等效变换、叠加定理求电流 I_1。

   （2）计算电压源、电流源的功率，说明是产生还是吸收。

2. 电路如图 1-71 所示，已知 $U_{s1}=8\ V$，$U_{s2}=18\ V$，$U_{s3}=36\ V$，$R_1=4\ \Omega$，$R_2=6\ \Omega$，$R_3=16\ \Omega$，用支路电流法求图中各支路电流。

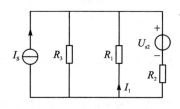

图 1-70　计算题 1 的图

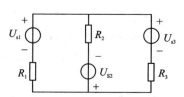

图 1-71　计算题 2 的图

项目 2　交流电路分析与应用

　　人们在日常生产生活中常用的电源大都是正弦交流电,简称交流电。交流电发电相对容易,变换电压方便,易于实现远距离传输,并且交流电动机结构简单、价格低廉等,所以交流电在生产与生活当中得以广泛应用。

　　在本项目中,将学习正弦交流电路的基本知识、正弦交流电的分析方法及三相电路的应用,完成日常照明电路的连接与测量、交流电路中的无功补偿及三相交流电路的应用与测量三个任务的学习。

任务 2.1　照明电路的连接与测量

2.1.1　任务目标

① 掌握正弦交流电的产生与三要素,学会用相应表计测量电路参数;
② 掌握正弦交流电的相量表示法;
③ 掌握单一参数正弦交流电路特点;
④ 掌握电阻、电感、电容组合电路的特点;
⑤ 掌握照明电路的组成与电路设计制作。

2.1.2　知识探究

一、正弦交流电的产生

　　生产及生活中使用的电源几乎都是交流电源,即使需要直流电源供电的设备,一般也是由交流电源转换成直流电源而获取的(只有耗电极小的家用电器用电池供电)。

　　交流电与直流电的区别在于:直流电的电流和电压的大小与方向不随时间而变化;交流电的方向和大小都随时间作周期性变化,且在一周期内的平均值为零。

　　电路的定律和分析方法对直流电路和交流电路都是适用的,但由于交流电的参数是随时间而变化的,交流电路中存在着一些直流电路中没有的物理现象,所以分析研究交流电路要比直流电路复杂得多。

　　目前获得广泛使用的是正弦交流电,即电压、电流、电动势随时间按正弦规律变化。本章只讨论正弦交流电。

　　当一个线圈在磁场中匀速旋转时,线圈中产生的感应电压就是一个随时间按正弦规律变化的电压。正弦交流电发电机模型如图 2-1 所示,线圈中的感应电压随时间的变化情况如图 2-2 所示。模型中磁极 N 及磁极 S 形成一个均匀磁场,该磁场在线圈中产生磁通,随着线圈的匀速转动,线圈中的磁通发生变化,从而在线圈中产生感应电压。当线圈与磁场垂直时产

正弦交流电的定义、产生与表达式

生的感应电压为零,如图2-2(a)所示;当线圈转到与磁场方向平行时,线圈中正向电压达到最大值,如图2-2(b)所示;线圈继续旋转,当线圈转到反向与磁场垂直位置时,电压又变为零,如图2-2(c)所示;当线圈再转到反向与磁场平行时反向电压达到最大值,如图2-2(d)所示;线圈继续旋转电压又达到零,如图2-2(e)所示;如此周而复始便产生了正弦交流电。

交流电被广泛采用是因为它具有独特的优势。第一,交流发电设备性能好、效率高、价格较低;第二,交流电可以方便地用变压器变换电压,有利于通过高压输电实现电能的大范围集中、统一输送与控制;第三,由三相交流电源供

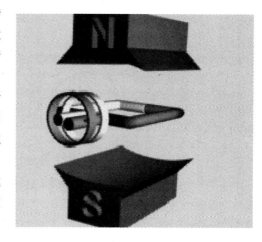

图2-1 正弦交流电发电机模型示意图

电的三相异步电动机结构简单、价格低、使用维护方便;第四,在分析电路时常遇到加、减、求导、积分等计算问题,而正弦量经过上述运算仍为正弦量;第五,正弦量变化平滑,在正常情况下不会引起电压突变而破坏电气设备的绝缘等。

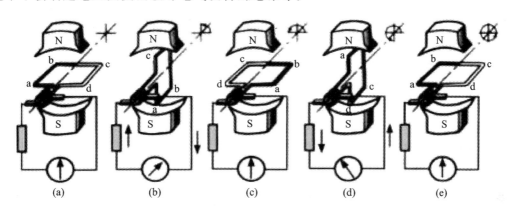

图2-2 正弦交流电线圈感应电压变化示意图

电流、电压等物理量按正弦规律变化,称为正弦量,其波形如图2-3所示,解析式(以电流为例)为

$$i = I_m \sin(\omega t + \varphi_i)$$

式中,i称为瞬时值;I_m称为最大值;ω称为角频率;φ_i称为初相位(或初相角)。可见,最大值、角频率、初相位一经确定,则i随时间t的变化关系也就确定了,所以这三个量称为正弦量的三要素。

二、正弦交流电的三要素

1. 频率、周期和角频率

正弦量重复变化一次所需的时间称为周期(T),单位是s(秒)。正弦量每秒变化的次数称为频率(f),单位是Hz(赫兹)。频率与周期互为倒数,即

正弦交流电的三要素

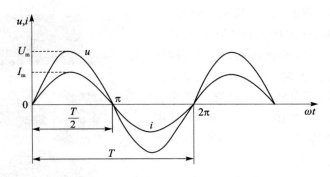

图 2-3 正弦电压、电流波形图

$$f=\frac{1}{T} \tag{2-1}$$

我国和大多数国家都采用 50 Hz 作为电力标准频率,有些国家(如美国、日本等)采用 60 Hz。这种频率在工业上应用广泛,习惯上也称为工频。通常的交流电动机和照明负载都用这种频率。

在不同技术领域,使用不同的交流电频率,如高频感应电炉的频率为 200～300 kHz;中频炉频率为 500～8 000 Hz;高速电机频率是 150～2 000 Hz;通常收音机中波段频率为 530～1 600 kHz,无线电工程的信号频率为 1×10^4～30×10^{10} Hz 等。

正弦量变化快慢除了用周期和频率表示外,还可用角频率 ω 来表示。电角度是指交流电在变化中所经历的电气角度,它并不表示任何空间位置,只用来描述正弦量的变化规律。正弦交流电每变化一周所经历的电角度为 360°或 2π 弧度,所以角频率与频率之间的关系为

$$\omega=\frac{2\pi}{T}=2\pi f \tag{2-2}$$

角频率的单位是 rad/s(弧度/秒)。

例 2-1 我国电力工业交流电的频率 $f=50$ Hz,求周期 T 及角频率 ω。

解
$$T=\frac{1}{f}=\frac{1}{50}\text{s}=0.02\text{ s}$$
$$\omega=2\pi f=2\pi\times 50=100\pi\text{ rad/s}=314\text{ rad/s}$$

2. 最大值(幅值)和有效值

正弦量在任一瞬间的值称为瞬时值,用小写字母来表示,如 i、u、e 分别表示电流、电压及电动势的瞬时值。瞬时值是时间的函数,只有具体指出哪一时刻,才能求出确切的数值与方向。

瞬时值中最大的数值称最大值(又称幅值),用带有下标 m 的英文大写字母表示,如 I_m,U_m 和 E_m 等分别表示电流、电压、电动势的最大值。

正弦量的最大值在某种意义上虽然可以反映正弦交流电的大小,但只能说明其变化范围,瞬时值只能作逐点的描述。在电工技术中常用交流电的有效值来计量交流电的大小。

有效值是根据电流的热效应来定义的,因为在电工技术中,电流常表现出其热效应。不论是周期性变化的电流还是直流电流,只要它们在相等的时间内通过同一电阻而两者的热效应相等,就把它们的电流值看作是相等的。也就是说某一交流电流 i 通过电阻 R,经过一周期所产生的热量与另一直流电流 I 通过相同电阻经过相同时间所产生的热量相等,那么这个周期

性变化的电流 i 的有效值在数值上就等于这个直流电流 I。此直流电流的数值可作为交流电流的有效值。按照规定,有效值用英文大写字母表示,如 I,U,E 等。

交流电流 I 通过电阻 R 在一个周期 T 的时间内产生的热量为

$$W_\sim = \int_0^T Ri^2 dt$$

直流电流 I 通过电阻 R 在时间 T 内产生的热量为

$$W_- = RI^2 T$$

因为

$$W_\sim = W_-$$

故

$$\int_0^T Ri^2 dt = RI^2 T$$

可得

$$I = \sqrt{\frac{1}{T}\int_0^T i^2 dt}$$

将 $i = I_m \sin \omega t$ 代入得

$$I = \sqrt{\frac{I_m^2}{T}\int_0^T \sin^2 \omega t\, dt}$$

因为

$$\int_0^T \sin^2 dt = \int_0^T \frac{1-\cos 2\omega t}{2} dt = \frac{T}{2}$$

所以

$$I = \sqrt{\frac{I_m^2}{T} \times \frac{T}{2}} = \frac{I_m}{\sqrt{2}} \quad 即 \quad I_m = \sqrt{2}\, I$$

同理,电压、电动势也有相应的关系,即

$$U = \frac{U_m}{\sqrt{2}} = 0.707 U_m$$

$$U_m = \sqrt{2}\, U$$

$$E = \frac{E_m}{\sqrt{2}} = 0.707 E_m$$

正弦量的有效值等于它的最大值除以 $\sqrt{2}$,而与其频率和初相无关。例如 $I_m = 1$ A,则 $I = \frac{I_m}{\sqrt{2}} = 0.707$ A。又如交流电压的有效值是 220 V,则其最大值为 $U_m = \sqrt{2} \times 220$ V = 311 V。常用有效值代替最大值,作为正弦量的三要素之一,如 $i = \sqrt{2}\, I \sin(\omega t + \varphi)$。

一般所讲的正弦电压或电流的大小,例如交流电压 380 V 或 220 V 都是指它的有效值。一般交流电流表、电压表的刻度也是根据有效值来确定的。

3. 初相位和相位差

正弦量是随时间而变化的,要确定一个正弦量还须从计时起点($t=0$)上看,所取的计时起点不同,正弦量的初始值也就不同,到达幅值或某一特定值所需时间也就不同。

由正弦量的表达式 $u = U_m \sin(\omega t + \varphi_0)$ 可见,交流电在不同的时刻 t 具有不同的 $(\omega t + \varphi_0)$ 值,对应于该值的交流电压也就是不同的数值,所以 $(\omega t + \varphi_0)$ 代表了交流电压的变化进程,称为相位(或相位角),它反映出正弦量变化的进程。当相位角随时间连续变化时,正弦量的瞬时值随之连续变化。

$t=0$ 时的相位称为初相位（φ_0）。初相位相当于计时起点，对于不同的两个正弦量，正弦量的初相位不同，其初始值也就不同。

在正弦交流电路的分析中，常常会出现多个同频率的正弦量。例如在一个正弦电路中电压 u 和电流 i 的频率是相同的，但初相位不一定相同；由于初相不同，可以很明显地看到，它们的状态在任何时刻是不一样的。

$$u = U_m \sin(\omega t + \varphi_u)$$
$$i = I_m \sin(\omega t + \varphi_i)$$

两个同频率的正弦量，它们的相位之差称为相位差。相位差用 $\Delta\varphi$ 表示。那么电压 u 和 i 之间的相位差为

$$\Delta\varphi = (\omega t + \varphi_u) - (\omega t + \varphi_i) = \varphi_u - \varphi_i$$

上式说明，它们的相位差与时间无关，与计时起点无关，恒等于两者的初相位差。

分析上式可得，通常两个正弦量之间的相位差的关系有以下几种情形：

① $\Delta\varphi > 0$，即 $\varphi_u > \varphi_i$，称 u 超前 i（或 i 滞后于 u），如图 2-4(a)所示，在波形图上常用达到最大值的时间先后作为判断超前、滞后的依据；$\Delta\varphi < 0$，即 $\varphi_1 < \varphi_2$，称 u 滞后 i（或 i 超前于 u）。

② $\Delta\varphi = 0$，即 $\varphi_u = \varphi_i$，如图 2-4(b)所示，两个正弦量同时达到最大值，同时过零，变化状态完全相同，称为同相。

③ $\Delta\varphi = 180°$，即 $\varphi_u - \varphi_i = 180°$，如图 2-4(c)所示，两个正弦量的瞬时值完全相反，称之为反相。

在近代电工技术中，正弦量的应用极为广泛。在强电方面，可以说电能几乎都是以正弦交流的形式生产出来的，即使在有些场合下所需要的是直流电，主要也是由正弦交流电通过整流设备变换得到的。在弱电方面，也常用各种正弦信号发生器作为信号源。

三、正弦量的相量表示法

一个正弦量具有最大值、角频率及初相位三个特征，这些特征可以用一些方法表示出来。正弦量的各种表示方法是分析与计算正弦交流电路的工具。

复数与正弦量
的向量表示

我们已经学习过两种表示法：一种是三角函数式表示法，这是正弦量基本表示法；另一种是正弦波形表示法，如图 2-4 所示。

此外，正弦量还可以用相量来表示。相量法的基础是复数，就是用复数来表示正弦量。

设有一正弦电压 $u = U_m \sin(\omega t + \psi)$，其波形如图 2-5 右边所示，左边是一旋转相量 $\dot{A}$。在直角坐标系中，相量的长度代表正弦量的幅值 U_m，初始位置（$t=0$ 时的位置）与横轴正方向之间的夹角等于正弦量的初相位 ψ，并以正弦量的角频率 ω 作逆时针旋转。可见，这一旋转相量具有正弦量的三个特征，故可用来表示正弦量。正弦量在某一时刻的瞬时值就可以由这个旋转向量的瞬时值在纵轴上的投影表示出来。

正弦量可用旋转相量来表示，相量可以用复数表示，所以正弦量可以用复数来表示。

1. 复数

复数由实数和虚数的代数和构成，如 $\dot{A} = a + jb$，其中 a 为 $\dot{A}$ 的实部，记为 $\operatorname{Re}\dot{A}$；b 为复数 $\dot{A}$ 的虚部，记为 $\operatorname{Im}\dot{A}$，$j = \sqrt{-1}$ 是虚数单位（由于在电气工程中，字母 i 已代表电流，故改用 j）。在数学运算中，任意相量乘以 j，相当于相量逆时针旋转了 90°，乘以 $-j$，相当于相量顺时针旋

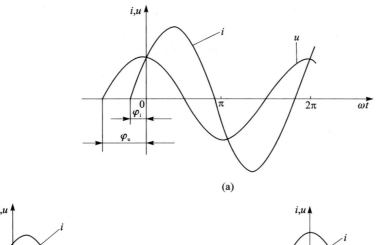

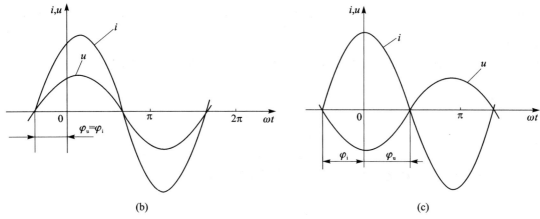

图 2-4 电压与电流相位关系

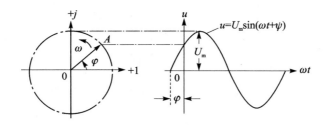

图 2-5 用正弦波形和旋转有向线段来表示正弦量

转了 90°，所在 j 又称为旋转 90°的算子。

复数也可用几何的方法来表示。在直角坐标系中按一定的比例，用横坐标表示实部，用纵坐标表示虚部，坐标系所在的平面称为复平面。因而 $\dot{A}$ 复数就可以用横坐标为 a，纵坐标为 b 的复平面上的点来表示，或者用一个由坐标原点到该点的矢量表示，如图 2-6 所示。

复数形如 $\dot{A}=a+\mathrm{j}b$ 称为复数的代数式（或直角坐标式）。如将图 2-6 中有向线段 $\overline{OA}$ 的长度记作 $|A|$，称为 $\dot{A}$ 的模，模与实轴的正方向之间的夹角记作 φ，称为复数 $\dot{A}$ 的幅角。这样复数的代数式中

$$a=A\cos\varphi$$
$$b=A\sin\varphi$$

(2-3)

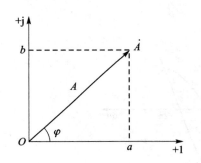

图 2-6 用复平面上有向线段表示复数

复数的代数式即可用三角函数式表示为

$$\dot{A} = a + jb = A(\cos\varphi + j\sin\varphi) \quad (2-4)$$

根据欧拉公式可知

$$e^{j\varphi} = \cos\varphi + j\sin\varphi \quad (2-5)$$

则

$$\dot{A} = Ae^{j\varphi}$$

这称为复数 $\dot{A}$ 的指数形式,其中,

$$A = \sqrt{a^2 + b^2}$$

$$\varphi = \arctan\frac{b}{a} \quad (2-6)$$

依据复数的指数式,复数 $\dot{A}$ 又可表示为 $\dot{A} = A\angle\varphi$,也就是用复平面上 A 点的极坐标表示,称为复数 $\dot{A}$ 的极坐标式。

复数的几种表达式是可以互相变换的,可根据需要变换为其他形式,即

$$\begin{aligned}\dot{A} &= a + jb \\ &= A(\cos\varphi + j\sin\varphi) \\ &= Ae^{j\varphi} \\ &= A\angle\varphi\end{aligned}$$

例 2-2 把下列复数化为极坐标形式和指数形式:① $4+j3$;② $-1+j$。

解 ①

$$A = \sqrt{4^2 + 3^2} = 5$$

$$\varphi = \arctan\frac{3}{4} = 36.9°$$

故

$$\dot{A} = 5\cos(36.9°) + j5\sin(36.9°)$$

$$= 5e^{j36.9°} = 5\angle 36.9°$$

②

$$A = \sqrt{(-1)^2 + 1^2} = \sqrt{2}$$

$$\varphi = \arctan\frac{1}{-1} = \frac{3}{4}\pi = 135°(在第二象限)$$

故

$$\dot{A} = \sqrt{2}e^{j135°} = \sqrt{2}\angle 135°$$

2. 正弦量的相量表示法

任何一个复数只要知道模和幅角就可被确定。在正弦交流电路中,各物理量均是同频率的正弦量,而正弦量是由其最大值(或有效值)和初相位来确定的。从这个意义上讲,已经找到了正弦量与复数之间存在的一一对应的映射关系,即正弦量可以用复数来表示,正弦量的运算可以借助复数的运算进行。

我们把表示正弦量的复数称为相量,把以正弦量的幅值为模的复数称为最大值相量,如 $\dot{I}_m, \dot{U}_m, \dot{E}_m$;把以正弦量的有效值为模的复数叫做有效值相量,简称相量,如 $\dot{I}, \dot{U}, \dot{E}$。显然,最大值相量等于有效值相量乘以 $\sqrt{2}$。一般所说的相量指有效值相量。于是正弦电压 $u = U_m\sin(\omega t + \varphi)$ 的相量式为

$$\dot{U}_m = U_m(\cos\varphi + j\sin\varphi) = U_m e^{j\varphi} = U_m\angle\varphi$$

或
$$\dot{U} = U(\cos\varphi + j\sin\varphi) = Ue^{j\varphi} = U\angle\varphi$$

相量并不等于正弦量,要注意两者间的根本区别。正弦量是时间的函数,具有明确的物理意义,相量是一种复数形式。按照各个正弦量的大小和相位关系画出相量的图形称为相量图。在相量图上能形象地看出各个正弦量的大小和相互间的相位关系,如图 2-7 中的电压相量 $\dot{U}$。

例 2-3 已知 $u_1(t) = 8\sqrt{2}\sin(3.14t + 60°)$ V, $u_2(t) = 6\sqrt{2}\sin(3.14t - 30°)$ V,试求总电流 $u = u_1 + u_2$,并作出电压相量图。

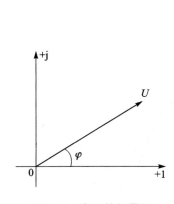

图 2-7 电压的相量图

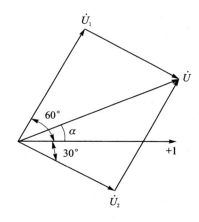

图 2-8 例 2-3 的图

解 首先列出电压的相量式 $\dot{U}_1 = 8\angle 60°$ V, $\dot{U}_2 = 6\angle -30°$ V。

画出电压 $\dot{U}_1, \dot{U}_2$ 的相量图,如图 2-8 所示。$\dot{U}_1, \dot{U}_2$ 的夹角为 90°,根据勾股定理可得

$$U = \sqrt{U_1^2 + U_2^2} = \sqrt{8^2 + 6^2} = 10 \text{ V}$$

$$\alpha + \frac{\pi}{6} = \arctan\frac{U_1}{U_2} = \arctan\frac{8}{6} = 53°$$

$$\alpha = 53° - 30° = 23°$$

所以
$$\dot{U} = \dot{U}_1 + \dot{U}_2 = 10\angle 23°$$

解得
$$u = 10\sqrt{2}\sin(3.14t + 23°) \text{ V}$$

注意:相量与实轴的正方向之间的夹角为初相角,该相量逆时针旋转时夹角为正,顺时针旋转时夹角为负。

由上例可知,正弦量的计算可以先把正弦量用相量表示,然后对相量进行计算,可以用代数法,也可以用几何法,再把相应的相量转化为正弦量。相量分析法是分析正弦交流电路的主要运算方法。

四、单一参数的正弦交流电路

交流电路中,除了电阻参数以外,还存在电感和电容参数。通常实际器件中的电阻、电感和电容参数会不同程度地同时对电路产生影响,但这种影响往往有主次之分。从工程的观点来看,当电路或元器件中仅有一个参数对电路起主要作用,而其他两个参数的影响可以忽略不计时,就可以把这种元件看作只具有一种参数的理想元件,其电路称为单一参数的电路。

1. 电阻元件的交流电路

(1) 电压、电流关系

图 2-9(a) 所示为一电阻元件的交流电路,电路中电压和电流取关联参考方向,即

$$u = iR$$

设电流

$$i = I_m \sin \omega t$$

故

$$u = iR = I_m R \sin \omega t = U_m \sin \omega t$$

上式说明,电阻元件上的电压也按正弦规律变化,它的最大值与电流的最大值成正比,频率和初相角均与电流相同,其波形如图 2-9(b) 所示。

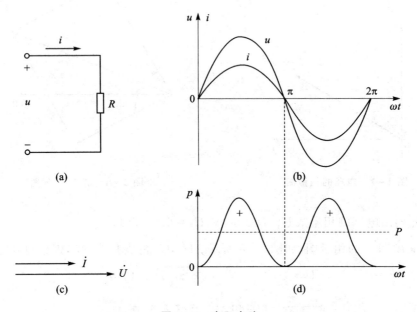

图 2-9 电阻电路

对于正弦交流电路中的电阻电路(又称纯电阻电路),一般结论如下:

① 电压、电流均为同频率的正弦量。
② 电压与电流初相相同,即两者同相。
③ 电压与电流的有效值成正比,即

$$U_m = I_m R$$
$$U = IR \tag{2-7}$$

用相量形式表示为

$$\dot{U} = \dot{I} R \tag{2-8}$$

电压、电流的相量图如图 2-9(c) 所示。

(2) 功率关系

在任一瞬间,电压的瞬时值 u 与电流瞬时值 i 的乘积,称为瞬时功率,用小写字母 p 来表示,即

$$p_R = ui = \sqrt{2}U \sqrt{2}I \sin^2 \omega t = UI(1 - \cos 2\omega t)$$

P 随时间而变化的波形如图 2-9(d)所示。在电阻交流电路中,由于 u 与 i 是同相位的,所以瞬时功率总是正的。这表明具有电阻元件的交流电路总是从电源取用电能,它在一个周期内取用的电能为

$$W = \int_0^T p\,dt$$

衡量元件消耗的功率,可取瞬时功率在一个周期内的平均值,称为平均功率或有功功率,用大写字母 P 来表示。那么在电阻元件上消耗的平均功率为

$$P = \frac{1}{T}\int_0^T p\,dt = \frac{1}{T}\int_0^T UI(1-\cos\omega t)\,dt = UI = I^2R = \frac{U^2}{R} \qquad (2-9)$$

可见有功功率不随时间变化,这与直流电路中计算电阻元件的功率在形式上是一样的。式(2-9)中的 U 和 I 均表示正弦电压、电流的有效值。

例 2-4 一只 220 V,1 000 W 的电炉接在电源电压为 $u = 311\sin\left(3.14t + \dfrac{\pi}{6}\right)$ V 的电路中,求①电炉的电阻是多少?②通过电炉中的电流为多少?写出瞬时表达式。③设此电炉每天使用 2 h,问每月(按 30 天计算)消耗电能多少度(kW·h)?

解
$$U = \frac{U_m}{\sqrt{2}} = \frac{311}{\sqrt{2}} = 220 \text{ V}$$

① 电炉的电阻为
$$R = \frac{U^2}{P} = \frac{220^2}{1000} = 48.4 \text{ }\Omega$$

② 电炉的电流为
$$\dot{I} = \frac{\dot{U}}{R} = \frac{220\angle\dfrac{\pi}{6}}{48.4} = 4.55\angle\dfrac{\pi}{6} \text{ A}$$

故
$$i = \sqrt{2}\times 4.55\sin\left(3.14t + \frac{\pi}{6}\right) = 6.43\sin\left(3.14t + \frac{\pi}{6}\right) \text{ A}$$

③ 每月消耗的电能为
$$W = Pt = 1\,000\times 2\times 30 = 60 \text{ kW·h}$$

2. 电感元件的交流电路

电感元件的交流电路中,实际的电感线圈由导线绕制而成,导线有一定的电阻,但电阻很小可以忽略不计。电感接在交流电路中,电流、电压是随时间按正弦规律变化的,会在电感中产生感应电动势 e_L,起阻碍电流变换的作用。线性电感元件中的感应电动势为

$$e_L = -u = -L\frac{di}{dt}$$

电感正弦交流电路

(1) 电压、电流关系

交流电路中的电感元件(纯电感)如图 2-10(a)所示,在关联参考方向下,设电流为
$$i = I_m\sin\omega t$$

则
$$u = L\frac{dI_m\sin\omega t}{dt} = I_m\omega L\sin(\omega t + 90°)$$

$$= U_m \sin(\omega t + 90°)$$

上式说明,电感电压也是正弦量,且与电流同频率,但在相位上电压超前于电流 90°,在大小关系上

$$U_m = I_m \omega L$$
$$U = I\omega L \tag{2-10}$$

对于正弦交流电路中的电感电路(又称纯电感电路),一般结论如下:

① 电感元件中的电压和电流均为同频率的正弦量。

② 电感元件中的电压超前于 90°电流,波形如图 2-10(b)所示。

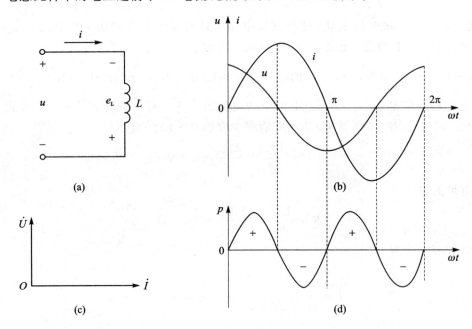

图 2-10 电感电路

③ 电压与电流的有效值关系为

$$I = \frac{U}{\omega L}$$

令

$$X_L = \omega L = 2\pi f L \tag{2-11}$$

则

$$I = \frac{U}{X_L} \tag{2-12}$$

由式(2-12)可知,电压一定时,X_L 愈大,电流愈小。可见 X_L 具有阻碍电流的性质,所以称 X_L 为感抗,感抗的单位为 Ω(欧姆)。

感抗 X_L 与频率 f 成正比,当 $f=0$ 时,$X_L=0$,即电感元件在直流电路中相当于短路。当 f 趋于∞时,$X_L=∞$,电感元件的作用相当于开路元件。

用相量形式可表示为

$$\dot{U} = jX_L \dot{I} \tag{2-13}$$

电感电路的相量图如图 2-10(c)所示。式(2-13)中的 jX_L 可视为电感参数的复数形式,说明电压电流的有效值之比等于感抗,同时也说明电压超前于电流 90°的相位关系。

(2) 功率关系

电感交流电路中的瞬时功率关系为

$$p = ui = I_m \sin\omega t \cdot U_m \sin\left(\omega t + \frac{\pi}{2}\right)$$
$$= U_m I_m \cos\omega t \cdot \sin\omega t$$
$$= \frac{U_m I_m}{2}\sin 2\omega t = UI\sin 2\omega t$$

可见,电感电路中的瞬时功率是幅值为 UI,以两倍于电流、电压频率变化的正弦函数,其波形如图 2-10(d)所示。电感电路中的瞬时功率正负交替变化的原因是,电感线圈是一个储能元件,当电流增长时,线圈中磁场能量增长(磁场能量的表达式为 $W_L = \frac{1}{2}Li^2$),电感线圈从电源吸收功率,其功率为正;当电流减小时,线圈中磁场能量也减小,电感线圈输出功率。从一个周期整体看,它既不吸收功率,也不吸输出功率,平均功率为

$$P = \frac{1}{T}\int_0^T p\,dt = \frac{1}{T}\int_0^T UI\sin 2\omega t\,dt = 0$$

电感元件的交流电路中,没有任何能量消耗,只有电源与电感元件之间的能量交换,其能量交换的规模用 Q 来表示,它的大小等于瞬时功率的幅值,即

$$Q = UI = I^2 X_L \qquad (2-14)$$

式(2-14)为电感元件中无功功率的表达式,Q 为无功功率的符号,单位为 var(乏)或 kvar(千乏)。

注意:无功功率并非无用功率,变压器、交流电机等电气设备需要依靠磁场传递能量,而其中感性负载与电能之间的能量互换规模就得用无功功率来描述。

例 2-5 今有一电感量 $L=0.1$ H 的线圈,线圈电阻甚小,可以忽略不计。现将其接在 220 V,50 Hz 的正弦交流电源上,试求:① 通过线圈的电流。② 线圈吸收的瞬时功率、有功功率、无功功率及最大磁场能量。③ 若电源电压不变,将频率变成 1 000 Hz,重新计算线圈中的电流。

解 ① $X_L = \omega L = 2\pi fL = 2\pi \times 50 \times 0.1\ \Omega = 3.14\ \Omega$

$$I = \frac{U}{X_L} = \frac{220}{31.4}\text{A} = 7\text{A}$$

设电源电压为参考相量,且电压电流为关联正方向,则

$$\dot{I} = 7\angle -90°$$

所以 $i = 7\sqrt{2}\sin(3.14t - 90°)$ A

② 电感线圈中的瞬时功率为

$$p_L = ui = UI\sin 2\omega t = 220 \times 7 \times \sin 628t = 1\,540\sin 628t\ \text{W}$$

$$P = \frac{1}{T}\int_0^T UI\sin 2\omega t\,dt = 0$$

$$Q = 220 \times 7\ \text{var} = 1\,540\ \text{var}$$

$$W_{Lm} = \frac{1}{2} \times 0.1 \times (7\sqrt{2})^2\ \text{J} = 4.9\ \text{J}$$

③ 当 $f=1\,000$ Hz 时

$$\omega L = 2\pi f = 628\ \Omega$$

$$I = \frac{220}{628}\text{A} = 0.35\ \text{A}$$

$$i = 0.35\sqrt{2}\sin(6\,280\,t - 90°)\ \text{A}$$

可见,同一个电感线圈,对低频限流作用较小,而对高频限流作用较大。

3. 电容元件的交流电路

(1) 电压、电流关系

线性电容元件在图 2-11(a)所示关联参考方向下,由 $C=\dfrac{q}{u}$,$i=\dfrac{\mathrm{d}q}{\mathrm{d}t}$

电容正弦
交流电路

可得

$$i_C = C\frac{\mathrm{d}u_C}{\mathrm{d}t}$$

假设 $u_C = U_m \sin\omega t$,则

$$i = C\frac{\mathrm{d}u_C}{\mathrm{d}t} = C\frac{\mathrm{d}U_m\sin\omega t}{\mathrm{d}t} = U_m\omega C\cos\omega t$$

$$= U\omega C(\omega t + 90°)$$

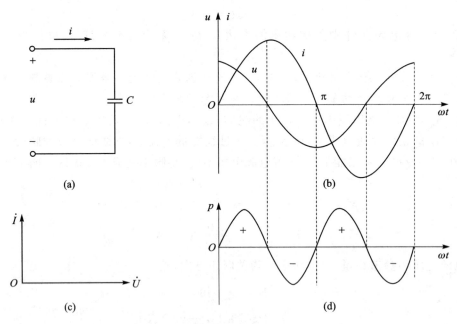

图 2-11 电容电路

上式说明,电容两端加上正弦交流电压后,电容中的电流也是同频率的正弦量,但在相位上超前于电压 90°,对应的电压、电流波形如图 2-11(b)所示,在大小关系上有

$$I_m = U_m\omega C$$

$$I = U\omega C \tag{2-15}$$

据此可得关于电容元件上电压、电流关系的一般结论有:

① 电容元件两端的电压及流过电容中的电流均为同频率的正弦量。

② 电容元件上电压滞后于电流90°的相位角。
③ 电压与电流的有效值关系为

$$I = \frac{U}{X_C} \tag{2-16}$$

$$X_L = \frac{1}{\omega C} \tag{2-17}$$

X_C称为容抗，容抗的单位为Ω(欧姆)。容抗与频率f成反比。当$f=0$时，$X_C=\infty$，即电容元件在直流电路中相当于开路。当f趋于∞时，$X_C=0$，电容元件的作用相当于短路元件。

电容元件上电压电流关系用相量形式表示为

$$\dot{I} = j\frac{1}{X_C}\dot{U} \tag{2-18}$$

$$\dot{U} = -jX_C\dot{I} \tag{2-19}$$

相量图如图2-11(c)所示。

(2) 功率关系

电容元件交流电路的瞬时功率为

$$p = ui = U_m\sin\omega t \cdot I_m\sin\left(\omega t + \frac{\pi}{2}\right)$$
$$= U_m I_m\cos\omega t \cdot \sin\omega t$$
$$= \frac{U_m I_m}{2}\sin 2\omega t = UI\sin 2\omega t$$

可见，电容元件中的瞬时功率是幅值为UI、以2ω为角频率随时间而变化的交变量。这是因为电容是一个储能元件，当电容电压增高时，电容中的电场能量($W_C = \frac{1}{2}Cu^2$)将增加，它将从电源吸收功率，则$p>0$；当电容电压降低时，电容中的电场能量减小，将输出功率，则$p<0$。其功率变化的波形如图2-11(d)所示。

电容元件在交流电路中的平均功率为

$$P = \frac{1}{T}\int_0^T p\,\mathrm{d}t = \frac{1}{T}\int_0^T UI\sin 2\omega t\,\mathrm{d}t = 0$$

与电感元件一样，电容元件也不消耗任何能量，在电容元件与电源之间只有能量交换，其互换的规模用无功功率Q来表示，该值等于瞬时功率的幅值。

$$Q = UI = I^2 X_C \tag{2-20}$$

综上所述，正弦交流电路中的物理现象可以用三种元件来表示，即电阻、电感和电容。它们按自身性质可分为两类：一类是消耗电能的耗能元件，即电阻元件；另一类是储能元件，即电感、电容元件。

2.1.3 任务实施

本任务照明电路的连接与测量。

1. 工作任务单

工作任务单见表2-1。

表 2-1 工作任务单

序 号	任务内容	任务要求
1	照明电路中电压与电流测量	能够正确使用交流电压表与电流表
2	照明电路中相线与零线辨识	会正确使用验电笔测量相线与零线
3	照明电路的连接	会运用仪表检测高低压开关电器,并对故障进行维修

2. 材料工具单

材料工具单见表 2-2。

表 2-2 材料工具单

项 目	名 称	数 量	型 号	备 注
所用工具	低压验电笔	每组一只		
所用仪表	交流电压表	每组一只		
	交流电流表	每组一只		
	数字万用表	每组一块		
所用材料	日光灯管	每组一只		
	镇流器	每组一个		
	启辉器	每组一个		
	开关	每组两个		
	白炽灯	每组一个		
	白炽灯座	每组一个		

3. 实施流程

要求：小组每位成员都要参与,由小组给出检验与测量结果,并提交测量报告。小组成员之间要齐心协力,共同实施,对团结合作好的小组给予一定的加分,最终要求小组每名成员都能独立完成任务。

① 学生按设备或人数分组,确定每组的组长。

② 正确利用验电笔辨识相线与零线。

③ 连接日光灯电路及白炽灯电路。

④ 进行交流电压、电流测量,并用数字万用表验证读数的正确性。

4. 电路测量原理

白炽灯照明电路如图 2-12 所示,该电路由 220 V 交流电源、开关、灯具与灯泡、电流表串联组成,需要注意的是开关必须安装在相线侧,电流表要选择合理的测量量程。

日光灯照明电路原理图如图 2-13 所示,该电路由 220 V 交流电源、开关、电流表、镇流器、日光灯管及启辉器组成,实际应用电路中没有电流表。在日光灯电路中,一定注意要正确接线,如果接线错误会引起短路跳闸。

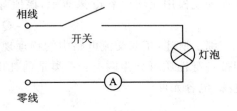

图 2-12 白炽灯照明电路原理图

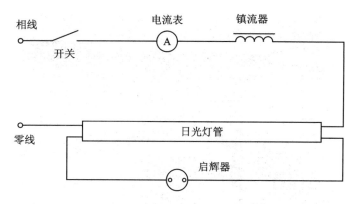

图 2-13 日光灯照明电路原理图

2.1.4 知识拓展

一、交流电压表、电流表的使用

交流电压表及电流表是用来测量交流电压和交流电流的仪表。交流电压表及交流电流表一般为电磁式仪表,其指针偏转角度与输入电压成正比。在读取仪表指示数时,为了使读数准确,需要测量者保持正确的观察角度。一般指针式仪表内装有一条形镜子,当观察者将电压表指针与镜子内指针的像重合时,观察者的观察角度最佳。

交流电压表在测量交流电压时,需要将电压表两个接线端子与被测电路并联。交流电压表没有方向要求,在测量电压之前,需要选择合理的电压表量程;在读数时,需要将读数值乘以相应的倍率。

交流电流表在测量交流电流时,需要将电流表两个接线端子与被测电路串联。交流电流表没有方向要求,在测量电流之前,也需要选择合理的电流表量程;在读数时,需要将读数值乘以相应的倍率。

二、验电器(验电笔)的使用

验电器是用来检验导线和电气设备是否带电的一种常用检测工具。验电器测试范围为 60~500 V。低压验电笔有接触式和感应式两种。验电笔外形如图 2-14 所示,笔头为金属的是接触式验电器,笔头没有金属的是感应式验电器。使用接触式验电器时,以一个手指触及金属盖或中心螺钉,使氖管小窗背光朝自己,金属笔尖与被检查的带电部分接触,如氖灯发亮说明设备带电,如图 2-15 所示。灯愈亮则电压愈高,愈暗电压愈低。

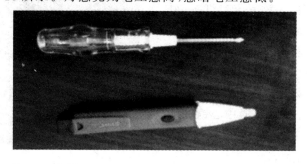

图 2-14 验电笔外形图

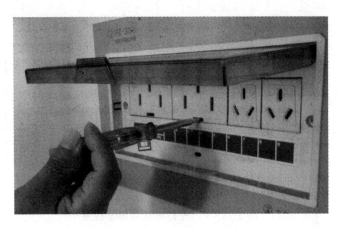

图 2-15 验电笔的使用

低压验电器的其他作用有：

① 区别电压高低。测试时可根据氖管发光的强弱来判断电压的高低。

② 区别相线与零线。正常情况下，在交流电路中，当验电器触及相线时，氖管发光；当验电器触及零线时，氖管不发光。低压验电器也可用来判别接地故障，如果在三相四线制电路中发生单相接地故障，用试电笔测试中性线时，氖管会发光；在三相三线制电路中，用其测试三根相线，如果两相很亮，另一相不亮，则这相可能有接地故障。

③ 区别直流电与交流电。交流电通过验电器时，氖管里的两极同时发光；直流电通过验电器时，氖管两极只有一极发光。

④ 区别直流电的正、负极。将验电器连接在直流电的正、负极之间，氖管中发光的一极为直流电的负极。

使用低压验电器时应注意以下问题：

① 使用前，先要在有电的导体上检查验电器是否正常，检验其可靠性。

② 在明亮的光线下使用接触式验电器时，往往不易看清氖管的辉光，应注意避光。

③ 笔尖虽与螺钉旋具形状相同，但它只能承受很少的扭矩，不能作为螺丝刀使用，否则会损坏。

三、白炽灯灯座的接线

白炽灯灯座有两种，一种是卡口灯头，另一种是螺口灯头。卡口灯座上的两个接线端子可任意连接零线和来自开关的相线，没有接线要求；而螺口灯座上的接线端子，必须把零线连接在连通螺纹圈的接线端子上，把来自开关的相线（火线）连接在连通中心铜簧片的接线端子上。灯座的接线和固定如图 2-16 和图 2-17 所示。

图 2-16 灯座的接线

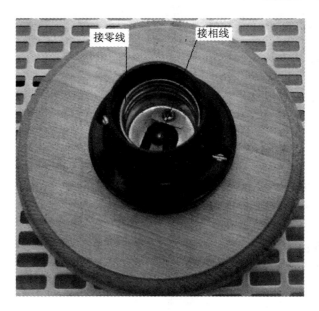

图 2-17 灯座的固定

思考与练习

一、填空题

1. 正弦交流电的三要素是_____、_____和_____。_____值可用来确切反映交流电的做功能力,其值等于与交流电_____相同的直流电的数值。

2. 已知正弦交流电压 $u=380\sqrt{2}\sin(314t-60°)$ V,则它的最大值是_____V,有效值是_____V,频率为_____Hz,周期是_____s,角频率是_____rad/s,相位为_____,初相是_____度,合_____弧度。

3. 只有电阻和电感元件相串联的电路,电路性质呈_____性;只有电阻和电容元件相串联的电路,电路性质呈_____性。

4. 电阻元件正弦电路的复阻抗是_____;电感元件正弦电路的复阻抗是_____;电容元件正弦电路的复阻抗是_____;多参数串联电路的复阻抗是_____。

5. 串联各元件上_____相同,因此画串联电路相量图时,通常选择_____作为参考相量;并联各元件上_____相同,所以画并联电路相量图时,一般选择_____作为参考相量。

6. 电阻元件上的伏安关系瞬时值表达式为_____,因之称其为_____元件;电感元件上伏安关系瞬时值表达式为_____,电容元件上伏安关系瞬时值表达式为_____,因此把它们称之为_____元件。

7. 在直流电路中,L 元件相当于_____路,C 元件相当于_____路,这是因为直流电路_____为零,因而 L 元件的_____为零,C 元件的_____为无穷。

8. 在 R 元件上电压与电流是_____相的。L 元件则是电压_____电流_____角,在元件 C 上则是电压_____电流_____角。

9. 对两个同频率的正弦量的计时起点做同样改变时,它们的_____和_____也随之改变,但两者之间的_____始终不变。

10. 实际生产和生活中,工厂的一般动力电源电压标准为_____;生活照明电源电压的标准一般为_____;_____伏以下的电压称为安全电压。

二、判断题

1. 正弦量的三要素是指其最大值、角频率和相位。（   ）
2. 正弦量可以用相量表示,因此可以说,相量等于正弦量。（   ）
3. 电抗和电阻由于概念相同,所以它们的单位也相同。（   ）
4. 电感元件在直流电路中相当于短路。（   ）
5. 功率表应串接在正弦交流电路中,用来测量电路的视在功率。（   ）
6. 正弦交流电路的频率越高,阻抗就越大;频率越低,阻抗越小。（   ）
7. 单一电感元件的正弦交流电路中,消耗的有功功率比较小。（   ）
8. 阻抗由容性变为感性的过程中,必然经过谐振点。（   ）
9. 电阻元件交流电路在相位上电压滞后电流90°。（   ）

三、选择题

1. 已知工频正弦电压有效值和初始值均为380V,则该电压的瞬时值表达式为（   ）。
   A. $u=380\sin 314t$ V   B. $u=537\sin(314t+45°)$ V
   C. $u=380\sin(314t+90°)$ V

2. 一个电热器,接在10 V的直流电源上,产生的功率为 P。若把它改接在正弦交流电源上,使其产生的功率为 $P/2$,则正弦交流电源电压的最大值为（   ）。
   A. 7.07 V   B. 5 V   C. 14 V

3. 某电阻元件的额定数据为"1 kΩ,2.5 W"。正常使用时允许通过的最大电流为（   ）。
   A. 50 mA   B. 2.5 mA   C. 250 mA

4. 已知 $i_1=10\sin(314t+90°)$ A, $i_2=10\sin(628t+30°)$ A,则（   ）。
   A. i_1 超前 i_2 60°   B. i_1 滞后 i_2 60°   C. 相位差无法判断

5. 纯电容正弦交流电路中,电压有效值不变,当频率增大时,电路中电流将（   ）。
   A. 增大   B. 减小   C. 不变

6. 有"220 V,100 W"和"220 V,25 W"白炽灯两盏,串联后接入220 V交流电源,其亮度情况是（   ）。
   A. 100 W 灯泡最亮   B. 25 W 灯泡最亮
   C. 两只灯泡一样亮

7. 其大小与频率无关的是（   ）
   A. 电阻元件的电阻值   B. 电感元件的感抗值
   C. 电容元件的容抗值

四、简述题

1. 有"110 V,100 W"和"110 V,40 W"两盏白炽灯,能否将它们串联后接在220伏的工频交流电源上使用?为什么?

2. 某电容器额定耐压值为450 V,能否把它接在交流380 V的电源上使用?为什么?

五、计算题

1. 已知电压 $u_A = 10\sin(\omega t + 60°)$ V 和 $u_B = 10\sqrt{2}\sin(\omega t - 30°)$ V，指出电压 u_A、u_B 的有效值、初相、相位差。

2. 将下列复数转换成代数式。
   (1) $5\angle 60°$　　　(2) $20\angle 90°$　　　(3) $220\angle -120°$

3. 将下列复数转换成极坐标形式。
   (1) $8 + 6j$　　　(2) $-12 - 20j$　　　(3) $12 - 6j$

4. 将下列正弦量转换成对应的相量（$f = 50$ Hz）。
   (1) $\dot{U}_1 = 220\angle 50$　　　(2) $\dot{I}_2 = 3 + 4j$

5. 已知 $i_1 = 5\sqrt{2}\sin(\omega t + 60°)$ 及 $i_2 = -5\sqrt{2}\sin(\omega t - 60°)$，试写出下列正弦量所对应的有效值相量，并在复坐标系中画出其相量图，利用相量图计算 $i_1 + i_2$。

6. 试求下列各正弦量的周期、频率和初相，二者的相位差如何？
   (1) $3\sin 314t$；　　　(2) $8\sin(5t + 17°)$

7. 某电阻元件的参数为 8 Ω，接在 $u = 220\sqrt{2}\sin 314$ V 的交流电源上。试求通过电阻元件上的电流 i，用电流表测量该电路中的电流，其读数为多少？电路消耗的功率是多少瓦？若电源的频率增大一倍，电压有效值不变又如何？

8. 如图 2-18 所示电路中，已知电阻 $R = 6$ Ω，感抗 $X_L = 8$ Ω，电源端电压的有效值 $U_S = 220$ V。求电路中电流的有效值 I。

9. 某线圈的电感量为 0.1 H，电阻可忽略不计。接在 $u = 220\sqrt{2}\sin 314t$ V 的交流电源上。试求电路中的电流及无功功率；若电源频率为 100 Hz，电压有效值不变又如何？写出电流的瞬时值表达式。

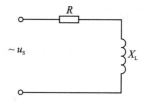

图 2-18　计算题 8 的图

任务 2.2　交流电路中的无功补偿

2.2.1　任务目标

① 掌握电阻、电感、电容元件组成的电路的特点；
② 掌握功率因数的定义；
③ 理解无功补偿的意义与方法；
④ 掌握测量电路功率的方法。

2.2.2　知识探究

一、电阻、电感和电容串联的交流电路

在实际交流电路中，单一元件是不常见的，比如电动机和变压器的实际电路就相当于电阻与电感串联的电路，实际电容电路相当于理想电容与电阻并联。在实际电路中，经常需要将几个理想元件相互串联或并联作为

电阻、电感、电容
串联电路

电路模型。本节将在单一参数交流电路的基础上,进一步讨论 RLC 串联交流电路中各电量之间的相量关系以及分析方法。

1. RLC 串联电路复阻抗

图 2-19 所示是一个由 R、L 和 C 串联组成的电路。当电路在正弦电压的作用下,电路中有正弦电流流过,它们的相位关系为

$$\dot{U}_R = \dot{I}R$$
$$\dot{U}_L = jX_L\dot{I}$$
$$\dot{U}_C = (-jX_C)\dot{I}$$

由基尔霍夫电压定律的相量形式得

$$\dot{U} = \dot{U}_R + \dot{U}_L + \dot{U}_C = \dot{I}R + \dot{I}jX_L + \dot{I}(-jX_C)$$
$$= \dot{I}[R + j(X_L - X_C)] = \dot{I}(R + jX) = \dot{I}Z \qquad (2-21)$$

式中,$X = X_L - X_C = \omega L - \dfrac{1}{\omega C}$,称为电抗,单位为 Ω(欧姆)。

$$Z = R + j(X_L + X_C) = R + jX \qquad (2-22)$$

称为电路的复阻抗,单位为 Ω(欧姆)。它的实部就是电路的电阻,虚部为电路的电抗。

由式(2-22)可见,复阻抗 Z 只是联系电压相量和电流相量的复参数,其本身并不表示正弦量,也不是相量,所以采用不加点的符号以示区别。

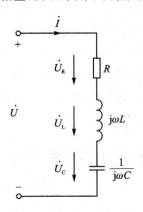

图 2-19 RLC 串联电路

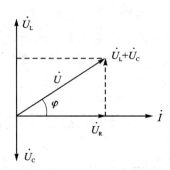

图 2-20 RLC 串联电路电压的相量图

注意:电路中的 RLC 可以看作三个阻抗元件相互串联。$Z_1 = R$,$Z_2 = jX_L$,$Z_3 = -jX_C$,而 Z 可以看作串联电路的等效复阻抗,$Z = Z_1 + Z_2 + Z_3 = \sum R + j\sum X$,式中 R 为等效电阻,X 为等效电抗,感抗取正号,容抗取负号。

2. 串联电路的功率

在 RLC 串联电路中,如果以电流为参考相量(假设 $\dot{I} = I\angle 0°$),则各物理量之间的相量关系如图 2-21 所示。假设 $X_L > X_C$,图中,$\dot{U}_R$、$(\dot{U}_L + \dot{U}_C)$ 及 $\dot{U}$ 正好组成一个直角三角形,称为电压三角形,如图 2-22 所示。根据几何关系可得

串联电路的功率与
功率因数提高

$$U = \sqrt{U_R^2 + (U_L - U_C)^2} = \sqrt{U_R^2 + U_X^2}$$
$$= \sqrt{(IR)^2 + (IX_L - IX_C)^2}$$
$$= I\sqrt{R^2 + X^2} = I|Z| \qquad (2-23)$$

其中,$|Z|$为复阻抗 Z 的模值,$Z = |Z| \angle \varphi$ 即电路的阻抗,单位为 Ω(欧姆)。若将电压三角形各边同除以 I,可得阻抗三角形,如图 2-22 所示。进一步分析 RLC 串联交流电路中的功率关系可知,因耗能元件只有电阻,由 $P = IU_R = I^2R$,根据电压三角形可得

$$P = I^2R = UI\cos\varphi$$

电感元件与电容元件只存在无功功率 Q,其中 $Q_L = I^2X_L$,$Q_C = I^2X_C$,考虑到 $\dot{U}_L$ 与 $\dot{U}_C$ 方向相反,得到

$$Q = (U_L - U_C)I = I^2(X_L - X_C) = UI\sin\varphi$$

若将电压三角形每条边扩大 I 倍,则得

$$P = UI\cos\varphi, \quad Q = UI\sin\varphi \qquad (2-24)$$

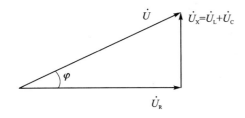

图 2-21 电压三角形

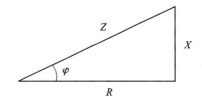

图 2-22 阻抗三角形

在交流电路中,UI 称为视在功率(容量),用 S 表示,即

$$S = UI = I^2|Z| \qquad (2-25)$$

许多交流电气设备,如交流发电机、变压器的容量就是以额定电压和额定电流的乘积表示的,即

$$S_N = I_N U_N$$

视在功率的单位是 VA(伏安)或 kVA(千伏安)。

这样 S、P、Q 也组成一个功率三角形,如图 2-23 所示。借助于电压、阻抗和功率三角形,可以十分直观地看出各电压、阻抗及功率之间的关系。

图 2-23 功率三角形

从这三个三角形中,不难得出电源电压 $\dot{U}$ 与电流 $\dot{I}$ 之间的相位差角为

$$\varphi = \arctan\frac{U_L - U_C}{U_R} = \arctan\frac{X_L - X_C}{R} = \arctan\frac{Q}{P} \qquad (2-26)$$

φ 称为复阻抗的幅角或称电路的阻抗角,仅决定于电路参数和频率,与电压、电流无关。同时,从三角形中还可看到

$$U_R = U\cos\varphi, \quad U_X = U\sin\varphi$$
$$R = |Z|\cos\varphi, \quad Q = S\sin\varphi$$
$$S = \sqrt{P^2 + Q^2}$$

在正弦电路中,有功功率与视在功率的比值称为功率因数,用 λ 表示,即

$$\lambda = \cos\varphi = \frac{P}{S} \tag{2-27}$$

式(2-26)中,当 $X_L > X_C, \varphi > 0$,即电路中的电压始终超前于电流 $\varphi(0 < \varphi < 90°)$ 角度,电抗呈电感性,这类电路称为电感性电路;$X_L < X_C, \varphi < 0$,则称为电容性电路;当 $X_L = X_C, X = 0$,$\varphi = 0$,电路呈电阻性,这是 RLC 串联电路中的特殊情况。

例 2-6 一个电容器与线圈串联组成的电路中,外接电源电压为 $u = 100\sin 5\,000t$ V。电容器的电容量 $C = 50\ \mu F$,线圈的电阻 $R = 30\ \Omega$,电感 $L = 12\ mH$。求电路中电流及各元件两端电压的瞬时表达式,并作出相量图。

解 首先建立相量电路模型,如图 2-24(a)所示。

① 已知 $\dot{U} = \dfrac{100\angle 0°}{\sqrt{2}}$ V,则

$$X_L = \omega L = 5000 \times 12 \times 10^{-3}\ \Omega = 60\ \Omega$$

$$X_C = \frac{1}{\omega C} = \frac{1}{5\,000 \times 10 \times 10^{-6}}\ \Omega = 20\ \Omega$$

② 由电路模型得

$$\dot{I} = \frac{\dot{U}}{Z} = \frac{100\angle 0°}{\sqrt{2} \times 50\angle 53.1°}\ A = \sqrt{2}\angle -53.1°\ A$$

$$\dot{U}_R = \dot{I}R = 30\sqrt{2}\angle -53.1°\ V$$

$$\dot{U}_L = \dot{I}j\omega L = \sqrt{2}\angle -53.1° \times j60\ V = 60\sqrt{2}\angle 36.9°\ V$$

$$\dot{U}_C = \dot{I}\left(-j\frac{1}{\omega C}\right) = 20\sqrt{2}\angle -143.1°\ V$$

(3)
$$i = 2\sin(5\,000t - 53.1°)\ A$$
$$u_R = 60\sin(5\,000t - 53.1°)\ V$$
$$u_L = 120\sin(5\,000t + 36.9°)\ V$$
$$u_C = 40\sin(5\,000t - 143.1°)\ V$$

(4) 作出相量图,如图 2-24(b)所示。

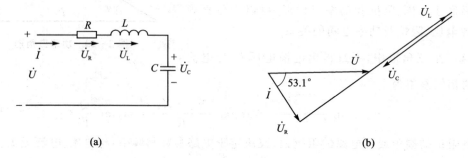

图 2-24 例 2-6 的图

例 2-7 电路如图 2-25 所示,$U_1 = 100\sqrt{2}$ V,试求:

① 电压 u_1 与 i 之间的相位差。

② 电路的有功功率、无功功率、视在功率。

③ 当 u_1 的频率升高时，输出电压 u_2 与 u_1 之间的相位差是增大还是减少？

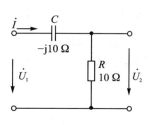

图 2-25 例 2-7 的图

解 ① 电路的复阻抗为

$$Z = R - j\frac{1}{\omega C} = 10 - j10 = 10\sqrt{2}\angle -45°$$

即 u_1 与 i 之间的相位差为 $-45°$，也就是说电容性电路中，电压滞后于电流 $45°$。

② 电路的电流相量为

$$\dot{I} = \frac{\dot{U}}{Z} = \frac{100\sqrt{2}\angle 0°}{10\sqrt{2}\angle -45°} = 10\angle 45°$$

所以，有功功率为

$$P = UI\cos\varphi = 100\sqrt{2}\times\cos(-45°)\,\text{W} = -1\,000\,\text{W}$$

无功功率为

$$Q = UI\sin\varphi = 100\sqrt{2}\times\sin(-45°)\,\text{W} = -1\,000\,\text{var}$$

视在功率为

$$S = UI = 1\,000\sqrt{2}\,\text{VA}$$

③ 当 u_1 的频率升高时，电压与电流之间的相位差为

$$\varphi = \arctan\frac{1}{\omega C}$$

ω 增大时，φ 角减小，而电阻元件上电压 u_2 与 i 同相，所以当 u_1 频率升高时，u_1 与 u_2 之间的相位差要减小。

二、RLC 串联电路的谐振

在有电感和电容元件的电路中，电路两端的电压与电路中的电流一般是不同相的。如果调节电路的参数或电源的频率而使它们同相，这时电路就发生谐振现象。按发生谐振电路的不同，谐振现象可分为串联谐振和并联谐振。本节只介绍串联谐振。

在如图 2-19 所示的 RLC 串联电路中，当

$$X_L = X_C \quad \text{或} \quad 2\pi fL = \frac{1}{2\pi fC}$$

时，则

$$\varphi = \arctan\frac{X_L - X_C}{R} = 0$$

即电压与电路中的电流同相，电路发生谐振现象。由于是发生在串联电路中，所以称为串联谐振。

发生串联谐振的条件是感抗与容抗相等，即调节交流电的频率，使频率满足

$$f = f_0 = \frac{1}{2\pi\sqrt{LC}}$$

可见，调节 L、C 和电源频率都能使电路发生谐振。

串联谐振具有以下特征:

① 电路的阻抗模 $|Z|=\sqrt{R^2+(X_L-X_C)^2}=R$,其值最小。因此,在电源电压 U 不变的情况下,电路中的电流将在谐振时达到最大值,即

$$I=I_0=\frac{U}{R}$$

② 由于电源电压与电路中电流同相,因此电路对电源呈现电阻性。电源供给电路的能量全被电阻所消耗,电源与电路之间不发生能量的互换。能量的相互转换只发生在电感和电容之间。

③ 由于 $X_L=X_C$,于是 $\dot U_L=\dot U_C$。而相位相反,互相抵消,对整个电路不起作用,因此电源电压 $\dot U=\dot U_R$,如图 2-26 所示。

④ 当 $X_L=X_C$ 且大于电阻 R 时,U_L 和 U_C 都可能高于电源电压 U,即

$$U_L=X_L I=X_L\frac{U}{R}$$

$$U_C=X_C I=X_C\frac{U}{R}$$

如果电压过高,可能击穿线圈和电容器的绝缘。因此,在电力工程中一般应避免发生串联谐振。但在无线电工程中,则可利用串联谐振以获得较高电压,电容和电感电压常高于电源电压几十倍或几百倍。所以,串联谐振也称为电压谐振。

U_L 和 U_C 与电源电压 U 的比值用 Q 来表示,即

$$Q=\frac{U_C}{U}=\frac{U_L}{U}=\frac{1}{\omega_0 CR}=\frac{\omega_0 L}{R} \tag{2-28}$$

Q 称为电路的品质因数。Q 表示在谐振时电容和电感元件上的电压是电源电压的 Q 倍。串联谐振在无线电工程中的应用较多,例如在接收机里被用来选择信号。

图 2-27 所示是接收机中典型的输入电路。它的作用是将需要收听的信号从天线所收到的许多频率不同的信号之中选出来,其他不需要的信号则尽量加以抑制。

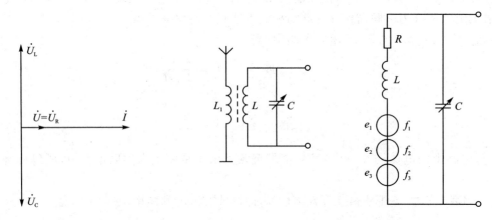

图 2-26　串联谐振电路电压相量图　　　图 2-27　接收机的典型输入电路

三、功率因数的提高

大家都知道,直流电路的功率等于电流与电压的乘积,但交流电路则不然,在计算交流电

路平均功率时还要考虑电压与电流间的相位差,即

$$P = I^2R = UI\cos\varphi$$

式中,$\cos\varphi$ 是电路的功率因数。在前面已经学习过,电压与电流之间的相位差取决于电路的参数,只有在阻性负载时电压与电流才会同相,功率因数为 1。对其他负载来说,功率因数均介于 0 与 1 之间。

1. 提高功率因数的意义

在电力系统中,发电厂在发出有功功率的同时也输出无功功率,二者在总功率中各占多少不是取决于发电机,而是由负载的功率因数决定的。负载功率因数的大小是由负载的性质决定的。例如白炽灯、电炉等电阻性负载的功率因数 $\cos\varphi=1$,而日常生活中大量使用的异步电动机、日光灯、供电系统的负载大都属于电感性负载,因此功率因数 $\cos\varphi<1$。功率因数如果很低,会对供电系统产生不良影响。具体影响如下:

① 发输电设备的容量不能充分利用。容量一定的供电设备能够输出的有功功率为 $P=S\cos\varphi$。$\cos\varphi$ 越低,P 越小,电源设备越得不到充分的利用。例如容量为 1 000 kVA 的变压器,如果功率因数为 1,即提供 1 000 kW 的有功功率,而功率因数为 0.7,则只能提供 700 kW 的功率。

② 增加了供电设备的输电线路的功率损耗。负载从电源取用的电流为 $I=\dfrac{P}{U\cos\varphi}$,在 P、U 一定的情况下,$\cos\varphi$ 越低,电流 I 就越大,电流流过输电导线,在输电线路上引起的功率损耗愈大,意味着输电线路电能的效率愈低。

综上所述,为了提高发电、供电设备的效率,减少输电线路上的能量损耗,应提高电路的功率因数。

2. 提高功率因数的方法

提高功率因数的方法很多。由于生产实际中大多数负载都是感性的,所以往往采用在感性负载两端并联合适的电容器补偿的方法来提高电路的功率因数。

图 2-28(a)所示为一个感性负载并联电容器时的电路,图 2-28(b)是它的相量图。从相量图中可以看出,当感性负载未并联电容器时,电路中的总电流 $\dot{I}$ 等于负载电流 $\dot{I}_1$,此时电路的功率因数为 $\cos\varphi_1$,φ_1 是感性负载的阻抗角。并联电容器后,负载的工作情况没有任何变化,但由于电容支路电流 $\dot{I}_C$ 的出现,电路中的总电流 $\dot{I}$ 发生了改变,即 $\dot{I}=\dot{I}_1+\dot{I}_C$,且 $I<I_1$,故电路中的总电流减小了,同时总电流滞后于电压的相位也由原来的 φ_1 减小到 φ_2。这样整个电路的功率因数就得到了提高。

用并联电容器(或容性设备)来提高电路的功率因数,一般只是将功率因数补偿到 0.9 左右,而不是更高,因为当功率因数补偿到接近 1 时,所需的设备投资很大,反而不够经济了。

并联电容器前有

$$P=UI_1\cos\varphi_1;\quad I_1=\dfrac{P}{U\cos\varphi_1}$$

并联电容器后有

$$P=UI\cos\varphi_2;\quad I=\dfrac{P}{U\cos\varphi_2}$$

从相量图中可以看出

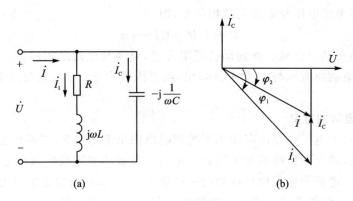

图 2-28 功率因数的提高

$$I_C = I_1 \sin \varphi_1 - I \sin \varphi_2$$
$$= \frac{P}{U}(\tan \varphi_1 - \tan \varphi_2)$$

由于

$$I_C = \frac{U}{X_C} = \omega C U$$

因而可以得到

$$C = \frac{P}{\omega U^2}(\tan \varphi_1 - \tan \varphi_2) \tag{2-29}$$

电容器所产生的补偿无功功率为

$$Q_C = \frac{U^2}{X_C} = \omega C U^2 = P(\tan \varphi_1 - \tan \varphi_2) \tag{2-30}$$

例 2-8 有一台功率因数为 0.6,功率为 2 kW 的单相交流电动机接到 220 V 的工频电源上,试问:①电路的总电流和电动机的无功功率是多少?②应并联多大的电容才能将电路的功率因数提高到 0.9?这时电路中的电流和无功功率各为多少?电容器补偿的无功功率为多少?

解 ① 此时,电路中的总电流为电动机中的电流,即

$$I_1 = \frac{P}{U\cos \varphi_1} = \frac{2 \times 10^3}{220 \times 0.6} = 15.15 \text{ A}$$

由 $\cos \varphi_1 = 0.6$ 可得 $\varphi_1 = 53.1°$,电动机的无功功率为

$$Q = UI_1 \sin \varphi_1 = P \tan \varphi_1 = 2 \times 10^3 \times \tan 53.1° = 2\ 667 \text{ var}$$

② 当电路的功率因数提高到 0.9 时,由 $\cos \varphi_2 = 0.9$ 可得 $\varphi_2 = 25.84°$,所需并联的电容为

$$C = \frac{P}{\omega U^2}(\tan \varphi_1 - \tan \varphi_2)$$
$$= \frac{2 \times 10^3}{314 \times 220^2}(\tan 53.1° - \tan 25.84°)$$
$$= 111.3 \ \mu\text{F}$$

并联电容器后,电路中的总电流减小为

$$I = \frac{P}{U\cos \varphi_2} = \frac{2 \times 10^3}{220 \times 0.9} = 10.1 \text{ A}$$

而电路的无功功率为
$$Q = UI\sin\varphi_2 = P\tan\varphi = 2\times10^3\times\tan 25.84 = 974 \text{ var}$$
电容器补偿的无功功率为
$$Q_C = P(\tan\varphi_1 - \tan\varphi_2)$$
$$= 2\times10^3(\tan 53.1° - \tan 25.84°) = 974 \text{ var}$$

以上计算表明,并联电容补偿后,有功功率不变,无功功率减小,线路总电流减少,使线路损耗降低,从而达到了提高功率因数的目的。

2.2.3 任务实施

一、电阻、电感、电容串联电路的测量

1. 工作任务单

工作任务单见表2-3。

表2-3 工作任务单

任务内容	任务要求
RLC串联电路的研究	能够正确分析RLC串联电的特点,并完成参数测量

2. 材料工具单

材料工具单见表2-4。

表2-4 材料工具单

项目	名称	数量	型号	备注
所用工具	电工工具	每组一套		
所用仪表	数字万用表	每组一块		
	交流电压表	每组一块		
	交流电流表	每组一块		
所用材料	电灯泡(电阻)	若干		
	镇流器(电感)	一只		
	电容器	不同电容值若干		
	导线	若干		

3. 实施流程

要求:小组每位成员都要参与,由小组给出测量与探究方案,并提交研究报告。小组成员之间要齐心协力,共同计划和实施,对团结合作好的小组给予一定的加分。

① 学生按人数或设备分组,确定每组的组长。
② 以小组为单位,进行RLC串联电路的研究和分析。

4. RLC串联电路的测量与分析

(1) 电路测量及其内容

① 按图2-29连接电路,检查接线无误后接通电源。
② 用电压表或万用表交流电压档分别测量电压U、白炽灯电压U_R、电感线圈电压U_L、电容电压U_C,并将测量数据记入表2-5中。

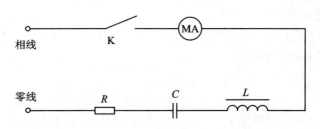

图 2-29 RLC 串联电路接线图

③ 由交流电流表读出数值,记入表 2-5 中。

表 2-5 RLC 串联电路测量数据

I/mA	电源电压 U	电阻电压 U_R	电感电压 U_L	电容电压 U_C

(2)测量注意事项

① 本实验用 220 V 交流电,务必注意用电和人身安全。
② 仪表要正确接入电路。

(3)测量结果分析

① 用表 2-5 中记录的数据的电压值,代入公式 $U=\sqrt{U_R^2+(U_L-U_C)^2}$ 中,计算出电源电压值 U 与表中记录的测量值 U 比较。
② 用实验数据作有效值电压相量图。
③ 根据表中的实验数据计算 R、X_L、X_C 及 Z 值。

二、提高感性负载电路的功率因数

1. 工作任务单

工作任务单见表 2-6。

表 2-6 工作任务单

序号	任务内容	任务要求
1	提高感性负载的功率因数	能够根据感性负载电路实际提高电路功率因数

2. 材料工具单

材料工具单见表 2-7。

表 2-7 材料工具单

项目	名称	数量	型号	备注
所用工具	电工工具	每组一套		
所用仪表	数字万用表	每组一块		
	交流电压表	每组一块		
	交流电流表	每组一块		
	功率表	每组一块		
	功率因数表	每组一块		条件允许可以加上

续表 2-7

项　目	名　称	数　量	型　号	备　注
所用材料	电灯泡(电阻)	若干		
	镇流器(电感)	一只		
	电容器	不同电容值若干		
	导线	若干		

3. 实施流程

要求：小组每位成员都要参与，由小组给出测量与探究方案，并提交研究报告。小组成员之间要齐心协力，共同计划和实施，对团结合作好的小组给予一定的加分。

① 学生按人数或设备分组，确定每组的组长；

② 以小组为单位，进行提高感性负载功率因数的探究和分析。

4. 提高 λ 的电路探究与分析

(1) 电路探究及其内容

① 按图 2-30 连接线路，开关 K_1，K_2 均置于分断。

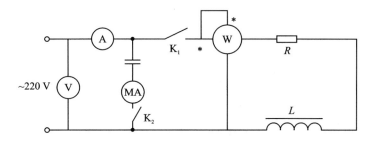

图 2-30　提高 λ 的电路

② 只接通开关 K_1，分别测量以下数据，记入表 2-8 中。

表 2-8　测量数据(只接通开关 K_1)

被测量	功率表读数/W	电压表读数/V	电流表 A 读数/mA
测量值			

③ 同时接通开关 K_1，K_2，分别测量以下数据，记入表 2-9 中。

表 2-9　测量数据(开关全接通)

被测量	功率表读数/W	电压表读数/V	电流表 A 读数/mA	电容电流表读数/mA
测量值				

(2) 测量数据分析

① 在上述探究测量过程中，功率表的示数有无变化？经过对比发现，在合上 K_2 过程前后功率表的读数并没有改变，说明电路中的有功功率在测量过程中没有改变，也就是说电路中的 P 不变。

② 在合上 K_1，K_2 前后，电压表读数没有变化，说明电路中的电压在探究过程中没有变化；而在合上 K_2 前后，电路中总的电流表读数减小，U 与 I 的乘积减小，即视在功率在合上 K_2

后减小了。

③ 根据 $P=S\cos\varphi$ 说明,电路中合上 K_2 后功率因数得以相应地提高,从而证明在感性负载两端并联合适的电容器会提高供电系统的功率因数。

(3) 测量结果讨论

① 讨论：提高电路的功率因数时,常在感性负载上并联电容器,此时增加了一条电流支路,试问电路的总电流是增大还是减小,此时感性元件上的电流和功率是否改变?

② 提高功率因数时所并联的电容器是否越大越好?

2.2.4 知识拓展

本小节主要介绍功率表及其使用。

功率表又称瓦特表,是一种测量电功率的仪器。电功率包括有功功率、无功功率和视在功率。未作特殊说明时,功率表一般指测量有功功率的仪表。

1. 功率表的连接方式

① 功率表标有"＊"号的电流端子必须接至电源的一端,另一端则接至负载端,电流线圈是串联接入电路的。

② 功率表上标有"＊"号的电压端子可接电流端的任一端,另一个电压端子则并联至负载的另一端。功率表的电压支路是并联接入电路的。

2. 功率表接线方式选择

功率表有两种接线方式,即电压线圈前接法和电压线圈后接法。

① 电压线圈前接法如图 2-31 所示,适用于负载电阻远比电流线圈电阻大的情况。因为这时电流线圈中的电流虽然等于负载电流,但电压支路两端的电压包含负载电压和电流线圈两端的电压,即功率表的读数中多出了电流线圈的功率消耗。如果负载电阻远比电压线圈电阻大,那么引起的误差就比较小。

② 电压线圈后接法如图 2-32 所示,适用于负载电阻远比电压支路电阻小的情况。此时与电压线圈前接法情况相反,虽然电压支路两端的电压与负载电压相等,但电流线圈中的电流却包括负载电流和电压支路电流。如果电压线圈的电阻远比负载电阻大,则电压支路的功耗对测量结果的影响就比较小。

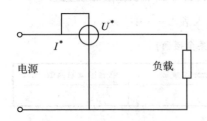
图 2-31 电压线圈前接线法

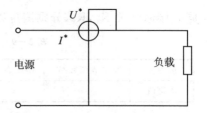
图 2-32 电压线圈后接线法

3. 单相功率表测量三相电路功率

在三相四线制电路中,若负载对称,可用一只单相功率表测量其中一相负载的功率,然后将该表读数乘以 3 即为三相对称负载的总功率。这种方法称为一表法,如图 2-33 所示。

三相四线制电路中的负载多数是不对称的,需要三个单相功率表才能测得其三相功率,三

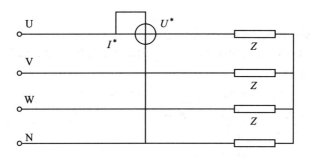

图 2-33 一表法测三相电路功率接线图

个单相功率表的接线如图 2-34 所示，每个功率表测量一相的功率，三个单相功率表测得的功率之和等于三相总功率。这种方法称为三表法。

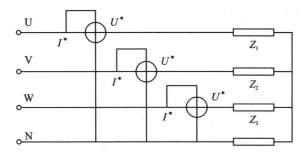

图 2-34 三表法测三相电路功率接线图

在三相三线制电路中，不论负载对称与否，均可用两个单相功率表测三相功率，这种方法称为两表法。三相总功率等于两只功率表测得的功率的代数和。两表法测三相电路功率的连接方法如图 2-35 所示。两功率表的电流线圈串联接入任意两线，使通过电流线圈的电流为三相电路的线电流，电流线圈的 * 端必须接到电源侧；两功率表电压线圈的 * 端必须接到该功率表电流线圈所在的线，而另一端必须同时接到没有接功率表电流线圈所在的第三条线上。

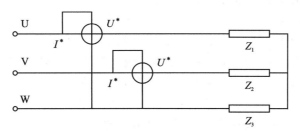

图 2-35 两表法测三相电路功率接线图

思考与练习

一、填空题

1. 电网的功率因数越高，电源的利用率就越_____，无功功率就越_____。
2. 只有电阻和电感元件相串联的电路性质呈_____；只有电阻和电容元件相串联的电

路性质呈_____。

3. 提高感性负载功率因数的方法是_____。

4. 画串联电路相量图时,通常选择_____作为参考相量;画并联电路相量图时,一般选择_____作为参考相量。

5. _____功率的单位是瓦特,_____功率的单位是乏,_____功率的单位是伏安。

6. 当 RLC 串联电路发生谐振时,电路中_____最小且等于_____;电路中电压一定时_____最大,且与电路总电压_____。

7. 在做实验时,测量电压时应把电压表_____接在待测元件两端;而测量电流时应把电流表_____接在待测支路中。

8. 实际电气设备大多为_____性设备,功率因数往往_____。若要提高感性电路的功率因数,常采用人工补偿法进行调整,即在_____。

9. 能量转换过程不可逆的电路功率常称为_____功率;能量转换过程可逆的电路功率叫做_____功率;这两部分功率的总和称为_____功率。

二、判断题

1. 电压三角形等于阻抗三角形。( )
2. 电感元件交流电路在相位上电压滞后电流90°。( )
3. 正弦交流电路的视在功率等于有功功率和无功功率之和。( )
4. 电压三角形、阻抗三角形和功率三角形都是相量图。( )
5. 电容元件交流电路在相位上电压超前电流90°。( )
6. 测量单相电功率时,功率表应串联接在电路中。( )
7. 照明电路的负载只要对称安装,就可以采用三相三线制供电方式。( )
8. 在感性负载两端并联电容就可提高电路的功率因数。( )

三、选择题

1. 提高供电线路的功率因数,下列说法正确的是( )。
   A. 减少了用电设备中无用的无功功率
   B. 可以节省电能
   C. 减少了用电设备的有功功率,提高了电源设备的容量
   D. 可提高电源设备的利用率并减小输电线路中的功率损耗

2. 在 RL 串联电路中,$U_R=16$ V,$U_L=12$ V,则总电压为( )。
   A. 28 V   B. 20 V   C. 2 V

3. 串联正弦交流电路的视在功率表征了该电路的( )。
   A. 电路中总电压有效值与电流有效值的乘积
   B. 平均功率
   C. 瞬时功率最大值

4. RLC 串联电路在 f_0 时发生谐振,当频率增加到 $2f_0$ 时,电路性质呈( )。
   A. 电阻性   B. 电感性   C. 电容性

5. 实验室中的功率表是用来测量电路中的( )的。
   A. 有功功率   B. 无功功率   C. 视在功率   D. 瞬时功率

6. 在日光灯电路中,并联一个适当电容后,提高了负载的功率因数,这时日光灯消耗的有

功功率将(　　)。
A. 减少   B. 稍增加
C. 保持不变   D. 增加至电容击穿

四、简述题

1. 试述提高功率因数的意义和方法？
2. 一位同学在做日光灯电路实验时，用万用表的交流电压挡测量电路各部分的电压。实测路端电压为 220 V，灯管两端电压 $U_1=110$ V，镇流器两端电压 $U_2=178$ V，即总电压既不等于两分电压之和，又不符合 $U^2=U_1^2+U_2^2$，此实验结果如何解释？

五、计算题

1. 正弦电压 $u_A=100\sqrt{2}\sin(100\pi t)$，$u_B=100\sqrt{2}\sin(100\pi t-120°)$，$u_C=100\sqrt{2}\sin(100\pi t+120°)$，求 $u_A+u_B+u_C$。
2. 利用交流电流表、交流电压表和交流单相功率表可以测量实际线圈的电感量。设加在线圈两端的电压为工频 110 V，测得流过线圈的电流为 5 A，功率表读数为 400 W，则该线圈的电感量是多少？
3. RLC 串联电路中，已知 $R=150$ Ω，$U_R=150$ V，$U_L=180$ V，$U_C=150$ V。计算电流 I、电源电压 U 和它们之间的相位差，并画出相量图。
4. 电路如图 2-36 所示，当调节 C，使电流 I 与端电压 U 同相时，测出 $U=100$ V，$U_C=180$ V，$I=1$ A，电源的频率 $f=50$ Hz，求电路中的 R，L，C。
5. 图 2-37 所示电路中，有一感性负载的功率 $P=10$ kW，功率因数为 0.65，电源电压为 380 V，频率为 50 Hz。若把功率因数提高到 0.9，试求所需并联的电容值，以及并联前后的总电流。

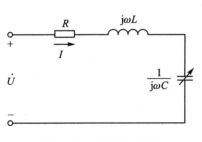

图 2-36　计算题 4 的图

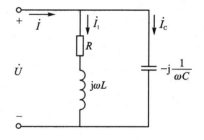

图 2-37　计算题 5 的图

任务 2.3　三相交流电路的应用与测量

2.3.1　任务目标

① 了解三相发电机原理；
② 掌握三相电源与负载 Y 形连接的特点与应用；
③ 掌握三相电源与负载 △ 形连接的特点与应用；
④ 了解三相电路的功率计算。

2.3.2 知识探究

电力系统中,发电、输电、用电一般都采用三相交流电路。三相交流电的产生与传输比较经济。在用电方面最主要负载是交流电动机,而交流电动机多数是三相的,三相电机产生的有功功率为恒定值,因此电机的稳定性好。三相负载和单相负载相比,容量相同情况下体积要小得多。根据以上优点,三相电路在生产上得到最为广泛的应用。

三相电源一般是由三个同频率、同幅值、初始相位依次相差 120°的正弦电压源按一定方式连接而成的对称电源。工程中,三相电路中负载的连接主要有两种形式:星形连接(又称 Y 接)和三角形连接(又称△接)。

一、三相交流电源

1. 三相交流电的产生

三相电压是三相交流发电机输出的电压。图 2-38 是三相交流发电机的结构示意图。它的组成部分主要是定子(电枢)部分和转子(磁极)部分。定子包括机座、定子绕组、定子铁芯等几部分。定子铁芯的内表面冲有槽,用来嵌放三相绕组。每相绕组结构一样,如图 2-39 所示,每相绕组始末端彼此间隔 120°。习惯上,绕组的起始端标以 A,B,C,对应的末端标以 X,Y,Z。

三相交流电的产生与特点

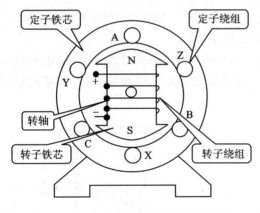

图 2-38 三相交流发电机结构示意图

磁极是转动的,亦称转子。转子铁芯上绕有线圈,用直流励磁,称为励磁绕组。定子与转子间有一定的间隙,若其极面的形状和励磁绕组布置得恰当,可使气隙中磁感应强度按正弦规律分布。当转子在原动机带动下,以均匀的速度顺时针转动,则每相绕组依次切割磁力线,产生频率相同、幅值相等的三个正弦电压,如图 2-40 所示。

由图 2-38 可见,当 N 极的轴线转到 X 处时,A 相的电动势达到正幅值;经过 120°后 N 极的轴线转到 Y 处时,B 相的电动势达

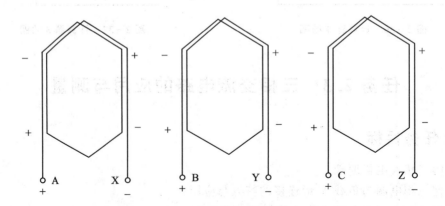

图 2-39 三相交流发电机绕组(线圈)示意图

到正幅值;再经过120°,N 极的轴线转到 Z 处时,C 相的电动势达到正幅值。所以,u_A 超前 u_B120°,u_B 超前 u_C120°,u_C 超前 u_A120°,这是个连续的过程。以 U 相为参考,则

$$u_A = U_m \sin \omega t$$
$$u_B = U_m \sin(\omega t - 120°)$$
$$u_C = U_m \sin(\omega t - 240°) = E_m \sin(\omega t + 120°)$$

(2-31)

用相量表示为

$$\dot{U}_A = U \angle 0°$$
$$\dot{U}_B = U \angle -120°$$
$$\dot{U}_C = U \angle +120°$$

(2-32)

由上可见,三个绕组产生三个频率、幅值相同,彼此间相差120°的电压,这种电压称为对称三相电压,其电压波形图如图 2-40 所示,其相量图如图 2-41 所示。对称三相电压的瞬时值或相量的和为零,即

$$u_A + u_B + u_C = 0$$
$$\dot{U}_A + \dot{U}_B + \dot{U}_C = 0$$

(2-33)

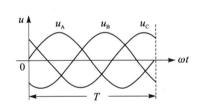

图 2-40 对称三相电压波形图

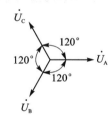

图 2-41 对称三相电压相量图

三相交流电压出现正幅值的先后顺序称为相序。相序为 A→B→C 称为正序,相序为 A→C→B 称为逆序或负序。在我国供配电系统中的三相母线都标有规定的颜色以便识别相序,A 相规定为黄色,B 相规定为绿色,C 相规定为红色。三相发电机、三相变压器并联运行、三相电动机接入电源时都要考虑相序。工程上常用的相序为正序。

2. 三相电源的连接方式

三相发电机的三相电源相当于三个独立的正弦电源,但在实际应用中,三相发电机的三相绕组都要按某种方式连接成一个整体后再对外供电。三相绕组有星形连接与角形连接两种方式。

三相电源的连接

(1) 星形连接

若将发电机的三相定子绕组的末端 X,Y,Z 连在一起,如图 2-42 所示,这种连接方式称为电源的星形连接。其中,连接点称为中性点(或零点),这样可从三个绕组的始端和中性点分别引出四根导线,从中性点引出的线称为中性线,俗称零线,用 N 表示。从始端 A,B,C 引出的线称为相线,俗称火线。共有三相对称电源、四根引出线,因此这种电源连接方式习惯称之为三相四线制。

相线与中性线间的电压称为相电压,即每相绕组的始端与末端间的电压,其有效值用 U_A,U_B,U_C 表示(或用 U_P 表示);任意两根相线间的电压称为线电压,即绕组始端间的电压,其有

效值用 U_{AB}，U_{BC}，U_{CA} 表示（或用 U_l 表示）。在图 2-42 中，选定中性点为参考电位，所以相电压的参考方向为绕组的始端指向末端（中性点）。

三相电源星形连接时，相电压 U_P 显然不等于线电压 U_l。在图 2-43 中，A，B 间电压的瞬时值等于 A 相和 B 相电压之差，即

$$u_{AB} = u_A - u_B$$

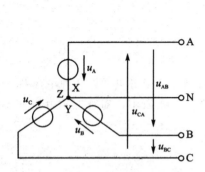

图 2-42 三相电源的星形连接

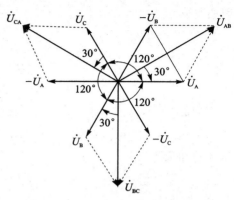

图 2-43 相电压与线电压的相量图

同理

$$u_{BC} = u_B - u_C$$
$$u_{CA} = u_C - u_A$$

设

$$\dot{U}_A = U_P \angle 0°$$

则用相量表示为

$$\dot{U}_{AB} = \dot{U}_A - \dot{U}_B = \sqrt{3} U_P \angle 30°$$
$$\dot{U}_{BC} = \dot{U}_B - \dot{U}_C = \sqrt{3} U_P \angle -90°$$
$$\dot{U}_{CA} = \dot{U}_C - \dot{U}_A = \sqrt{3} U_P \angle 150°$$

先作出相量 $\dot{U}_A$，$\dot{U}_B$，$\dot{U}_C$，再作出 $\dot{U}_{AB}$，$\dot{U}_{BC}$，$\dot{U}_{CA}$。可见，线电压和相电压一样也是对称的，用相量图表示如图 2-43 所示。线电压大小是相电压的 $\sqrt{3}$ 倍，并且超前对应的相电压 30°，即

$$\dot{U}_l = \sqrt{3} \dot{U}_P \angle 30° \tag{2-34}$$

（2）三角形连接

将电源的三相绕组首末端依次连接成三角形，并由三角形的三个顶点引出三条相线 A，B，C 给用户供电，称为三角形连接，如图 2-44 所示。采用三相三线制供电方式，$U_l = U_P$。由于 $\dot{U}_{AB} + \dot{U}_{BC} + \dot{U}_{CA} = 0$，故电源内部无环流。

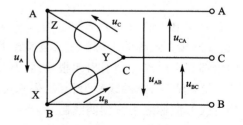

图 2-44 三相电源的三角形连接

二、三相负载的连接

三相供电系统中大多数负载是三相的,即由三个负载连接成星形或三角形,如图 2-45 所示。

三相负载连接

1. 三相负载的星形连接

负载星形连接的三相电路多为三相四线制电路,如图 2-46 所示。图中,$|Z_A|$、$|Z_B|$、$|Z_C|$ 分别为每相的阻抗模。电压和电流的参考方向也已在图中标出。三相电路中,电流有相电流和线电流。每相负载流过的电流称为相电流,用 I_P 表示;每根相线中的流过的电流称为线电流,用 I_l 表示。

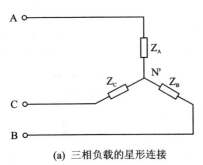

(a) 三相负载的星形连接

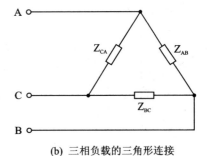

(b) 三相负载的三角形连接

图 2-45 三相负载的连接方式

从图 2-46 所示电路可知,在负载为星形连接时,相电流就是线电流,即有

$$I_P = I_l \quad (2-35)$$

对于三相电路中的电压、电流,应该一相一相地计算。设每相负载的电压为

$$\dot{U}_A = U_P \angle 0°$$

$$\dot{U}_B = U_P \angle -120°$$

$$\dot{U}_C = U_P \angle 120°$$

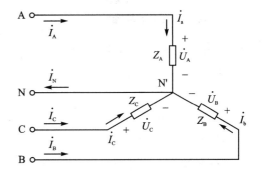

图 2-46 三相四线制电路

则每相负载中的电流分别为

$$\dot{I}_A = \dot{I}_a = \frac{\dot{U}_a}{Z_A} = \frac{U_P \angle 0°}{|Z_A| \angle \varphi_a} = I_P \angle -\varphi_a$$

$$\dot{I}_B = \dot{I}_b = \frac{\dot{U}_b}{Z_B} = \frac{U_P \angle -120°}{|Z_B| \angle \varphi_b} = I_P \angle -(120° + \varphi_b)$$

$$\dot{I}_C = \dot{I}_c = \frac{\dot{U}_c}{Z_C} = \frac{U_P \angle 120°}{|Z_C| \angle \varphi_c} = I_P \angle (120° - \varphi_c)$$

中性线上的电流,可由基尔霍夫电流定律得到,即

$$\dot{I}_N = \dot{I}_a + \dot{I}_b + \dot{I}_c \quad (2-36)$$

电力系统中三相四线制线路是由三根相线和一根中性线构成的输电网,通常中性线(零线)比相线要细得多,实际供电线路中,通过中性线的电流 I_N 比相线的电流 I_P 小得多。

若三相负载对称,$Z_A = Z_B = Z_C = Z$,阻抗模和相位角相等,即

$$|Z_A| = |Z_B| = |Z_C| = |Z|$$
$$\varphi_a = \varphi_b = \varphi_c = \varphi$$

由于电压是对称的，负载相电流也是对称的，即

$$I_p = I_a = I_b = I_c = \frac{U_p}{|Z|}$$

$$\varphi = \varphi_a = \varphi_b = \varphi_c = \arctan\frac{X}{R}$$

$$\dot{I}_N = \dot{I}_a + \dot{I}_b + \dot{I}_c = 0$$

此时，中性线电流为零。

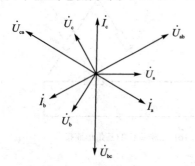

图 2-47 负载星型连接电压与电流相量图

其电压和电流相量图如图 2-47 所示。当星形连接的三相负载对称时，中性线中无电流通过，因此中性线就可不要了，三相四线制电路就演变为三相三线制电路。三相三线制电路在工业中用得较多，主要用于三相对称负载，如三相电动机负载。

对称负载三相电路中，由于各相对称，计算一相可推算其余两相，即各相功率相等、电流电压大小相等、相位互差 120°。

总之，三相对称负载星形连接时，$\dot{U}_l = \sqrt{3}\dot{U}_P\angle 30°$，$\dot{I}_l = \dot{I}_P$。

例 2-9 线电压为 380 V 的三相四线制电源给三相照明电路供电。

① 若 A, B, C 相各接有 20 盏 220 V, 100 W 的白炽灯，求各相的相电流、线电流和中性线电流。

② 若 A, C 相各接 40 盏，B 相接 20 盏 220 V, 100 W 的白炽灯，求各相的相电流、线电流和中性线电流。

解 线电压为 380 V，则各相电压为 $\frac{380}{\sqrt{3}} = 220$ V。

每盏白炽灯的额定电流为

$$I_N = \frac{P_N}{U_N} = \frac{100}{220} = 0.45 \text{ A}$$

① 每相上白炽灯都是并联的，各相电流等于线电流，为

$$I_a = I_b = I_c = 20 \times 0.45 = 9 \text{ A}$$

由于星形接线，故中线点电流为零。

② 各相电流为

$$I_a = I_c = 40 \times 0.45 = 18 \text{ A}$$
$$I_b = 20 \times 0.45 = 9 \text{ A}$$

若设 $\dot{U} = 220\angle 0°$ V，则

$$\dot{I}_a = 18\angle 0° \text{A}, \quad \dot{I}_b = 9\angle -120° \text{A}, \quad \dot{I}_c = 18\angle 120° \text{A}$$

所以中性线电流为

$$\dot{I}_N = \dot{I}_a + \dot{I}_b + \dot{I}_c = 18\angle 0° + 9\angle -120° + 18\angle 120° = 9\angle 60° \text{A}$$

可见,当负载对称时,中性线中无电流流过;当负载不对称时,中性线中有电流流过,保证了每相负载上的相电压对称。

2. 三相负载的三角形连接

图 2-48 所示电路为负载三角形连接的三相电路。电路和电流的参考方向如图 2-48 中所示。

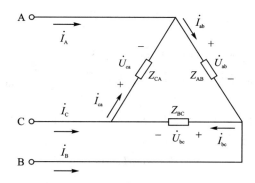

图 2-48 负载三角形连接

负载为三角形连接时,相电压就是线电压,即

$$U_P = U_l \tag{2-37}$$

但相电流 I_P 和线电流 I_l 不等,各相负载电流分别为

$$\dot{I}_{ab} = \frac{\dot{U}_{ab}}{Z_{AB}}$$

$$\dot{I}_{bc} = \frac{\dot{U}_{bc}}{Z_{BC}}$$

$$\dot{I}_{ca} = \frac{\dot{U}_{ca}}{Z_{CA}}$$

若设线电压 $\dot{U}_{ab} = U_l \angle 0°$,即有 $Z_{AB} = Z_{BC} = Z_{CA} = |Z|\angle \varphi$,则负载的相电流是对称的,即有

$$\dot{I}_{ab} = \frac{\dot{U}_{ab}}{Z_{AB}} = \frac{U_l \angle 0°}{|Z|\angle \varphi} = I_1 \angle -\varphi$$

$$\dot{I}_{bc} = \frac{\dot{U}_{bc}}{Z_{BC}} = \frac{U_l \angle -120°}{|Z|\angle \varphi} = I_2 \angle -(120° + \varphi)$$

$$\dot{I}_{ca} = \frac{\dot{U}_{ca}}{Z_{CA}} = \frac{U_l \angle 120°}{|Z|\angle \varphi} = I_3 \angle (120° - \varphi)$$

负载的线电流可用基尔霍夫电流定律得到,即

$$\dot{I}_A = \dot{I}_{ab} - \dot{I}_{ca}$$

$$\dot{I}_B = \dot{I}_{bc} - \dot{I}_{ab}$$

$$\dot{I}_C = \dot{I}_{ca} - \dot{I}_{bc}$$

由图 2-49 看出，线电流也是对称的，线电流是相电流的 $\sqrt{3}$ 倍，在相位上比对应的相电流滞后 $30°$。

总之，三角形连接时，$\dot{U}_l = \dot{U}_P$，$\dot{I}_l = \sqrt{3}\dot{I}_P\angle -30°$。

三、三相电路的功率

在负载星形连接和三角形连接的三相电路中，分别计算了对称负载和不对称负载两种情况下的三相有功功率。这里仅对三相功率的计算方法做些小结，并举例加以讨论。

不论三相电路电源或负载是何种连接形式（星形连接或三角形连接），电路总的有功功率必定等于各相有功功率的和，即

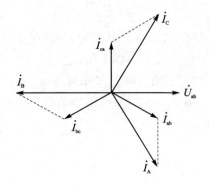

图 2-49 负载三角形连接电压与电流相量图

$$P = P_1 + P_2 + P_3 = U_1 I_1 \cos \varphi_1 + U_2 I_2 \cos \varphi_2 + U_3 I_3 \cos \varphi_3$$

当负载对称时，有功功率为

$$P = 3U_P I_P \cos \varphi \tag{2-38}$$

当对称负载是星形连接时

$$U_l = \sqrt{3} U_P$$
$$I_l = I_P$$

当对称负载是三角形连接时

$$U_l = U_P$$
$$I_l = \sqrt{3} I_P$$

所以式(2-38)可写为

$$P = 3U_P I_P \cos \varphi = \sqrt{3} U_l I_l \cos \varphi \tag{2-39}$$

所以，对于对称负载三相电路，有功功率可通过线电压、线电流的有效值或相电压、相电流的有效值求得。式(2-39) φ 角仍为相电压与相电流之间的相位差。

同理可得出三相无功功率和视在功率为

$$Q = 3U_P I_P \sin \varphi = \sqrt{3} U_l I_l \sin \varphi \tag{2-40}$$

$$S = 3U_P I_P = \sqrt{3} U_l I_l = \sqrt{P^2 + Q^2} \tag{2-41}$$

例 2-10 有一三相对称负载，每相阻抗为 $Z = 4 + j3\,\Omega$，电源电压为 380 V，计算接成星形和三角形时，电路的有功功率和无功功率。

解 星形连接时

$$U_P = \frac{U_L}{\sqrt{3}} = \frac{380}{\sqrt{3}} = 220 \text{ V}$$

$$I_l = I_P = \frac{U_P}{|Z|} = \frac{220}{\sqrt{4^2 + 3^2}} = 44 \text{ A}$$

$$P = \sqrt{3} U_l I_l \cos \varphi = \sqrt{3} \times 380 \times 44 \times \frac{4}{\sqrt{4^2 + 3^2}} = 23.2 \text{ kW}$$

$$Q = \sqrt{3} U_l I_l \sin \varphi = \sqrt{3} \times 380 \times 44 \times \frac{4}{\sqrt{4^2 + 3^2}} = 21.4 \text{ kvar}$$

三角形连接时

$$U_P = U_l = 380 \text{ V}$$

$$I_l = \sqrt{3} I_P = \sqrt{3} \times \frac{U_P}{|Z|} = \sqrt{3} \times \frac{380}{\sqrt{4^2+3^2}} = 132 \text{ A}$$

$$P = \sqrt{3} U_l I_l \cos\varphi = \sqrt{3} \times 380 \times 132 \times \frac{4}{\sqrt{4^2+3^2}} = 69.6 \text{ kW}$$

$$Q = \sqrt{3} U_l I_l \sin\varphi = \sqrt{3} \times 380 \times 132 \times \frac{4}{\sqrt{4^2+3^2}} = 64.2 \text{ kvar}$$

在相同的电源电压下,三角形连接时的线电流、有功功率、无功功率是星形连接时的3倍。

2.3.3 任务实施

本任务为三相交流电路的应用与测量。

1. 工作任务单

工作任务单见表2-10。

表2-10 工作任务单

序号	任务内容	任务要求
1	三相电路的相电压与线电压的测量	1. 学会用验电笔验证相线与零线; 2. 利用电压表测量相电压与线电压; 3. 验证相电压与线电压的等量关系
2	三相四线制电路中中性线(零线)作用的研究	1. 学会对称负载有中性线时电路的测量; 2. 学会不对称负载有中性线时相电压的测量; 3. 学会不对称负载无中性线时相电压的测量
3	三相电路中相序的测量	用简单的电路实验对电路相序进行测量

2. 材料工具单

材料工具单见表2-11。

表2-11 材料工具单

项目	名称	数量	型号	备注
所用工具	电工工具	一套		
所用仪表	数字万用表	一块		
	交流电压表	一块		
	交流电流表	一块		
所用材料	白炽灯	至少3个		
	电容器	一只		
	导线	若干		
	三相电动机	一台		

3. 实施流程

要求：小组每位成员都要参与，由小组给出测量结果，并提交测量报告。小组成员之间要齐心协力，共同计划和实施，对团结合作好的小组给予一定的加分。

（1）分组

学生按人数分组，确定每组的组长。

（2）实际操作

以小组为单位，分别进行三相交流电相序测量，三相电路相电压与线电压测量，三相负载连接的研究和分析。

① 进行三相电路相序的测量。

② 利用验电笔进行相线与零线的区分测量。

③ 利用万用表或交流电压表进行三相相电压与线电压测量，并根据所测量的数据验证线电压与相电压之间是数量关系。

④ 研究三相电路的负载星形连接时的测量。

- 当负载对称时，将负载接成星形后，测量线电压与相电压的数量关系，并利用电流表测量中性线（零线）的电流。如果电流为零，是否可以将中性线（零线）断开；断开中性线后，观察负载的变化，再测量负载上的相电压与相电压。

- 当负载不对称时，将负载接成星形后，测量线电压与相电压的数量关系，并利用电流表测量中性线（零线）的电流。如果电流不为零，是否可以将中性线（零线）断开，断开中性线后，观察负载的变化，再测量负载上的相电压与相电压，用电压表测量中性线断开后中性线与大地之间的电压。

- 通过上述测量分析总结中性线的作用，并分析在日常生活中，若三相电路的中性线断开会出现什么现象。

⑤ 研究三相负载的三角形连接，主要是对称三相负载，如三相电动机的接线。连接电路后测量线电压与相电压关系，再测量相电流与线电流，并计算相电流与线电流的数量关系。

（3）注意事项

① 由于三相电路电压较高，建议将线电压降到200V以下，以免出现电路过电压的情况。

② 实验时要注意人身安全，不可触及导电部件，防止意外事故。

③ 每次接线完毕，同组同学应自查一遍，然后由指导教师检查后，方可接通电源；必须严格遵守先断电、再接线、后通电，先断电、后拆线的实验操作原则。

④ 在接线与测量过程中，一定检查导线，确保无绝缘破损再使用，以免造成触电事故。

4. 三相电路的应用测量

（1）电源相序的测量

根据中性点位移原理，可利用一只电容器和两个相同瓦数的白炽灯泡组成无中线三相不对称星形负载用以测定三相电源相序，如图2-50所示。计算表明，如果设U相接电容，则电压高的灯泡比较亮为V相，电压低的灯泡比较暗为W相，从而辨出电源的相序。按图2-50连接电路，测定三相电源相序，测各线电压及相电压，作好各相相序标记。下面三相负载按此相序接线。

(2) 三相对称负载星形连接电路研究

1) 有中性线电路

按图 2-51 连接电路。为了便于观察，用额定功率相同的灯泡作为负载。经指导教师检查合格后，接通电源，合上 K_1、K_2 及 K_3，分别测量三相负载的线电压、相电压、中线电流。将所测得的数据记录在表 2-12 中。

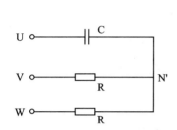

图 2-50 测定三相电源相序电路

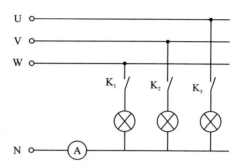

图 2-51 对称三相负载星形连接电路

表 2-12 对称三相负载星形连接有中性线测量数据　　　　V

测量项目	相电压			线电压			中线电流
	U_U	U_V	U_W	U_{UV}	U_{VW}	U_{WU}	I_N
数据							

2) 无中性线电路

按图 2-52 连接电路。经指导教师检查合格后，接通电源，合上 K_1、K_2 及 K_3，分别测量三相负载的线电压、相电压、电源中性点与负载中性点间的电压。将所测得的数据记录在表 2-13 中。

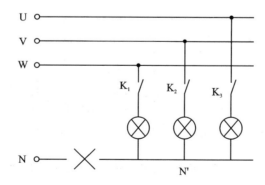

图 2-52 对称三相负载星形连接中性线断开电路

表 2-13 对称三相负载星形连接无中性线测量数据　　　　V

测量项目	相电压			线电压			中点电压
	U_U	U_V	U_W	U_{UV}	U_{VW}	U_{WU}	$U_{NN'}$
数据							

(3) 不对称三相负载星形连接电路研究

1) 有中性线电路

按图 2-53 连接电路。经指导教师检查合格后,接通电源,合上 K_1,K_2 及 K_3,分别测量三相负载的线电压、相电压、中线电流。将所测得的数据记录在表 2-14 中。

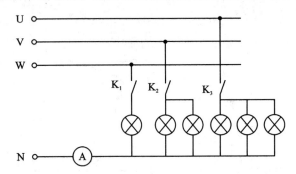

图 2-53　三相不对称负载星形连接有中性线电路

表 2-14　不对称三相负载星形连接有中性线时测量数据　　　　　　　V

测量项目	相电压			线电压			中线电流
	U_U	U_V	U_W	U_{UV}	U_{VW}	U_{WU}	I_N
数据							

2) 无中性线电路

按图 2-54 连接电路。经指导教师检查合格后,接通电源,合上 K_1,K_2 及 K_3,分别测量三相负载的线电压、相电压、电源中性点与负载中性点间的电压,并观察电路中的灯泡明暗的变化。将所测得的数据记录在表 2-15 中。

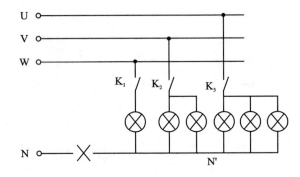

图 2-54　三相不对称负载星形连接无中性线电路

表 2-15　不对称三相负载星形连接无中性线时测量数据　　　　　　　V

测量项目	相电压			线电压			中点电压
	U_U	U_V	U_W	U_{UV}	U_{VW}	U_{WU}	$U_{NN'}$
数据							

3) 总结

经过上述测量,总结不对称负载情况下中性线的作用。

(4) 三相负载三角形连接电路研究

三相负载三角形连接时,按图 2-55 连接电路。经指导教师检查合格后,接通电源,分别测量三相负载的线电流、相电流,将所测得的数据记录在表 2-16 中。

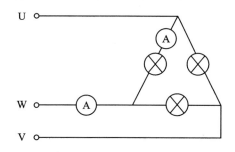

图 2-55 三相负载三角形连接电路

表 2-16 不对称三相负载三角形连接测量数据　　　　　A

测量项目	相电流			线电流		
	I_{UV}	I_{VW}	I_{WU}	I_U	I_V	I_W
数据						

2.3.4 知识拓展

本小节主要对三相电动机作简要介绍。

1. 三相交流异步电动机概述

三相异步电动机具有结构简单、成本低廉、使用和维修方便、运行可靠且效率高等优点,被广泛应用于工农业生产中。

三相异步电机是靠同时接入 380 V 三相交流电源(相位差 120°)供电的电动机。由于三相异步电机的转子与定子旋转磁场以相同的方向、不同的转速旋转,存在转差率,所以叫三相异步电机。

当电动机的三相定子绕组通入三相对称交流电后,将产生一个旋转磁场,该旋转磁场切割转子绕组,从而在转子绕组中产生感应电流(转子绕组是闭合通路),载流的转子导体在定子旋转磁场作用下将产生电磁力,从而在电机转轴上形成电磁转矩,驱动电动机旋转,电机旋转方向与旋转磁场方向相同。

当导体在磁场内切割磁力线时,在导体内产生感应电流,"感应电机"的名称由此而来。感应电流和磁场的联合作用向电机转子施加驱动力。

三相异步电动机实物图如图 2-56 所示。

异步电动机的容量从几十瓦到几千千瓦,在各行各业中的应用极为广泛。在工业方面:中小型轧钢设备、各种金属切削机床、轻工机械、矿山机械、通风机、压缩机等都用异步电动机驱动;在农业方面:水泵、脱粒机、粉碎机及其他农副产品加工机械等都是用异步电动来拖动的;在日常生活方面:电扇、洗衣机、冰箱等电器中也都用到异步电动机。

图 2-56 三相交流异步电动机

2. 三相交流异步电动机的结构

三相异步电动机按转子结构的不同分为笼型异步电动机和绕线转子异步电动机两大类。笼型异步电动机是应用最广泛的一种电动机。绕线转子异步电动机一般只用在要求调速和启动性能好的场合,如桥式起重机上。异步电动机由两个基本部分组成:定子(固定部分)和转子(旋转部分),交流异步电动机的结构如图 2-57 所示。

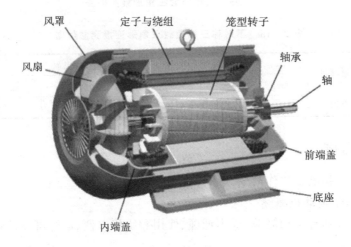

图 2-57 笼型异步电动机的结构

3. 三相交流异步电动机的接线

电动机始端标以 U1,V1,W1,末端标以 U2,V2,W2。其端子与内部绕组接线如图 2-58 所示。

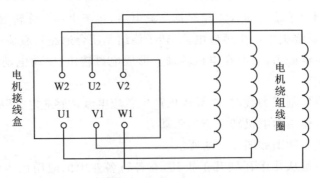

图 2-58 三相电动机端子与内部绕组接线示意图

三相定子绕组可以接成星形,星形接线时端子盒接线方式如图 2-59 所示。

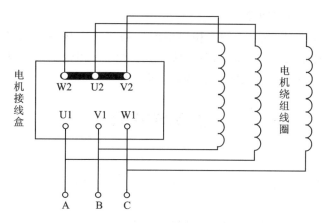

图 2-59 三相异步电动星形接线示意图

三相电动机也可以接成三角形，其接线示意图如图 2-60 所示。

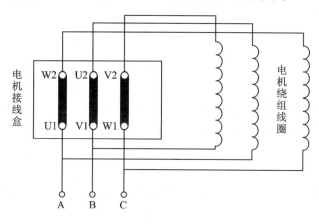

图 2-60 三相异步电动三角形接线示意图

三相电动机接线时必须视电源电压和绕组额定电压的情况而定。一般电源电压为 380 V（指线电压），如果电动机定子各相绕组的额定电压是 220 V，则定子绕组必须接成星形，实际接线如图 2-61(a)所示；如果电动机各相绕组的额定电压为 380 V，则应将定子绕组接成三角形，实际接线图如图 2-61(b)所示。

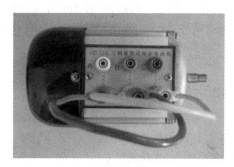
(a) 星形连接

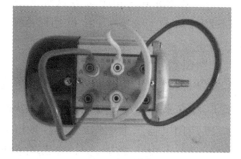
(b) 三角形连接

图 2-61 三相绕组的联结

4. 三相电动机旋转方向改变

三相异步电机的转子是被定子的三相绕组产生的旋转磁场拖动的,三相绕组合成的旋转磁场向哪个方向转,转子就向哪个方向转。所以,只要将三相电源线的任意两根线换接,电机定子的旋转磁场就被改变了,电机转子的转动方向也就被改变了。

思考与练习

一、填空题

1. 对称三相交流电是指三个_____相等、_____相同、_____上互差120°的三个_____的组合。

2. 三相四线制供电系统中,负载可从电源获取_____和_____两种不同的电压值。其中_____是_____的$\sqrt{3}$倍,且相位上超前与其相对应的相电压_____度角。

3. 由发电机绕组首端引出的输电线称为_____,由电源绕组尾端中性点引出的输电线称为_____。_____与_____之间的电压是线电压,_____与_____之间的电压是相电压。

4. 为了防止中性线断开,中性线上不允许装设_____和_____,而且中性线连接要可靠,并具有一定的机械强度。

5. 三相对称负载作星形连接时,线电压是相电压的_____倍,线电流是相电流的_____倍;三相对称负载作三角形连接时,线电压是相电压的_____倍,线电流是相电流的_____倍。

6. 三相三线制电路中,测量三相有功功率通常采用_____法。

7. 不对称三相负载接成星形,供电电路必须为_____制,其每相负载的相电压对称且为线电压的_____。

8. 三相负载的额定电压等于电源线电压时,应作_____形连接,额定电压约等于电源线电压的_____倍时,三相负载应作_____形连接。按照这样的连接原则,两种连接方式下,三相负载上通过的电流和获得的功率_____。

9. 电力工程通常用_____、_____和_____三种不同的颜色来表示 U、V、W 三相。

10. 三相交流电的相序可以这样区分:若 U 相超前 V 相、V 相超前 W 相、W 相超前 U 相,这种相序称为_____;若 U 相滞后于 V 相、V 相滞后于 W 相、W 相滞后于 U 相,这种相序称_____,一般均采用_____。

二、判断题

1. 三相四线制当负载对称时,可改为三相三线制而对负载无影响。(　　)
2. 三相负载作 Y 形连接时,总有 $U_l=\sqrt{3}U_P$。(　　)
3. 三相用电器正常工作时,加在各相上的端电压等于电源线电压。(　　)
4. 三相负载做 Y 接时,无论负载对称与否,线电流总等于相电流。(　　)
5. 三相电源向电路提供的视在功率为:$S=S_A+S_C+S_C$。(　　)
6. 人无论在何种场合,只要所接触电压为 36V 以下,就是安全的。(　　)
7. 中性线的作用就是使不对称 Y 接三相负载的端电压保持对称。(　　)

8. 三相不对称负载越接近对称,中性线上通过的电流就越小。(　　)
9. 为保证中性线可靠,不能安装保险丝和开关,且中性线截面较粗。(　　)
10. 电能是一次能源。(　　)

三、选择题

1. 对称三相电路是指(　　)。
   A. 三相电源对称的电路
   B. 三相负载对称的电路
   C. 三相电源和三相负载都是对称的电路

2. 三相四线制供电线路,已知作星形连接的三相负载中A相为纯电阻,B相为纯电感,C相为纯电容,通过三相负载的电流均为10 A,则中性线电流为(　　)。
   A. 30 A　　　　　　　B. 10 A　　　　　　　C. 7.32 A

3. 在电源对称的三相四线制电路中,若三相负载不对称,则该负载各相电压(　　)。
   A. 不对称　　　　B. 仍然对称　　　　C. 不一定对称

4. 三相发电机绕组接成三相四线制,测得三个相电压 $U_A=U_B=U_C=220$ V,三个线电压 $U_{AB}=380$ V,$U_{BC}=U_{CA}=220$ V,这说明(　　)。
   A. A相绕组接反了　　　　　　　　B. B相绕组接反了
   C. C相绕组接反了

5. 三相对称交流电路的瞬时功率为是(　　)。
   A. 一个随时间变化的量
   B. 一个常量,其值恰好等于有功功率
   C. 0

6. 三相四线制中,中性线的作用是(　　)。
   A. 保证三相负载对称　　　　　　　B. 保证三相功率对称
   C. 保证三相电压对称　　　　　　　D. 保证三相电流对称

四、分析题

1. 某教学楼照明电路发生故障,第二层和第三层楼的所有电灯突然暗淡下来,只有第一层楼的电灯亮度未变,试问这是什么原因?同时发现第三层楼的电灯比第二层楼的还要暗些,这又是什么原因?你能说出此教学楼的照明电路是按何种方式连接的吗?这种连接方式符合照明电路安装原则吗?

2. 对称三相负载作△接,在火线上串入三个电流表来测量线电流的数值,在线电压380 V下,测得各电流表读数均为26 A。若AB之间的负载发生断路时,三个电流表的读数各变为多少?当发生A火线断开故障时,各电流表的读数又是多少?

3. 楼宇照明电路是不对称三相负载的实例。请说明在什么情况下三相灯负载的端电压对称?在什么情况下三相灯负载的端电压不对称?

4. 手持电钻、手提电动砂轮机都采用380 V交流供电方式。使用时要穿绝缘胶鞋、带绝缘手套。既然它整天与人接触,为什么不用安全低压36 V供电?

五、计算题

1. 三相四线制的电路,电源线电压为380 V,各相负载均为 $Z=3+4j$,画出电路图;求各相负载电流及中性线电流,并画出各相电压、电流的相量图。

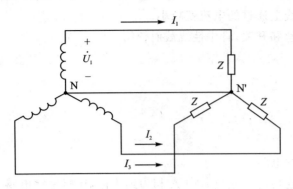

图 2-62 计算题 2 的图

2. 如图 2-62 所示，对称的三相四线制电路，电源电压的有效值为 380 V，$Z=(6+j8)\Omega$，求各线电流 $\dot{I}_1,\dot{I}_2,\dot{I}_3$。

3. 已知三相对称负载连接成三角形，接在线电压为 220 V 的三相电源上，火线上通过的电流均为 17.3 A，三相功率为 4.5 kW。求各相负载的电阻和感抗。

4. 已知一组三相对称负载，每相负载电阻 $R=40\ \Omega$，感抗 $X_L=30\ \Omega$，作三角形连接，并接在线电压 $u_{12}=380\sqrt{2}\sin\omega t$ V 的对称三相电源上，求各相电流、线电流，并画出相量图。

5. 对称的三相感性负载，接于线电压为 220 V 的三相电源上，线电流为 5 A，负载功率因数为 0.8，求电路的有功功率和无功功率、视在功率。

6. 连接的三相四线制电路中，三相负载对称，每相阻抗为 $Z=6+8j$，接到 380 V 的对称电源上。试求各相负载的相电流、相电压和中性线电流，并作出它们的相量图。如中性线断开，各相负载的相电压、相电流变为多少？

7. 一台三相异步电动机，定子绕组按 Y 接方式与线电压为 380 V 的三相交流电源相连。测得线电流为 6 A，总有功功率为 3 kW。试计算各相绕组的等效电阻 R 和等效感抗 X_L 的数值。

8. 图 2-63 所示电路阻抗为 $Z=(15+j20)\Omega$ 的对称星形负载，经过相线阻抗 $Z_1=(1+j2)\Omega$ 与对称三相电源相连接，电源线电压有效值为 380 V，试求星形负载各相的电压相量。

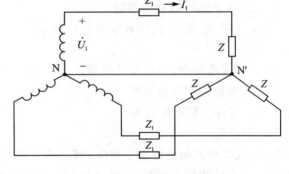

图 2-63 计算题 8 的图

9. 三相对称负载，已知 $Z=3+j4\Omega$，接于线电压等于 380 V 的三相四线制电源上，试分别计算作星形连接和作三角形连接时的相电流、线电流、有功功率、无功功率、视在功率各是多少？

项目3　音频放大器的制作

音频是指人耳能够听到的声音,其频率在一定的范围内,音频放大器就是对这一频率范围内的电信号进行放大和处理,使其能够有足够大的输出功率去驱动扬声器或耳机等负载,重新将电信号转换为声音输出。音频放大器主要由音频放大和直流电源两部分组成。音频放大部分的功能是将其他电子设备(如音频解码器、CD 机、计算机声卡等)的音源信号放大,然后再经过功率放大去驱动扬声器发声。简单来说,音频放大器就是一个扩音器,但为了提高声音的品质,其内部有能够对高音和低音进行调节的均衡电路。直流电源将 220 V 工频交流电转换为低压直流电供放大电路使用。

根据音频放大器的主要组成部分,将本项目分为四个任务。任务一介绍构成音频放大器的核心半导体器件的识别与测试方法,任务二介绍放大电路的原理与测试,任务三介绍运算放大器的使用方法及音频放大器的电路组成,任务四介绍直流稳压电源的电路及制作。

任务 3.1　半导体器件的识别与测试

3.1.1　任务目标

① 了解常用本征半导体和杂质半导体的导电性及 PN 结的形成;
② 掌握半导体器件的结构、工作原理和伏安特性等方面的知识;
③ 熟悉二极管、晶体管等常用器件的工作原理及特性;
④ 掌握常用电子仪器仪表的使用方法。

3.1.2　知识探究

一、半导体及 PN 结的基本知识

1. 半导体的导电特性

自然界中的物质按导电能力的强弱可分为导体、绝缘体和半导体三大类。凡容易导电的物质(如金、银、铜、铝、铁等金属物质)称为导体;不容易导电的物质(如玻璃、橡胶、塑料、陶瓷等)称为绝缘体;导电能力介于导体和绝缘体之间的物质(如硅、锗、硒等)称为半导体。

半导体和 PN 结

半导体能得到广泛的应用,是因为它的导电能力具有以下独特的特性。

(1) 热敏性

半导体对温度很敏感,温度越高导电能力越强。利用这一特性,半导体可制成各种热敏电阻及其他热敏元件。

(2) 光敏性

半导体对光和其他射线都很敏感,光照越强,导电能力越强。利用这一特性,半导体可制成光敏元件,如光敏电阻、光电二极管、光电三极管以及太阳能电池等。

（3）掺杂性

半导体对杂质很敏感。在纯净的半导体中掺进微量的某种杂质，导电能力会大大增强。利用这一特性，可制造出各种半导体器件，如二极管、三极管、场效应管、晶闸管和集成电路等。

2. N 型半导体与 P 型半导体

不含杂质的纯净半导体称为本征半导体。本征半导体的原子在空间按一定规律整齐排列，又称为晶体，所以半导体三极管亦称为晶体管。半导体的导电性能与其原子最外层电子有关，这种电子称为价电子。常用的半导体材料是硅和锗，它们都只有四个价电子，称为四价元素。这些单原子在组成晶体时，将形成共价键结构。这些共价键中的某些电子，在有一定的温升或光照时，将获得足够能量挣脱共价键的束缚而成为自由电子，同时在原有共价键中留下空穴。自由电子带负电荷，空穴因失去电子而产生的，相当于带正电荷。由于它们都是携带电荷的粒子，又简称载流子。本征半导体有两种载流子：一种是自由电子，一种是空穴。

如果在本征半导体硅或锗的晶体中掺入微量五价元素磷，使某些位置的硅原子被磷原子代替。而磷最外层的五个价电子中，有四个与相邻硅原子组成了共价键，多余一个电子受磷原子束缚力很小，容易挣脱磷原子而成为自由电子。可见掺入磷原子的结果是晶体中的电子大量增加，电子成为多数载流子，使半导体的导电能力显著增加，这种主要靠电子导电的半导体称为电子型半导体或 N 型半导体。

如果在本征半导体硅或锗的晶体中掺入微量三价元素硼，硼原子有三个价电子，与附近的三个硅原子组成三个完整的共价键后，还有一个共价键中因差一个电子，便多出一个空穴，使晶体中空穴大量增加，空穴成为半导体导电的多数载流子，这种主要靠空穴导电的半导体称为空穴型半导体或 P 型半导体。

3. PN 结的形成

虽然 N 型和 P 型半导体的导电能力比本征半导体增强了许多，但不能直接用来制造半导体器件。通常采取一定的掺杂工艺，使一块半导体一边形成 N 型半导体，另一边形成 P 型半导体，在它们的交界处就形成了 PN 结。PN 结是构成各种半导体器件的基础。那么 PN 结是如何形成的呢？它有什么特性呢？

当一块本征半导体两边经不同掺杂分别形成 N 型和 P 型半导体时，P 区的空穴浓度远大于 N 区，N 区的电子浓度远大于 P 区，这样在交界面两边由于载流子浓度的差别，P 区的空穴必然向 N 区扩散，而 N 区的电子要向 P 区扩散，如图 3-1 所示。P 区一侧因失去空穴而留下了不能移动的负离子，N 区一侧因失去电子而留下了不能移动的正离子，这样在交界面两侧形成一个带异性电荷的离子层，称为空间电荷区，并产生内电场，其方向是从 N 区指向 P 区。

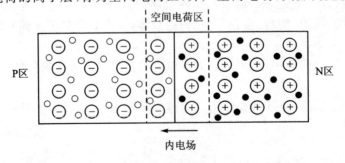

图 3-1 PN 结的形成

内电场的建立阻碍了多数载流子的扩散运动,随着内电场的加强,多子的扩散运动逐步减弱,直至停止,最终使空间电荷区不再变化,这时的空间电荷区称为 PN 结,如图 3-1 所示。因为在空间电荷区内多数载流子已扩散到对方并复合掉了,或者说消耗尽了,因此空间电荷区又叫做耗尽层。

4. PN 结的单向导电性

(1) PN 结加正向电压

PN 结加正向电压,即 P 区接电源正极,N 区接电源负极,此时称 PN 结为正向偏置(简称正偏),如图 3-2 所示。

由于外加电源产生的外电场的方向与 PN 结产生的内电场方向相反,削弱了内电场,使 PN 结变窄,从而使得多数载流子的扩散运动得到加强,形成较大的正向电流,此时 PN 结处于正向导通状态。

(2) PN 结加反向电压

PN 结加反向电压,即 N 区接电源正极,P 区接电源负极,此时称 PN 结反向偏置(简称反偏),如图 3-3 所示。由于外电场与内电场的方向一致,因而加强了内电场,使 PN 结变宽,多数载流子的扩散运动难以进行,少数载流子的漂移运动加强,形成 PN 结反向电流。由于少数载流子的数量很少,所以反向电流很小,可近似为 0,此时 PN 结处于截止状态。应当指出,少数载流子是由于热激发产生的,当温度升高时,少数载流子数目增加,反向电流会增大。所以 PN 结的反向电流受温度影响很大。

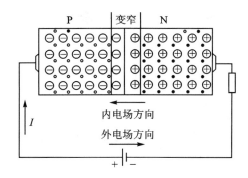

图 3-2 PN 结加正向电压

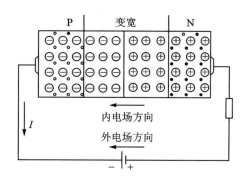

图 3-3 PN 结加反向电压

综上所述,PN 结具有单向导电性,即加正向电压时导通,加反向电压时截止。

二、二极管的结构与特性

1. 二极管的结构和符号

在 PN 结的 P 型和 N 型半导体上,分别引出两根金属引线,并用管壳封装起来,就构成了二极管。P 区的引出线称为二极管的正极(或阳极),N 区的引出线称为二极管的负极(或阴极)。二极管的结构和电路符号如图 3-4 所示。在电路符号中,箭头所指方向为正向导通电流方向。

2. 二极管的类型

二极管的类型很多,其分类方法一般有以下几种:

1) 按半导体材料分,有硅二极管、锗二极管、砷化镓二极管等。
2) 按 PN 结结构分,有点接触型、面接触型二极管。

二极管的结构与特性

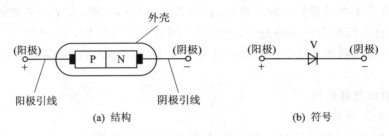

(a) 结构 (b) 符号

图 3-4 二极管结构与符号

3）按用途分，有整流、稳压、开关、发光、光电、变容、阻尼等二极管。
4）按功率分，有大功率、中功率及小功率等二极管。
5）按封装形式分，有玻璃封、塑封及金属封等二极管。

常见二极管的外形如图 3-5 所示。

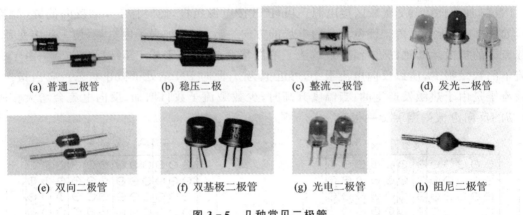

图 3-5 几种常见二极管

3. 二极管的伏安特性

二极管的性能可以用伏安特性表示，它是指二极管两端电压 U 和流过管子的电流 I 之间的关系。二极管的伏安特性如图 3-6 所示。

二极管的伏安特性可分为以下三个部分来分析。

（1）正向特性

由图 3-6 可见，在二极管的正向特性的起始部分，由于外加正向电压较小，外电场还不足以克服 PN 结内电场对多数载流子所造成的阻力，这时的正向电流几乎为零，二极管呈现出很大的电阻，这个范围称为"死区"，相应的电压称为"死区电压"，用 U_T 表示。锗管死区电压约为 0.1 V，硅管死区电压约为 0.5 V。当正向电压超过死区电压后，内电场被削弱，电流增强很快，正向电阻很小，称二极管处于导通状态。一般情况下，锗管的正向导通压降为 0.2～0.3 V，硅管的正向导通压降为 0.6～0.7 V。

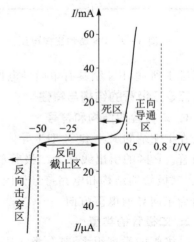

图 3-6 二极管的伏安特性

(2) 反向特性

二极管的反向特性如图3-6所示,二极管的PN结在反向电压作用下,由少数载流子漂移所形成的反向电流很小,在反向电压不超过某一范围时,反向电流基本恒定,故通常称之为反向饱和电流,此时称二极管处于截止状态。在同样的温度下,硅管的反向电流比锗管小,硅管约为1 mA至几十微安,锗管可达几百微安。

(3) 反向击穿特性

当二极管的反向电压超过某一数值时,反向电流将急剧增加,这种现象称为反向击穿。此时对应的电压称为反向击穿电压,用U_{BR}表示,如图3-6所示。

4. 二极管的主要参数

1) 最大整流电流I_F 指二极管长期工作时允许通过的最大正向平均电流。使用时正向平均电流不能超过此值,否则会烧坏二极管。

2) 最大反向工作电压U_{RM} 指二极管工作时允许承受的最高反向电压。为了保证管子安全运行,一般最大反向工作电压约为击穿电压的一半。

3) 最大反向电流I_R 指二极管加最大反向工作电压时的反向电流值。其值越小,说明管子的单向导电性能越好。

4) 最高工作频率f_M 指二极管工作时允许的上限频率值。使用时若超过此值,二极管的单向导电性能变差,甚至无法使用。

三、三极管的结构与特性

1. 三级管的结构与电路符号

半导体三极管称为晶体管,由两个PN组成。根据排列方式的不同,半导体三极管可分为NPN型和PNP型两种类型,三极管的结构如图3-7(a)所示。两类晶体管都有三个区:基区、发射区、集电区;每个区各引出一个金属电极分别称为基极(b)、发射极(e)和集电极(c);基区和发射区之间的PN结称为发射结;基区和集电区之间的PN结称为集电结。三极管的电路符号如图3-7(b)和(c)所示,符号中的箭头方向表示发射结正向偏置时的电流方向。NPN型和PNP型三极管的工作原理相似,但使用时,电源连接极性不同。

三极管的结构与特性

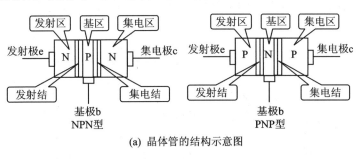

(a) 晶体管的结构示意图

(b) NPN型三极管电路符号　　(c) PNP型三极管电路符号

图3-7 三极管的结构示意图与电路符号

2. 晶体管的分类

晶体管的种类很多,通常按以下方法进行分类:

1) 按结构类型不同,分为 NPN 型管和 PNP 型管。
2) 按所用半导体材料不同,分为硅管和锗管。一般硅管多为 NPN 型,锗管多为 PNP 型。
3) 按工作频率不同,分为高频管和低频管。
4) 按功率不同,分为大功率管、中功率管和小功率管。
5) 按用途不同,分为放大管和开关管。

3. 三极管的外形结构

常见晶体管的外形结构如图 3-8 所示。

(a) 普通晶体管(9014)

(b) 高频小功率晶体管

(c) 低频小功率晶体管

(d) 光电晶体管

(e) 大功率晶体管

图 3-8 几种常见的晶体管

4. 三极管的电流分配

为了观察三极管各个电极电流的分配情况及它们之间的关系,连接图 3-9 所示电路进行实验。

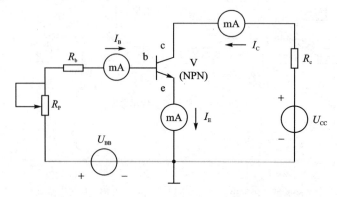

图 3-9 晶体管电流分配电路

调节图中的电位器 R_P，可测得对应的 I_B，I_C，I_E 的数据，如表 3-1 所列。

表 3-1 晶体管各极电流

I_B/mA	-0.001	0	0.02	0.04	0.06	0.08	0.10
I_C/mA	0.001	0.01	0.70	1.50	2.30	3.10	3.95
I_E/mA	0	0.01	0.72	1.54	2.36	3.18	4.05

从表中实验数据可得

$$I_E = I_B + I_C$$

且

$$I_C \gg I_B$$

故

$$I_E \approx I_C$$

5. 三极管的电流放大作用

基极电流 I_B 的微小变化将引起集电极电流 I_C 较大的变化，这就是三极管的电流放大作用，也就是微小的基极电流对较大的集电极电流的控制作用。通常用电流放大系数来表示三极管的电流放大能力。

直流放大系数（又称静态放大系数）指集电极直流电流 I_C 与基极直流电流 I_B 的比值，用 $\bar{\beta}$ 表示，即

$$\bar{\beta} = \frac{I_C}{I_B} \tag{3-1}$$

由表 3-1 中的第五组数据可得

$$\bar{\beta} = \frac{I_C}{I_B} = \frac{2.3 \text{ mA}}{0.06 \text{ mA}} \approx 38.3$$

交流放大系数（又称动态放大系数）指集电极电流的变化量 ΔI_C 与基极电流变化量 ΔI_B 的比值，用 β 表示，即

$$\beta = \frac{\Delta I_C}{\Delta I_B} \tag{3-2}$$

由表 3-1 中的第五组与第四组数据得

$$\beta = \frac{\Delta I_C}{\Delta I_B} = \frac{(2.3 - 1.5) \text{mA}}{(0.06 - 0.04) \text{mA}} = 40$$

可见，$\bar{\beta}$ 与 β 的数值较为接近，因此在实际工程应用中，常用交流放大系数 β 代替，它又称为电流放大系数。所以有

$$I_C = \beta I_B \tag{3-3}$$

6. 晶体管的特性曲线及主要参数

晶体管的特性曲线是指各电极间电压与电极电流之间的关系，分为输入特性和输出特性。它们是内部载流子运动规律在管外的表现，反映了管子的技术性能，是分析放大电路技术指标的重要依据。

（1）输入特性曲线

输入特性曲线是指当集电极与发射极之间的电压 U_{CE} 为定值时，i_B 与 u_{BE} 之间的关系曲

线,用函数式表示为

$$I_B = f(U_{BE})$$

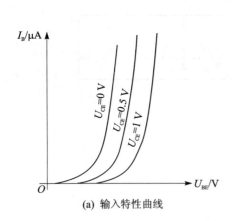
(a) 输入特性曲线

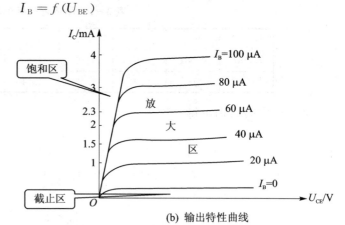
(b) 输出特性曲线

图 3-10 晶体管的特性曲线

图 3-10(a)所示为某晶体管的输入特性曲线。当输入电压 u_{BE} 较小时,基极电流 i_B 很小,通常近似为 0。当 u_{BE} 大于死区电压 U_T(硅管约为 0.5 V,锗管约为 0.1 V)后,i_B 开始上升。三极管正常导通时,硅管 u_{BE} 约为 0.6~0.7 V,锗管约为 0.2~0.3 V,此时的 u_{BE} 值称为三极管工作时的发射结正向导通压降。

(2) 输出特性曲线

输出特性曲线是指当基极电流 i_B 为某一定值时,i_C 与 u_{CE} 之间的关系曲线,用函数式表示为

$$I_C = f(U_{CE})$$

如图 3-10(b)所示,输出特性曲线可分为截止区、放大区和饱和区三个区域。

① 截止区:将 $i_B=0$ 曲线以下的区域称为截止区。这时集电极到发射极只有很微小的电流,称其为穿透电流 I_{CEO},一般可忽略不计,即 $i_C = I_{CEO} \approx 0$。在截止区,三极管的发射结和集电结均反偏,相当于开关的断开。

② 放大区:将 $i_B>0$ 以上曲线比较平坦的区域称为放大区。此时三极管的发射结正向偏置,集电结反向偏置。放大区有两个特点:一是 i_C 受 i_B 控制,其关系满足 $i_C = \beta i_B$,具有电流放大作用;二是 i_B 一定时,i_C 不随 u_{CE} 而变化,即 i_C 保持恒定。

③ 饱和区:将 $u_{CE} \leq u_{BE}$ 时的区域称为饱和区。此时发射结和集电结均正偏,i_C 已不再受 i_B 控制。饱和区的特点是大电流、小电压,相当于开关闭合。三极管饱和时的 u_{CE} 值称为饱和压降,用 U_{CES} 表示。小功率硅管的 U_{CES} 约为 0.3V,锗管约为 0.1V。

综上所述,晶体管工作在放大区,具有电流放大作用,常用来构成各种放大电路;晶体管工作在截止区和饱和区,相当于开关的断开和接通,常用于开关控制和数字电路。

注意:

通过实测电路板上晶体管引脚对地(或参考点)的电压可以判断出管子的工作状态。

对于 NPN 管,若测得 $U_C > U_B > U_E$,则表明管子处于放大状态;对于 PNP 管,$U_C < U_B < U_E$ 为放大状态。若测得晶体管的集电极对地电压 U_C 接近电源电压 U_{CC},则表明管子处于截止状态。若测得晶体管的集电极对发射极电压 u_{CE} 接近 0,则表明管子处于饱和状态。

7. 晶体管的主要参数

晶体管的参数是用来表征其性能和适用范围的,也是评价晶体管质量以及正确选用晶体管的重要依据。常用的主要参数有以下几种。

(1) 电流放大系数 β

β 是指晶体管的电流放大能力。一般就某一个管子来说,β 值可视为一个常数。但由于制造工艺和原材料的分散性,即使同一型号、同一批管子的 β 值也可能有相当大的差异;另外,β 值太小,管子的电流放大能力差,但 β 值太大又将使管子性能受温度变化的影响大。因此管子的 β 值要进行实际测量,选用要合适。

(2) 反向饱和电流 I_{CBO}

I_{CBO} 是指发射极开路而集电结处于反向偏置时的集电极电流值。在一定温度下,I_{CBO} 基本上是一个常数,故称为反向饱和电流。它的数值很小,但受温度的影响较大,是造成管子工作不稳定的主要因素。常温下,小功率锗管的 I_{CBO} 约为几微安到几十微安,小功率硅管的 I_{CBO} 在 $1\mu A$ 以下。I_{CBO} 越小越好。因此,在温度变化范围大的工作环境中,应尽量选用硅管。

(3) 穿透电流 I_{CEO}

I_{CEO} 是指基极开路而集电结反偏和发射结正偏时的集电极电流。它与 I_{CBO} 的关系为

$$I_{CEO} = (1+\beta)I_{CBO}$$

I_{CEO} 也受温度影响很大,温度升高时,I_{CBO} 增大,I_{CEO} 增大。穿透电流 I_{CEO} 的大小是衡量三极管质量的重要指标,I_{CEO} 越小越好,硅管的 I_{CEO} 比锗管小。

(4) 集电极最大允许电流 I_{CM}

当集电极电流超过一定数值时 β 值下降,β 值下降到正常值的 2/3 时所对应的集电极电流称为集电极最大允许电流 I_{CM}。为了保证晶体管的正常工作,实际使用中必须满足 $i_C < I_{CM}$。

(5) 集-射反向击穿电压 $U_{(BR)CEO}$

$U_{(BR)CEO}$ 是指基极开路时,允许加在集电极和发射极之间的最大反向电压。当温度升高时,反向击穿电压 $U_{(BR)CEO}$ 要下降,故在实际使用中必须满足 $u_{CE} < U_{(BR)CEO}$。

(6) 集电极最大允许耗散功率 P_{CM}

P_{CM} 是指晶体管正常工作时最大允许消耗的功率。晶体管消耗的功率 $P_C = U_{CE} I_C$ 会使管子发热。当 P_C 超过 P_{CM} 值时,其发热量将使管子性能变差,甚至烧坏管子。因此,在实际使用中必须满足 $P_C < P_{CM}$。

3.1.3 任务实施

本任务为:常用电子仪器的使用。

1. 示波器的使用

示波器是一种电子图示测量仪器,其突出特点是能够直接观测信号的波形,可以测量各种周期信号的电压、周期、频率、相位等。

① 扫描基线调节:打开电源开关,根据光迹指示找出水平扫描基线,调节辉度、聚焦,转动聚焦旋钮,使水平扫描基线清晰且亮度适中。

② 把示波器上的"标准信号"通过专用电缆线接入通道 Y_1 输入,触发耦合方式开关置"AC"位。按表 3-2 的要求,调节"Y 轴灵敏度"旋钮(v/div)和"扫描时间"旋钮(t/div),测量

标准信号的幅度和周期,并填表。

注意:"Y轴灵敏度微调"旋钮和"扫描时间微调"旋钮置于"校准"位置,即顺时针旋到底,且听到关的声音。不同型号示波器标准值有所不同,请按所使用示波器将标准值填入表格中。

表 3-2 示波器调节记录表

标准信号	Y_1 通道灵敏度	信号显示格数	计算实际测量幅值
幅值			
频率	扫描时间量程选择	一周期显示格数	计算实际测量频率

2. 低频信号发生器的使用

SG1026 是一种通用的多功能低频信号源,主发生器能产生 1 Hz~1 MHz 正弦波(有效值)、矩形脉冲和 TTL 逻辑电平。其中正弦波具有较小的失真、良好的幅频特性,输出幅度 0~5 V(连续可调),并具有标准的 600 Ω 输出阻抗特性等。

① 打开电源开关,指示灯亮,数码管显示频率大小。实验室用的信号发生器中,一种是由表头指针显示主发生器的输出电压。由于电路过渡特性的影响,通电时指针瞬时满偏,待输出稳定时,指针返回,指示实际电压大小。另外一种是由数码管显示输出电压的大小。

② 根据使用频率范围,调节"频率调节"旋钮,按十进制方式细调到所需的频率。此时,数码管显示频率大小,指示灯指示输出频率的单位。

③ 输出电压调节:输出电压 1~5 V 时,只需将"输出衰减"置 0 dB 位,可以直接从电压表上读出输出电压值。为精确读数,一般用示波器或交流毫伏表测量输出电压。当输出电压小于 1 V 时,先选择适当的电压衰减,再调节"输出幅度",直接外接示波器或交流毫伏表测量,直到达到所需要的信号电压值。

函数信号发生器作为信号源使用,它的输出端不允许短路。

3. 交流毫伏表的使用

TH1911 型数字式交流毫伏表主要用于测量频率范围为 10 Hz~2 MHz、电压为 100 μV~400 V 的正弦波有效值电压。该仪器具有噪声低、线性刻度、测量精度高、测量电压频率范围宽,以及输入阻抗高等优点;同时仪器使用方便,换量程不用调零,4 位数显,显示清晰度高;仪器具有输入端保护功能和超量程报警功能,前者确保输入端过载不会损坏仪器,后者可使操作者方便地选择合适量程,不会误读数据。

① 将量程开关置于 400 V 量程上,开启电源,数字表大约 5 s 不规则的数字跳动,这是开机时的正常现象,不表明它是故障。

② 使用时必须根据被测信号的大小,选择合适的量程。若无法估计被测信号大小,应先选择较大量程,然后再调整到适当量程,以保护仪表。

4. 仪器间的联测

调节低频信号发生器,使输出频率分别为 100 Hz、1 kHz、10 kHz,输出电压有效值为 1 V (交流毫伏表测量值)的正弦信号,改变示波器"扫速"开关及"Y轴灵敏度"开关等位置,分别测量信号源输出电压频率,数据计入表 3-3;再用示波器和交流毫伏表测量信号发生器在不同

"输出衰减"位置时的输出电压,数据计入表 3-4。

表 3-3 示波器的输出记录

信 号	扫描时间量程选择	一周期显示格数	计算频率
100/Hz			
1/kHz			
10/kHz			

表 3-4 示波器的输出电压

信号输出衰减	0/dB	20/dB	40/dB	60/dB
毫伏表读数/mV				
示波器读数/mV				
衰减倍数计算				

5. 注意事项

每一台电子仪器都有规定的操作规程的使用方法,使用者必须严格遵守。一般电子仪器在使用前后及使用过程中,都应注意以下几个方面。

(1)仪器开机前的注意事项

在开机通电前,应检查仪器设备的工作电压与电源电压是否相符。应检查仪器面板上各开关、旋钮、接线柱、插孔等是否松动或滑位,如发生这些现象,应加以紧固或整位,以防止因此而牵断仪器内部连线,造成断开、短路以及接触不良等人为故障。在开机通电时,应检查电子仪器的接"地"情况是否良好。

(2)仪器开机时注意事项

在仪器开机通电时,应使仪器预热 2~3 min,待仪器稳定后再使用。在开机通电时,应注意检查仪器的工作情况,即眼看、耳听、鼻闻以及检查有无不正常现象。如发现仪器内部有响声、臭味、冒烟等异常现象,应立即切断电源,在未查明原因之前,应禁止再次通电,以免扩大故障。在开机通电时,如发现仪器的保险丝烧断,应更换相同容量的保险管。如第二次开机通电,又烧断保险管,应立即检查,不应第三次调换保险管通电,更不应该随便加大保险管容量,否则可能会导致仪器内部故障扩大,造成严重损坏。

(3)仪器使用过程中注意事项

仪器使用过程中,必须了解面板上各种旋钮、开关的作用及正确使用方法。对旋钮、开关的扳动和调节,应缓慢稳妥,不可猛扳猛转,以免造成松动、滑位、断裂等人为故障。对于输出、输入电缆的插接,应握住套管操作,不应直接用力拉扯电缆线,以免拉断内部导线。信号发生器输出端不应直接连到直流电压电路上,以免损坏仪器。对于功率较大的电子仪器,二次开机时间间隔要长,不应关机后马上二次开机,否则可能会烧断保险丝。使用仪器测试时,应先连接"低电位"端(地线),然后连接"高电位"端。反之,测试完毕应先拆除"高电位"端,后拆除"低电位"端。否则,可能会导致仪器过负荷,甚至损坏仪表。

(4)仪器使用后注意事项

仪器使用完毕,应切断仪器电源开关。应整理好仪器零件,以免散失或错配而影响以后使用。应盖好仪器罩布,以免沾积灰尘。

(5) 仪器测量时的连接

在电子测量时,应特别注意仪器的"共地"问题,即电子仪器相互连接或仪器与实验电路连接时"地"电位端应当可靠连接在一起。由于大多数电子仪器的两个输出端或输入端总有一个与仪器外壳相连,并与电缆引线的外屏蔽线连在一起,这个端点通常用符号"⊥"表示。在电子技术实验中,由于工作频率高,为避免外界干扰和仪器串扰对实验结果带来影响,所有仪器的"地"电位端与实验电路的"地"电位端必须可靠连接在一起,即"共地"。

3.1.4 知识拓展

本小节主要对特殊二极管作简要介绍。

1. 稳压二极管的工作特性

稳压二极管是一种特殊的二极管,其结构与普通二极管没有什么不同,特殊之处在于它工作在反向击穿状态下。虽然管子工作在击穿状态下,但采取一定的限流措施,使 PN 结结温不超过允许数值,从而避免出现热击穿而损坏。

稳压二极管的特性曲线和符号如图 3-11 所示。稳压管和普通二极管正向特性相同,不同的是反向击穿电压较低,且击穿特性陡峭,这说明反向电流在较大范围内变化时,击穿电压基本不变,稳压管正是利用反向击穿特性来实现稳压的,此时击穿电压称为稳定工作电压,用 U_Z 表示。

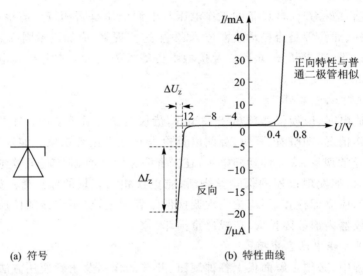

图 3-11 稳压二极管的符号和特性曲线

2. 稳压二极管的主要参数

① 稳定电压 U_Z 指稳压管正常工作时管子两端的反向电压。即使同一型号的管子,其稳压值在一定范围内也存在差异,所以在手册中只能给出某一型号稳压管的稳压范围,使用时要注意选择。

② 稳定电流 I_Z 指稳压管正常工作时的参考电流值。当稳定电流小于最小稳定电流 I_{Zmin} 时,管子不能起稳压作用;大于最大稳定电流 I_{Zmax} 时,管子将过热而损坏。

③ 动态电阻 R_Z

动态电阻是指稳压二极管在正常工作时,其电压的变化量与相应电流变化量的比值,即

$$r_z = \frac{\Delta U_z}{\Delta I_z}$$

稳压二极管的反向伏安特性曲线越陡,则动态电阻 R_z 就越小,稳压性能也就越好。

3. 发光二极管

发光二极管是一种把电能转换成光能的半导体器件,由磷化镓、砷化镓等半导体材料制成,电路符号如图 3-12 所示。当正向电压大于开启电压时就有正向电流流过,发光二极管就会发光。

发光二极管按发光的颜色可分为红色、蓝色、黄色、绿色,还有三色变色发光二极管和眼睛看不见的红外光二极管;按外形可分为圆形、方形等。对于发红光、绿光、黄光的发光二极管,管脚引线以较长者为正极,较短者为负极。如果管帽上有凸起标志,那么靠近凸起标志的管脚就为正极。

发光二极管可以用直流、交流、脉冲电源点亮,常用来作为显示器,工作电流一般为几毫安至几十毫安,正向电压大多在 1.5~2.5 V 之间。

发光二极管好坏的判别可用万用表的 $R \times 10$ kΩ 档测其正、反向阻值,当正向电阻小于 50 kΩ、反向电阻大于 200 kΩ,管子为正常。如果测得正、反向电阻均为零,说明管子内部已击穿短路;如果测得正、反向电阻均为无穷大,说明管子内部断路。

4. 光电二极管

光电二极管又称为光敏二极管,是一种将光信号转换成电信号的特殊二极管,其电路符号如图所示 3-13 所示。

图 3-12 发光二极管电路符号

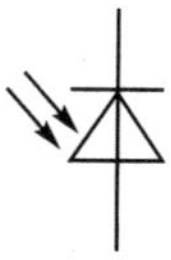

图 3-13 光电二极管电路符号

光电二极管的结构与 PN 结二极管类似,也具有单向导电性。其 P 区比 N 区薄得多,为了获取光线,在管壳有窗口或管壳做成透明的。光电二极管工作时处于反偏状态。无光照射时,在反向击穿电压下,它的反向电阻很大,电路中电流很小,约为 0.1 μA;有光照射时,光能被 PN 结吸收,激发出大量的电子和空穴对,在反向击穿电压,这些载流子参与导电,电流会急剧增加,光照越强,电流越大。

如果将发光二极管和光电二极管结合起来,可以制成光电耦合器。输入回路中,发光二极管将输入的电信号转换成光信号;输出回路中,光电二极管将接收到的光信号复原为电信号,通过光电耦合,实现了输入回路和输出回路的电气隔离,以避免电噪声信号的干扰。

思考与练习

一、填空题

1. N 型半导体是在本征半导体中掺入极微量的_____价元素组成的。这种半导体内的多数载流子为_____,少数载流子为_____,不能移动的杂质离子带_____电。P 型半导体是在本征半导体中掺入极微量的_____价元素组成的。这种半导体内的多数载流子为_____,少数载流子为_____,不能移动的杂质离子带_____电。

2. 三极管的内部结构是由_____区、_____区、_____区及_____结和_____结组成的。三极管对外引出电极分别是_____极、_____极和_____极。

3. PN结正向偏置时,外电场的方向与内电场的方向_____,有利于_____的_____运动而不利于_____的_____;PN结反向偏置时,外电场的方向与内电场的方向_____,有利于_____的_____运动而不利于_____的_____,这种情况下的电流称为_____电流。

4. PN结形成的过程中,P型半导体中的多数载流子_____向_____区进行扩散,N型半导体中的多数载流子_____向_____区进行扩散。扩散的结果使它们的交界处建立起一个_____,其方向由_____区指向_____区。_____的建立,对多数载流子的_____起削弱作用,对少子的_____起增强作用,当这两种运动达到动态平衡时,_____形成。

5. 检测二极管极性时,需用万用表欧姆挡的_____档位,当检测时表针偏转度较大时,则红表棒接触的电极是二极管的_____极;黑表棒接触的电极是二极管的_____极。检测二极管好坏时,两表棒位置调换前后万用表指针偏转都很大时,说明二极管已经被_____;两表棒位置调换前后万用表指针偏转都很小时,说明该二极管已经_____。

6. 稳压管是一种特殊物质制造的_____接触型_____二极管,正常工作应在特性曲线_____区。

二、判断题

1. P型半导体中不能移动的杂质离子带负电,说明P型半导体呈负电性。(   )
2. 自由电子载流子填补空穴的"复合"运动产生空穴载流子。(   )
3. 用万用表测试晶体管时,选择欧姆档"R×10 kΩ"档位。(   )
4. PN结正向偏置时,其内外电场方向一致。(   )
5. 在任何情况下,三极管都具有电流放大能力。(   )
6. 双极型晶体管是电流控制器件,单极型晶体管是电压控制器件。(   )
7. 二极管只要工作在反向击穿区,一定会被击穿损坏。(   )
8. 当三极管的集电极电流大于它的最大允许电流 I_{CM} 时,该管必被击穿。(   )
9. 双极型三极管和单极型三极管的导电机理相同。(   )
10. 双极型三极管的集电极和发射极类型相同,因此可以互换使用。(   )

三、选择题

1. 单极型半导体器件是(   )。
   A. 二极管   B. 双极型三极管   C. 场效应管   D. 稳压管
2. P型半导体是在本征半导体中加入微量的(   )元素构成的。
   A. 三价   B. 四价   C. 五价   D. 六价
3. 稳压二极管的正常工作状态是(   )。
   A. 导通状态   B. 截止状态   C. 反向击穿状态   D. 任意状态
4. 用万用表检测某二极管时,发现其正、反电阻均约等于1 kΩ,说明该二极管(   )。
   A. 已经击穿   B. 完好状态   C. 内部老化不通   D. 无法判断

5. PN结两端加正向电压时,其正向电流是( )而成。
   A. 多子扩散　　　B. 少子扩散　　　C. 少子漂移　　　D. 多子漂移
6. 测得NPN型三极管上各电极对地电位分别为$V_E=2.1$ V,$V_B=2.8$ V,$V_C=4.4$ V,说明此三极管处在( )。
   A. 放大区　　　B. 饱和区　　　C. 截止区　　　D. 反向击穿区
7. 正弦电流经过二极管整流后的波形为( )。
   A. 矩形方波　　B. 等腰三角波　　C. 正弦半波　　D. 仍为正弦波
8. 三极管超过( )所示极限参数时,必定被损坏。
   A. 集电极最大允许电流I_{CM}　　　　　B. 集-射极间反向击穿电压$U_{(BR)CEO}$
   C. 集电极最大允许耗散功率P_{CM}　　D. 管子的电流放大倍数β
9. 若使三极管具有电流放大能力,必须满足的外部条件是( )
   A. 发射结正偏、集电结正偏　　　　　B. 发射结反偏、集电结反偏
   C. 发射结正偏、集电结反偏　　　　　D. 发射结反偏、集电结正偏

四、简述题

1. N型半导体中的多子是带负电的自由电子载流子,P型半导体中的多子是带正电的空穴载流子,因此说N型半导体带负电,P型半导体带正电。上述说法对吗?为什么?

2. 某人用测电位的方法测出晶体管三个管脚的对地电位分别为管脚①12 V、管脚②3 V、管脚③3.7 V,试判断管子的类型以及各管脚所属电极。

3. 图3-14所示电路中,已知$E=5$ V,$u_i=10\sin \omega t$ V,二极管为理想元件(正向导通时电阻$R=0$,反向阻断时电阻$R=\infty$),试画出u_o的波形。

4. 半导体和金属导体的导电机理有什么不同?单极型和双极型晶体管的导电情况又有何不同?

5. 图3-15所示电路中,硅稳压管D_{Z_1}的稳定电压为8 V,D_{Z_2}的稳定电压为6 V,正向压降均为0.7 V,求各电路的输出电压U_o。

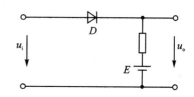

图3-14　简述题3的图

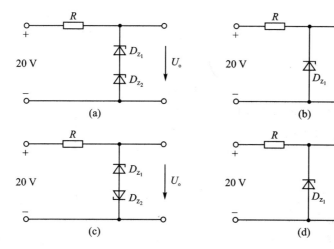

图3-15　简述题5的图

6. 半导体二极管由一个 PN 结构成,三极管则由两个 PN 结构成,能否将两个二极管背靠背地连接在一起构成一个三极管?如不能,说说为什么?

7. 如果把三极管的集电极和发射极对调使用?三极管会损坏吗?为什么?

五、计算题

1. 图 3-16 所示是三极管的输出特性曲线,试指出各区域名称,并根据所给出的参数进行分析计算。

(1) $U_{CE}=3\text{ V}$,$I_B=60\text{ μA}$,$I_C=?$

(2) $I_C=4\text{ mA}$,$U_{CE}=4\text{ V}$,$I_B=?$

(3) $U_{CE}=3\text{ V}$,I_B 由 $40\sim 60\text{ μA}$ 时,$\beta=?$

2. 已知 NPN 型三极管的输入—输出特性曲线如图 3-16 所示,则

(1) $U_{BE}=0.7\text{ V}$,$U_{CE}=6\text{ V}$,$I_C=?$

(2) $I_B=50\text{ μA}$,$U_{CE}=5\text{ V}$,$I_C=?$

(3) $U_{CE}=6\text{ V}$,U_{BE} 从 0.7 V 变到 0.75 V 时,求 I_B 和 I_C 的变化量,此时的 $\beta=?$

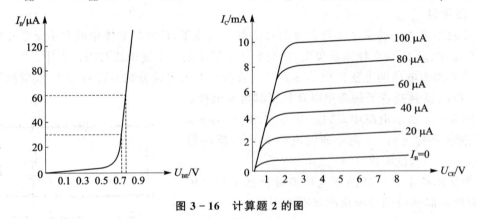

图 3-16 计算题 2 的图

任务 3.2 晶体管放大电路的原理与测试

3.2.1 任务目标

① 掌握基本放大电路的组成及各元件在电路中的作用;

② 掌握放大电路的静态分析方法与动态分析方法;

③ 了解多级放大器和功率放大电路的分析方法;

④ 掌握常用电子仪器仪表的使用方法。

3.2.2 知识探究

一、放大电路及其分析方法

1. 放大电路的基本概念

从表面上看,放大就是将信号由小变大;实质上,放大的过程是实现能量转换的过程。由于在电子线路中输入信号往往很小,它所提供的能量不能直接推动负载工作,因此需要另外提

供一个能源,由能量较小的输入信号控制这个能源,经晶体管使之放大去推动负载工作。我们把这种小能量对大能量的控制作用称为放大作用。晶体管只是一种能量控制元件,而不是能源。晶体管对小信号实现放大作用时,在电路中可有三种不同的连接方式(或称三种组态),即共发射极接法、共集电极接法和共基极接法。这三种接法分别以发射极、集电极、基极作为输入回路和输出回路的公共端,如图3-17(以NPN管为例)所示。

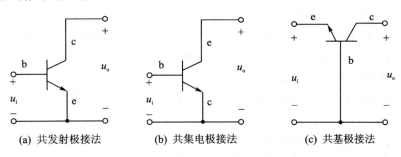

(a) 共发射极接法　　(b) 共集电极接法　　(c) 共基极接法

图 3-17　晶体管在电路中的三种连接方式

下面以共发射极接法的放大电路(简称共射电路)为例,讨论基本放大电路的组成、工作原理及分析方法。

2. 放大电路的组成及各元件的作用

放大电路的组成如图3-18所示,电路中各元件的作用如下。

(1) 晶体管 V

它是放大电路中的核心元件,利用它的电流控制作用,实现用微小的输入电压变化而引起的基极电流变换,电源在输出回路中产生较大的与输入信号成比例变化的集电极电流,从而在负载上获得比输入信号幅度大得多但又与其成比例的输出信号。

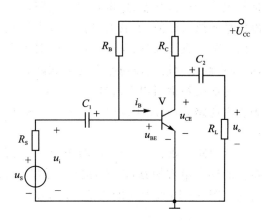

图 3-18　共发射极基本放大电路

(2) 集电极电源 U_{CC}

电源 U_{CC} 为整个电路提供能源,保证晶体管的发射结正向偏置,集电结反向偏置。

(3) 基极电源 U_{CC} 和偏置电阻 R_B

它们的作用是使管子的发射结处于正向偏置,并提供适当的静态基极电流 I_B,以保证晶体管工作在放大区,并有合适的工作点。R_B 的阻值一般为几十千欧到几百千欧。

(4) 集电极电阻 R_C

它可以是一个实际的电阻,也可以是继电器、发光二极管等器件。当它是一个实际电阻时,其主要作用是将集电极的电流变化变换成集电极的电位变化,以实现电压放大,R_C 的阻值一般为几千欧到几十千欧。当它是继电器、发光二极管器件时,作为直流负载,同时也是执行元件或能量转换元件。

(5) 耦合电容 C_1,C_2

它们能使交流信号顺利通过,并起隔直作用。隔断放大电路与输入信号和输入负载之间直流通道,避免其相互影响而改变工作状态。一般用较大容量的电解电容,几十微法到几千微法。因为容量大,通常采用电解电容,连接时需注意其极性,正极接高电位端,负极接低电位端。

为了便于区别放大电路中电压或电流的直流分量、交流分量、总变化量等概念,文字符号写法作如下约定:

① 直流分量,用大写字母和大写下标的符号,如 I_B 表示基极的直流电流。

② 交流分量,用小写字母和小写下标的符号,如 i_b 表示基极的交流电流。

③ 总变化量,是直流分量和交流分量之和,用小写字母和大写下标的符号,如 $i_B = I_B + i_b$,即 i_B 表示基极电流的总变化量。

④ 交流有效值,用大写字母和小写下标的符号,如 I_b 表示基极的正弦交流电流的有效值。

在放大电路中,既有直流电源,又有交流信号源,因此电路中交流、直流并存。对一个放大电路进行定性、定量分析时,首先要求出电路各处的直流电压和电流的数值,以便判断放大电路是否工作于放大状态,这也是放大电路放大交流信号的前提和基础。其次分析放大电路对交流信号的放大性能,如放大电路的放大倍数、输入电阻、输出电阻及电路的失真问题。前者讨论的对象是直流成分,而后者讨论的对象则是交流成分。因此,在对放大电路进行具体分析时,必须正确地分清直流通路和交流通路。

直流通路是指当输入信号 $u_i = 0$ 时,在直流电源 U_{CC} 的作用下,直流电流所流过的路径。在画直流通路时,电路中的电容开路,电感短路。图 3-18 所示对应的直流通路如图 3-19(a)所示。

交流通路是指在信号源 u_i 的作用下,只有交流电流所流过的路径。画交流通路时,放大电路中的耦合电容短路;由于直流电源 U_{CC} 的内阻很小,对交流变化量几乎不起作用,故可看作短路。图 3-18 所对应的交流通路如图 3-19(b)所示。

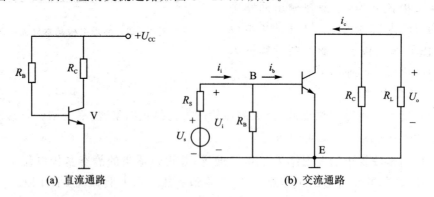

(a) 直流通路　　　　　　　　　　(b) 交流通路

图 3-19　共射基本放大电路的交、直流通路

3. 基本放大电路的工作原理

放大电路的工作状态分静态和动态两种。静态时指无交流信号输入时,电路中的电压、电流都不变的状态。动态是指放大电路有交流信号输入,电路中的电压、电流随输入信号作用相应变化的状态。

(1) 静态分析

静态分析的目的是通过直流通路分析放大电路中晶体管的工作状态。为了使放大电路正常工作,三极管必须处于放大状态。因此,要求三极管各极的直流电压、直流电流必须具有合适的静态工作参数 I_B、I_C、U_{BE}、U_{CE}。电路如图 3-20(a)所示,当电路中的 U_{CC}、R_C、R_B 确定以后,I_B、I_C、U_{BE}、U_{CE} 也就随之确定了。对应于这四个数值,可在三极管的输入特性曲线和输出特性曲线上各确定一个固定不动的点,这个点称为放大电路的静态工作点,用 Q 表示,如图 3-20(b)所示。为了强调说明,静态工作点 Q 对应的电流、电压记作 I_{BQ}、U_{BEQ}、I_{CQ}、U_{CEQ}。

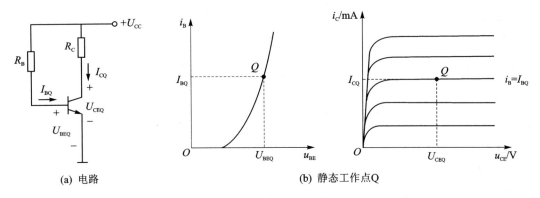

(a) 电路　　　　　　　　　　　　　　(b) 静态工作点Q

图 3-20　基本放大电路的静态情况

由图 3-20 可得

$$I_{BQ} = \frac{U_{CC} - U_{BEQ}}{R_B} \tag{3-4}$$

由于 $U_{CC} \gg U_{BEQ}$,故式(3-4)可近似为

$$I_{BQ} \approx \frac{U_{CC}}{R_B} \tag{3-5}$$

由三极管的电流放大作用得

$$I_{CQ} = \beta I_{BQ} \tag{3-6}$$

根据输出回路的电压关系得

$$U_{CEQ} = U_{CC} - I_{CQ}R_C \tag{3-7}$$

例 3-1　在图 3-18 中,已知 $U_{CC}=12\text{ V}$,$R_C=3\text{ k}\Omega$,$R_B=200\text{ k}\Omega$,$\beta=35$,试估算静态工作点。

解
$$I_{BQ} \approx \frac{U_{CC}}{R_B} = \frac{12}{200 \times 10^3} = 60\ \mu\text{A}$$

$$I_{CQ} = \beta I_{BQ} = 35 \times 0.06 = 2.1\text{ mA}$$

$$U_{CEQ} = U_{CC} - I_{CQ}R_C = 12 - 2.1 \times 3 = 5.7\text{ V}$$

固定偏置电路结构简单,但静态工作点不稳定。例如,当 I_{BQ} 固定时,温度升高,β 值增大,I_{CQ} 增大,U_{CEQ} 减小,使 Q 点变化。

(2) 动态分析

放大电路有交流输入信号输入时的工作状态称为动态。动态分析就是分析信号在电路中的传输情况,即分析各个电压、电流随输入信号变化的情况。此时电路中的电压、电流是交流分量和直流分量的叠加,波形如图 3-21 所示。

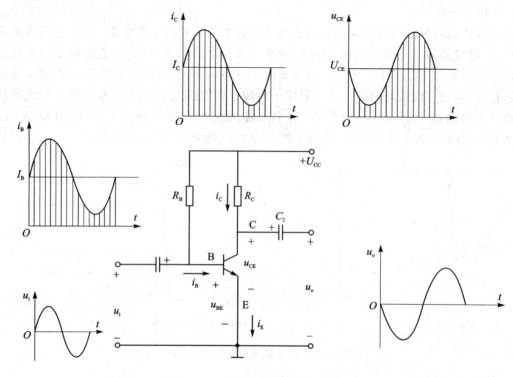

图 3-21 放大电路的动态工作情况

在图 3-21 中，输入信号 u_i 通过耦合电容传送到三极管的基极与发射极之间，使得发射结的电压为

$$u_{BE} = U_{BE} + u_i$$

当 u_i 变化时，引起 u_{BE} 变化，相应的基极电流也在原来 I_{BQ} 的基础上叠加了因 u_i 变化产生的变化量 i_b，这时基极的总电流为

$$i_B = I_B + i_b$$

经三极管放大后，可得

$$i_C = \beta i_B = I_C + i_c$$

$$u_{CE} = U_{CC} - i_C R_c = U_{CE} - i_c R_c = U_{CE} + u_{ce}$$

由式(3-4)可以看出，电压 u_{CE} 由两部分组成，一部分为静态电压 U_{CEQ}，另一部分为交流动态电压 $u_{ce} = -i_c R_c$，经耦合电容 C_2 输出，得

$$u_o = u_{ce} = -i_c R_c$$

式中，负号说明输出电压 u_o 与集电极交流电流 i_c 反相，而 i_c 与输入电压 u_i 同相，所以共射放大电路的 u_o 与 u_i 相位相反，如图 3-21 所示。

(3) 放大电路的非线性失真

失真是指输出信号的波形与输入信号的波形不相似。对电压放大电路的一个基本要求就是输出信号尽可能不失真。引起失真的原因中最基本的一个是静态工作点的位置选择不当，使放大电路的工作范围超出三极管特性曲线上的线性范围，这种失真统称为非线性失真，主要有以下几种情况。

① 截止失真：如图 3-22(a)所示。由于静态工作点 Q 偏低，输入信号在负半周有一部分

进入截止区,使管子发射结处于反向偏置而截止,造成 i_c 负半周、u_{ce} 正半周相应的波顶部分被削去,称为截止失真。防止截止失真的办法是减小基极偏置电阻 R_b。

② 饱和失真:如图 3-22(b)所示。由于静态工作点 Q 偏高,输入信号在正半周时,放大电路进入饱和区,造成 i_c 正半周、u_{ce} 负半周相应的波顶部分被削去,称为饱和失真。防止饱和失真的办法是增大基极偏置电阻 R_b。

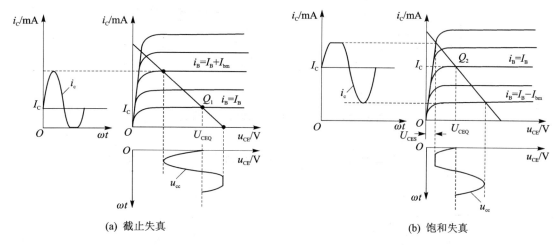

图 3-22 放大电路的非线性失真

③ 双向失真:即使放大电路有了合适的静态工作点,但如果输入信号幅值过大,输出信号可能会同时产生截止和饱和失真,称为双向失真。

二、三极管共发射级放大电路

1. 共发射级放大电路的动态工作情况

放大电路是非线性电路,一般不能采用线性电路的分析方法来分析,但当 Q 点已确定并设置在特性曲线的线性区且输入信号的幅度足够小时,可以用线性模型(也称微变等效电路)来代替晶体管。

共发射级
放大电路

(1) 晶体管基-射极间的等效

在图 3-23(a)中,根据晶体管的输入特性,当输入信号 u_i 在很小范围内变化时,输入回路的电压 u_{BE}、电流 i_B 在 u_{CE} 为常数时,可认为其随 u_i 的变化作线性变化,即晶体管输入回路基极与发射极之间可用等效电阻 r_{be} 代替。其等效电路如图 3-24(b)所示。

$$r_{be} = \frac{\Delta u_{BE}}{\Delta i_B}\bigg|_{u_{CE}=常数} = \frac{u_{be}}{i_b}\bigg|_{u_{ce}=0}$$

低频小功率管的输入电阻常用的计算式为

$$r_{be} = 300\ \Omega + (1+\beta)\frac{26\ \text{mV}}{I_{EQ}\ \text{mA}} \tag{3-8}$$

(2) 晶体管集-射极间的等效

当晶体管工作于放大区时,i_c 的大小只受 i_b 控制,而与 u_{CE} 无关,即实现了晶体管的受控恒流特性,$i_c = \beta i_b$。所以,当输入回路的 i_b 给定时,晶体管输出回路的集电极与发射极之间可用一个大小为 βi_b 的理想受控电流源来等效,如图 3-24(b)所示。

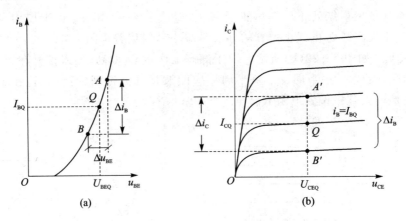

图 3-23 晶体管的输入、输出特性曲线

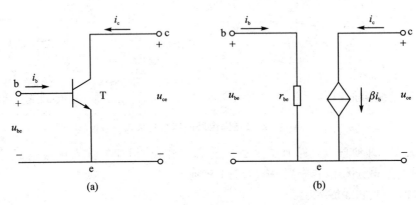

图 3-24 晶体管的微变等效电路

2. 放大电路的微变等效电路

把图 3-19(b)所示交流通路中的晶体管用微变等效电路代换,可得到放大电路的微变等效电路,如图 3-25 所示。微变等效电路是只考虑交流电源(信号源)的作用,对交流信号而言的,电容 C_1,C_2 可视为短路,直流电源 V_{CC} 因其内阻很小也可视为短路。电路中电压和电流都是交流分量,并标示了电压和电流的参考方向。

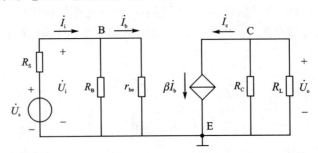

图 3-25 共射放大电路的微变等效电路

3. 电压放大倍数的估算

放大电路的电压放大倍数是输出正弦电压与输入正弦电压的相量之比,即

$$\dot{A}_u = \frac{\dot{U}_o}{\dot{U}_i} \qquad (3-9)$$

从放大电路的微变等效电路图 3-25 可知

$$\dot{U}_o = -\dot{I}_c R'_L = -\beta \dot{I}_b R_L \qquad (3-10)$$

$$R'_L = R_C \mathbin{/\mkern-6mu/} R_L$$

$$\dot{U}_i = \dot{I}_b r_{be} \qquad (3-11)$$

将式(3-10)和式(3-11)代入定义式(3-9),得

$$\dot{A}_u = \frac{\dot{U}_o}{\dot{U}_i} = -\frac{\beta R'_L}{r_{be}} \qquad (3-12)$$

式(3-12)中,负号表示输出电压与输入电压相位相反。

当放大电路输出端开路时,$R'_L = R_C \mathbin{/\mkern-6mu/} R_L = R_C$,此时的电压放大倍数为

$$A'_u = -\frac{\beta R_C}{r_{be}} \qquad (3-13)$$

空载时的电压放大倍数大于有载时的电压放大倍数。

4. 放大电路输入电阻和输出电阻的计算

(1) 输入电阻 r_i

对信号源来说,放大电路是一个负载,可用一个等效电阻来表示。这个电阻也就是从放大电路输入端看进去的电阻,称为输入电阻 r_i,即

$$r_i = \frac{\dot{U}_i}{\dot{I}_i} = R_B \mathbin{/\mkern-6mu/} r_{be} \qquad (3-14)$$

实际上,R_B 的阻值比 r_{be} 大得多,因此,这类放大电路的输入电阻近似等于 r_{be}。

(2) 输出电阻 r_o

放大电路是要带负载的,对负载而言,放大电路可以看作一个信号源,其内阻即为放大电路的输出电阻。在图 3-25 中,根据戴维南定理可得

$$r_o = R_C \qquad (3-15)$$

例 3-2 放大电路如图 3-18 所示,试求:A_u,r_i 和 r_o 的值。

解 $r_{be} = 300\ \Omega + (1+\beta)\dfrac{26\ \text{mV}}{I_{EQ}\ \text{mA}} = 300\ \Omega + (1+50)\dfrac{26\ \text{mV}}{1.65\ \text{mA}} \approx 1\ 100\ \Omega = 1.1\ \text{k}\Omega$

$A_u = -\dfrac{\beta R'_L}{r_{be}} = -\dfrac{50 \times (3\mathbin{/\mkern-6mu/}3)}{1.1} \approx -68$

5. 静态工作点稳定的分压式偏置电路

放大电路必须设置合适的静态工作点才能保证电路正常工作。但是,在外界条件变化时,静态工作点可能有变化。温度变化对晶体管的参数有显著的影响,这些影响将导致设置合理的静态工作点随着温度的变化而发生移动,温度变化引起 I_{CBO},U_{BE},β 等参数的变化,从而导致静态工作点的移动。以温度升高为例:

$$T\uparrow \to I_{CBO}\uparrow \to I_{CEO}\uparrow \to I_C\uparrow$$

$$T\uparrow \to \beta\uparrow \to I_C\uparrow$$

从而使静态工作点上移。

由于温度升高引起 I_C 增大,反映到输出特性曲线上,将使输出特性曲线向上平行移动。如图 3-26 所示,当温度从 20 ℃ 升到 40 ℃ 时,输出特性曲线将上移至虚线所示位置。设原来的静态工作点为 Q 点,温度上升后,Q 点将上移到 Q' 点,交流信号将进入饱和区,产生饱和失真。同时,由于集电极电流增大,晶体管的损耗增加,管温升高,使输出特性曲线往上移,如此恶性循环,管温更高,甚至会使管子损毁。固定偏置电路具有电路简单、放大倍数高等优点,但静态工作点不稳定,易受温度变化的影响。为了使静态工作点不受外界条件变化的影响,必须在电路结构上改进。

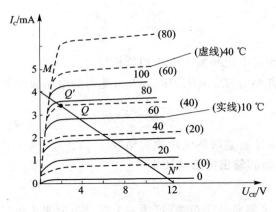

图 3-26 静态工作点偏移

在电子技术中应用最广泛的静态工作点稳定电路是分压式偏置放大电路,如图 3-27(a)所示。电阻 R_{b1} 与 R_{b2} 构成分压电阻。图 3-27(b)所示的直流通路分析可知:

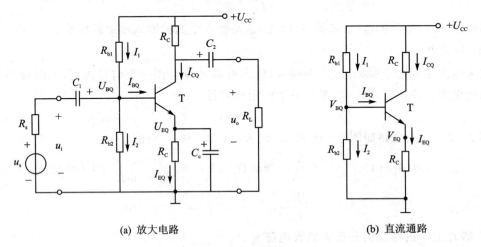

(a) 放大电路   (b) 直流通路

图 3-27 分压式偏置放大电路

由于 $I_1 = I_B + I_2$,$I_2 \gg$ 分压偏置电路 I_B,则

$$I_1 \approx I_2 = \frac{U_{CC}}{R_{b1} + R_{b2}}$$

基极电位为

$$U_B = I_2 R_{B2} = \frac{R_{B2} U_{CC}}{R_{B1} + R_{B2}} \quad (3-16)$$

可认为 U_B 与晶体管的参数无关,而由 R_{B1} 与 R_{B2} 的分压电路确定,只要电阻不受温度影响,则 U_B 将不受温度影响。

由图可知

$$I_C \approx I_E = \frac{U_B - U_{BE}}{R_E} \approx \frac{U_B}{R_E} \quad (3-17)$$

晶体管集电极与发射极之间电压

$$U_{CE} = U_{CC} - I_E(R_C + R_E) \quad (3-18)$$

可以看出,采用这种结构后,只要电源电压稳定,R_{B1},R_{B2},R_E 不受温度影响而产生变化,则 I_C 就不受温度影响,工作点就不随温度而变化。当 U_B 太大时,必然导致 U_E 太大,使 U_{CE} 减小,从而减小了放大电路的动态工作范围。因此,U_B 不能选取太大,一般取 3 V 左右。

分压式偏置电路能稳定静态工作点的物理过程可表示如下:

$$T\uparrow \to I_C\uparrow(I_E\uparrow) \to U_E\uparrow \to U_{BE}\downarrow \to I_B\downarrow \to I_C\downarrow$$

当温度升高使 I_C 增大,I_E 也随之增大,$U_E = R_E I_E$ 也增大。由于基极电位 U_B 不受温度影响,保持恒定,使 U_{BE} 减小,从而使 I_B 减小,I_C 自动下降,静态工作点大致恢复到原来的位置。输出电流 I_C 的变化通过发射极电阻 R_E 上电压的变化反应出来,使发射结电压 U_{BE} 发生变化来牵制 I_C 的变化。R_E 的接入,使发射极电流的交流分量在 R_E 上也要产生压降,这样会降低放大电路的电压放大倍数。为了既稳定工作点又不减小电压放大倍数,可以利用电容器"通交隔直"的特性,在 R_E 两端并联大容量的电容器 C_E,只要 C_E 容量足够大,对交流视为短路,而对直流分量并无影响,故 C_E 称为发射极交流旁路电容,其容量一般为几十微法到几百微法,因为容量大而常采用电解电容器。

例 3-3 图 3-27(a)所示电路中,已知 $U_{CC}=12$ V,$R_{B1}=15$ kΩ,$R_{B2}=6.2$ kΩ,$R_E=1.5$ kΩ,$R_C=3$ kΩ,$R_L=3$ kΩ,晶体管的 $\beta=80$,$r_{be}=1.5$ kΩ,$U_{BE}=0.7$ V。设 C_{B1},C_{B2},C_E 为容量较大的电容,对交流信号可视为短路。① 估算电路的静态工作点;② 计算放大电路的放大倍数 A_u 和 R_i,R_o。

解 ① 求静态工作点

$$U_B = \frac{R_{B2}}{R_{B1}+R_{B2}} U_{CC} = \frac{6.2}{15+6.2} \times 12 = 3.5 \text{ V}$$

$$I_{EQ} = \frac{U_B - U_{BE}}{R_E} = \frac{3.5-0.7}{1.5} = 1.9 \text{ mA}$$

$$I_B = \frac{I_E}{1+\beta} = \frac{1.9}{1+80} = 0.023 \text{ mA} = 23 \text{ μA}$$

$$U_{CE} = U_{CC} - I_E(R_C + R_E) = 12 - 1.9 \times (3+1.5) = 3.5 \text{ V}$$

② 求放大倍数 A_u 和 R_i,R_o

当 R_E 两端没有并入旁路电容 C_E 时

$$A_u = -\frac{\beta R'_L}{r_{be}+(1+\beta)R_E} = -\frac{80 \times 3//3}{1.5+(1+80)\times 1.5} \approx -1$$

$$R_i = R_{B1} // R_{B2} // [r_{be}+(1+\beta)R_E] = 15 // 6.2 // [1.5+(1+80)\times 1.5] \approx 4.2 \text{ kΩ}$$

当 R_E 两端并入旁路电容 C_E 时

$$A_u = -\beta \frac{R'_L}{r_{be}} = -80 \times \frac{3 /\!/ 3}{1.5} = -80$$

$$R_i = R_{B1} /\!/ R_{B2} /\!/ r_{be} \approx 1.1 \text{ k}\Omega$$

$$R_o = R_C = 3 \text{ k}\Omega$$

由以上分析计算可见，在 R_E 两端并联了容量较大的电容 C_E 后，较好地解决了基极分压式静态工作点稳定电路中稳定静态工作点与提高电压放大倍数的矛盾。

三、三极管共集电极放大电路

1. 电路的组成

共集电极基本放大电路如图 3-28(a) 所示，输入电压加在基极与集电极之间，而输出信号电压从发射极与集电极之间取出，集电极成为输入、输出信号的公共端，所以称为共集电极放大电路。又由于它们的负载位于发射极上，被放大的信号从发射极输出，所以又叫做射极输出器。共集电极放大电路的交流通路和微变等效电路如图 3-28(c)(d) 所示。

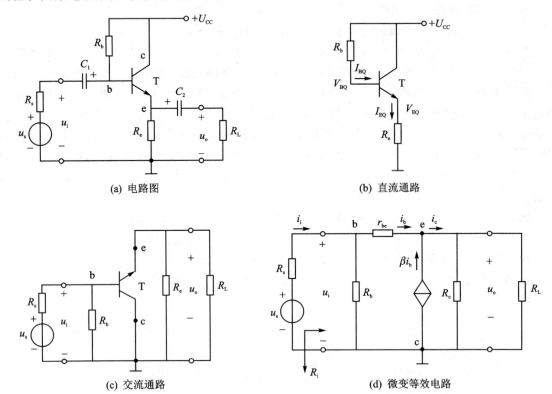

图 3-28 共集电极放大电路

2. 静态工作点的估算

根据图 3-28(b) 所示的直流通路，基极回路的电压方程为

$$U_{CC} = I_{BQ} R_b + U_{BEQ} + I_{EQ} R_e$$

$$I_{EQ} = (1+\beta) I_{BQ}$$

所以

$$I_{BQ} = \frac{U_{CC} - U_{BEQ}}{R_b + (1+\beta) R_e} \approx \frac{U_{CC}}{R_b + (1+\beta) R_e} \tag{3-19}$$

$$I_{CQ} = \beta I_{BQ} \tag{3-20}$$

$$U_{CEQ} \approx U_{CC} - I_{CQ}R_e \tag{3-21}$$

3．电路性能指标的估算

（1）电压放大倍数

由图 3-28(d)可得

输出电压 $\quad u_o = i_e R'_L = (1+\beta)i_b R'_L \quad (R'_L = R_e // R_L)$

输入电压 $\quad u_i = i_b r_{be} + u_o = i_b r_{be} + (1+\beta)i_b R'_L$

因此

$$A_u = \frac{u_o}{u_i} = \frac{(1+\beta)R'_L}{r_{be} + (1+\beta)R'_L} \tag{3-22}$$

由上式可以看出 $A_u < 1$，但由于 $(1+\beta)R'_L \gg r_{be}$，所以 $A_u \approx 1$，并且输出电压和输入电压同相位，即输出电压跟随输入电压变化，因此该电路又称为射极跟随器。

（2）输入电阻

由图 3-28(d)可知，基极与地之间看进去的等效电阻为

$$r'_i = \frac{u_i}{i_b} = \frac{i_b r_{be} + (1+\beta)i_b R'_L}{i_b} = r_{be} + (1+\beta)R'_L$$

则放大电路的输入电阻为

$$r_i = R_b // r'_i = R_b // [r_{be} + (1+\beta)R'_L] \tag{3-23}$$

（3）输出电阻

$$r_o \approx R_e // \frac{r_{be}}{1+\beta} \tag{3-24}$$

4．共集电极电路（射极输出器）的特点

共集电极放大电路（射极输出器）有三个的特点，使它在电路中得到了广泛的应用。

① 输出电压与输入电压同相且略小于输入电压。在共发射极放大电路的级间耦合中，往往存在着前级输出电阻大、后级输入电阻小这种阻抗不匹配的现象，这将造成耦合中的信号损失，使放大倍数下降。利用射极输出器输入电阻大、输出电阻小的特点，将它接入上述两级放大电路之间，这样就在隔离前级的同时起到了阻抗匹配的作用。

② 输入电阻大。由于它的输入电阻高，向信号源吸取的电流小，对信号源影响小。因此，在放大电路中多用作高输入电阻的输入级。

③ 输出电阻小。放大电路的输出电阻越小，带负载能力越强，当放大电路接入负载或负载变化时，对放大电路影响就小，这样可以保持输出电压的稳定。射极输出器电阻小，正好适用于多级放大电路的输出级。

四、多级放大电路

单级放大电路的电压放大倍数是有限的。在信号很微弱时，为得到较大的输出电压，必须用若干个单级电压放大电路串联起来，进行多级放大，以得到足够大的电压放大倍数。如果需要输出足够大的功率以推动负载（如扬声器、继电器、控制电机等）工作，则末级还要接功率放大电路。

共集电极
放大电路及
多级放大电路

多级放大电路的组成可用图 3-29 所示的框图来表示。其中，输入级与中间级的主要作用是实现电压放大，输出级的主要作用是功率放大，以

推动负载工作。

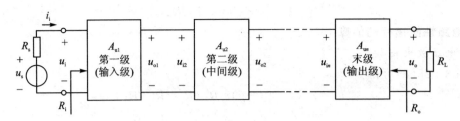

图 3-29 多级放大电路的结构框图

1. 级间耦合方式

在多级放大电路中,级与级之间的连接方式称为耦合。常用的耦合方式有:阻容耦合、直接耦合、变压器耦合。

为确保多级放大电路能正常工作,级间耦合必须满足以下两个条件:

① 耦合后,各级电路仍具有合适的静态工作点;

② 必须保证前级输出信号能顺利地传送到后级,并尽可能地减少功率损耗和波形失真。

(1) 阻容耦合

级与级之间通过电容连接的方式称为阻容耦合,因电容具有"隔直"作用,所以各级电路的静态工作点相互独立,互不影响。这给放大电路的分析、设计和调试带来了很大的便利。此外,阻容耦合还具有体积小、重量轻等优点。但电容对交流信号具有一定的容抗,在信号传输过程中,会受到一定的衰减,尤其对于变化缓慢的信号容抗很大,不便于传输。在集成电路中,制造大容量的电容很困难,所以采用这种耦合方式的多级放大电路不便于集成。

(2) 变压器耦合

级与级之间通过变压器连接的方式称为变压器耦合,因变压器不能传输直流信号,只能传输交流信号和进行阻抗变换,所以,各级电路的静态工作点相互独立,互不影响。改变变压器的匝数比,容易实现阻抗变换,因而容易获得较大的输出功率。但是变压器体积大且重,不便于集成。

(3) 直接耦合

级与级之间直接用导线连接起来的方式称为直接耦合,既可以放大交流信号,也可以放大直流信号和变化非常缓慢的信号;电路简单,便于集成,所以集成电路中多采用这种耦合方式。但是,直接耦合存在着各级静态工作点相互牵制和零点漂移的问题。

2. 电路分析计算

多级放大电路动态分析的性能指标与单级放大电路相同,主要为电压放大倍数、输入电阻和输出电阻。

在多级放大电路中,信号是逐级传递的,前一级的输出电压就是后一级的输入电压,所以,多级放大电路的总电压放大倍数为

$$A_u = \frac{u_o}{u_i} = \frac{u_{o1}}{u_{i1}} \times \frac{u_{o2}}{u_{i2}} \times \cdots \times \frac{u_{on}}{u_{in}} \qquad (3-25)$$

式(3-25)表明,多级放大电路的总电压放大倍数等于各级放大电路电压放大倍数的乘积。

多级放大电路的输入电阻就是第一级放大电路的输入电阻,即

$$R_i = R_{i1} \qquad (3-26)$$

多级放大电路的输出电阻就是最后一级放大电路的输出电阻,即

$$R_o = R_{on} \tag{3-27}$$

当多级放大电路的输出波形产生失真时,应从输入级开始逐级向后排查,首先确定是在哪一级先出现失真,然后再判断是产生了饱和失真,还是截止失真。

3.2.3 任务实施

本任务为共射极单管放大电路的测试。

共射极单管放大电路如图 3-30 所示。为防止干扰,各仪器的公共端必须连在一起,同时信号源、交流毫伏表和示波器的引线应采用专用电缆线或屏蔽线,如使用屏蔽线,则屏蔽线的外包金属网应接在公共接地端上。

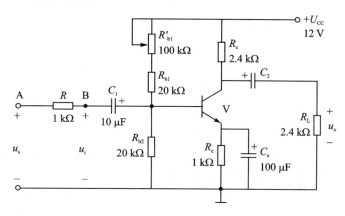

图 3-30 共射极单管放大电路测试图

1. 调试静态工作点

测量放大器的静态工作点,应在输入信号 $u_i=0$ 的情况下进行,即将放大器输入端与地端短接,然后选用量程合适的直流毫安表和直流电压表,分别测量晶体管的集电极电流 I_C 以及各电极对地的电位 U_B,U_C 和 U_E。一般实验中,为了避免断开集电极,大都采用测量电压 U_E 或 U_C,然后算出 I_C 的方法,例如,只要测出 U_E,即可用

$$I_C \approx I_E = \frac{U_E}{R_E}$$

算出 I_C(也可根据 $I_C = \dfrac{U_{CC} - U_C}{R_C}$,由 U_C 确定 I_C),同时也能算出 $U_{BE} = U_B - U_E$,$U_{CE} = U_C - U_E$。为了减小误差,提高测量精度,应选用内阻较高的直流电压表。

放大器静态工作点的调试是指对管子集电极电流 I_C(或 U_{CE})的调整与测试。静态工作点是否合适,对放大器的性能和输出波形都有很大影响。如工作点偏高,放大器在加入交流信号以后易产生饱和失真,此时 u_O 的负半周将被削底,如图 3-31(a)所示;如工作点偏低则易产生截止失真,即 u_O 的正半周被缩顶(一般截止失真不如饱和失真明显),如图 3-31(b)所示。这些情况都不符合不失真放大的要求。所以在选定工作点以后还必须进行动态调试,即在放大器的输入端加入一定的输入电压 u_i,检查输出电压 u_O 的大小和波形是否满足要求。如不满足,则应调节静态工作点的位置。

最后还要说明的是,上面所说的工作点"偏高"或"偏低"不是绝对的,应该是相对信号的幅

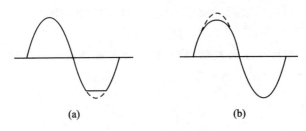

图 3-31 静态工作点对 u_o 波形失真的影响

度而言,如输入信号幅度很小,即使工作点较高或较低也不一定会出现失真。所以确切地说,产生波形失真是信号幅度与静态工作点设置配合不当所致。如需满足较大信号幅度的要求,静态工作点应尽量靠近交流负载线的中点。接通直流电源前,先将 R_W 调至最大,函数信号发生器输出旋钮旋至零。接通+12V电源、调节 R_W,使 $I_C=2.0$ mA($U_E=2.2$ V),用直流电压表测量 U_B,U_E,U_C 及用万用电表测量 R_{B2} 值,记入表 3-5。

表 3-5 $I_C=2$ mA 时的测量值和计算值

测量值				计算值		
U_B/V	U_E/V	U_C/V	R_{B2}/kΩ	U_{BE}/V	U_{CE}/V	I_C/mA

2. 观察静态工作点对输出波形失真的影响

置 $R_C=2.4$ kΩ,$u_i=0$,调节 R_W 使 $I_C=2.0$ mA,测出 U_{CE} 值,再逐步加大输入信号,使输出电压 u_o 足够大但不失真。然后保持输入信号不变,分别增大和减小 R_W,使波形出现失真,绘出 u_o 的波形,并测出失真情况下的 I_C 和 U_{CE} 值,记入表 3-6 中。注意:每次测 I_C 和 U_{CE} 值时都要将信号源的输出旋钮旋至零。

表 3-6 $R_C=2.4$ kΩ,$R_L=\infty$ 时,测量值及工作状态

I_C/mA	U_{CE}/V	u_o 波形	失真情况	管子工作状态
	$U_C=$			
	$U_E=$			
	$U_{CE}=$			
	$U_C=$			
	$U_E=$			
	$U_{CE}=$			
	$U_C=$			
	$U_E=$			
	$U_{CE}=$			

3.2.4 知识拓展

本小节主要对功率放大电路作介绍。

在实际电路中,往往要求放大电路的末级(输出级)输出一定的功率,以驱动负载。能够向

负载提供足够大信号功率的放大电路称为功率放大电路,简称功放。

功率放大电路与前面所讨论的电压放大电路并无本质区别,只是功放既不是单纯追求输出高电压,也不是单纯追求输出大电流,而是追求在电源电压确定的情况下,输出尽可能大的功率。

1. 电路特点

功率放大电路作为放大电路的输出级,具有以下几个特点:

① 由于功率放大电路的主要任务是向负载提供一定的功率,因而输出电压和电流的幅度足够大;

② 由于输出信号幅度较大,使三极管工作在饱和区与截止区的边沿,因此输出信号存在一定程度的失真;

③ 功率放大电路在输出功率的同时,三极管消耗的能量亦较大,因此,不可忽视管耗问题。

2. 功率放大电路的分类

根据功放管静态工作点设置的不同,可分成甲类、乙类和甲乙类三种功率放大电路(如图 3-32 所示)。甲类放大电路的工作点设置在放大区的中间,这种电路的优点是在输入信号的整个周期内三极管都处于导通状态,输出信号失真较小(前面讨论的电压放大电路都工作在这种状态),缺点是三极管有较大的静态电流 I_{CQ},这时管耗 P_C 大,电路能量转换效率低。乙类放大电路的工作点设置在截止区,这时,由于三极管的静态电流 $I_{CQ}=0$,所以能量转换效率高,缺点是只能对半个周期的输入信号进行放大,非线性失真大。甲乙类放大电路的工作点设在放大区但接近截止区,即三极管处于微导通状态,这样可以有效克服乙类放大电路的失真问题,且能量转换效率也较高,目前使用较广泛。

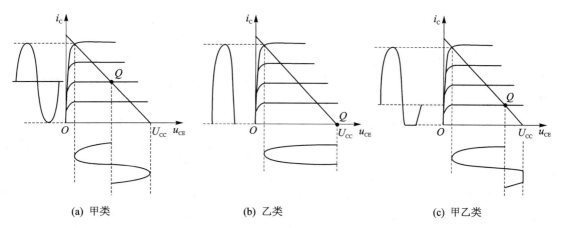

(a) 甲类　　　　　　　(b) 乙类　　　　　　　(c) 甲乙类

图 3-32　功率放大电路的三种状态

3. OTL 互补对称功率放大电路

无输出变压器的功率放大电路,简称为 OTL 电路。图 3-33 是由一对特性相同的 NPN 和 PNP 异型管组成的乙类 OTL 电路。两管发射极的偏置极性正好相反,正常工作时,能交替导通和截止,互为补偿,故称为互补对称三极管(或称互补管)。由于两管联成射极输出的方式,因此电路具有输入电阻高输出电阻低的特点,故带负载能力强,所以低阻负载(如扬声器),可以通过耦合电容接到电路的输出端。

静态时，VT_1，VT_2 管都不导通，处于截止状态，负载 R_L 的电流等于零。因为两管的特性相同，且射极输出电容 C 又隔离了电路与负载之间的直流联系，故 A 点的电位为 $U_{CC}/2$。电容 C 上的充电电压为 A 点与地之间的电位差，也等于 $U_{CC}/2$。动态时，当输入信号为正半周时，VT_2 管的发射结处于反向偏置，因而截止，而 VT_1 管的发射结处于正向偏置，故导通。为了保证输出电压的波形对称，要求电容 C 的容量必须足够大。

电路由于处在乙类放大状态，当输入信号过零点时，低于 VT_1 或 VT_2 管的死区电压的这段时间(两管交替导通的时间)，输出电压为零，将产生非线性失真，通常称为交越失真。为了消除交越失真的现象，通常使电路工作在甲乙类放大状态。静态时，给三极管加上很小的直流偏压，使电路的静态工作点离开截止区，即可避开三极管的死区。改进电路如图 3-34 所示。

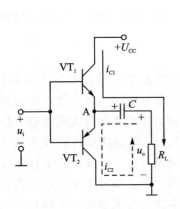

图 3-33 OTL 互补对称功率放大电路

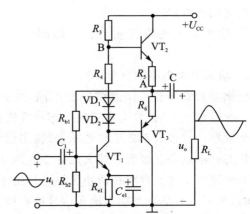

图 3-34 OTL 改进电路

注意： 互补管中的静态电流不宜过大，否则会使管耗增大，功率放大电路的效率下降。

4. OCL 互补对称功率放大电路

功率放大电路为无输出电容的功率放大电路，简称为 OCL 电路。图 3-35 是由一对特性相同的 NPN 和 PNP 异型管组成的甲乙类 OCL 电路。与 OTL 电路相比省去了发射极输出电容，与负载直接耦合。电路采用对称的双电源供电，正电源 $+U_{CC}$ 和负电源 $-U_{CC}$ 的电压大小相等。扬声器接在功放对管的中点(A 点)与地之间，因 VT_2 和 VT_3 的参数非常接近，故 A 点电位为 0 V。当 VT_1 输出信号为正半周时，VT_2 导通，VT_3 截止，VT_2 对正半周信号进行

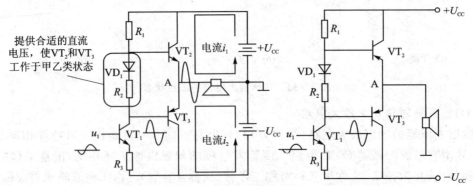

图 3-35 OCL 功率放大电路

放大,放大后电流从发射极输出至扬声器。此时,$+U_{CC}$ 担负着给 VT_2 供电的任务,回路电流如图 3-35 中 i_1 所示。当 VT_1 输出信号为负半周时,VT_3 工作,VT_2 截止,VT_3 对负半周信号进行放大,放大后电流从发射极输出至扬声器。此时,$-U_{CC}$ 担负着给 VT_3 供电的任务,回路电流如图 3-35 中 i_2 所示。从以上分析可知,OCL 电路与 OTL 电路工作原理相同,只不过在 OCL 电路中,由于没有输出耦合电容,所以必须增加一个电源 $-U_{CC}$ 给 VT_3 供电。

思考与练习

一、填空题

1. 基本放大电路的三种组态分别是_____放大电路、_____放大电路和_____放大电路。

2. 放大电路应遵循的基本原则是:_____结正偏;_____结反偏。

3. 将放大器_____的全部或部分通过某种方式回送到输入端,这部分信号叫做_____信号。使放大器净输入信号减小,放大倍数也减小的反馈,称为_____反馈;使放大器净输入信号增加,放大倍数也增加的反馈,称为_____反馈。放大电路中常用的负反馈类型有_____负反馈、_____负反馈、_____负反馈和_____负反馈。

4. 射极输出器具有_____恒小于 1、接近于 1,_____和_____同相,并具有_____高和_____低的特点。

5. 共射放大电路的静态工作点设置较低,造成截止失真,其输出波形为_____削顶。若采用分压式偏置电路,通过_____调节_____,可达到改善输出波形的目的。

6. 对放大电路来说,人们总是希望电路的输入电阻_____越好,因为这可以减轻信号源的负荷。人们又希望放大电路的输出电阻_____越好,因为这可以增强放大电路的整个负载能力。

7. 反馈电阻 R_E 的数值通常为_____,不但能够对直流信号产生_____作用,同样可对交流信号产生_____作用,从而造成电压增益下降过多。为了不使交流信号削弱,一般在 R_E 的两端_____。

8. 放大电路有两种工作状态,当 $u_i=0$ 时电路的状态称为_____态,有交流信号 u_i 输入时,放大电路的工作状态称为_____态。在_____态情况下,晶体管各极电压、电流均包含_____分量和_____分量。放大器的输入电阻越_____,就越能从前级信号源获得较大的电信号;输出电阻越_____,放大器带负载能力就越强。

9. 电压放大器中的三极管通常工作在_____状态下,功率放大器中的三极管通常工作在_____参数情况下。功放电路不仅要求有足够大的_____,而且要求电路中还要有足够大的_____,以获取足够大的功率。

10. 晶体管由于在长期工作过程中,受外界_____及电网电压不稳定的影响,即使输入信号为零时,放大电路输出端仍有缓慢的信号输出,这种现象叫做_____漂移。克服_____漂移的最有效常用电路是_____放大电路。

二、判断题

1. 放大电路中的输入信号和输出信号的波形总是反相关系。(   )
2. 放大电路中的所有电容器的作用均为"通交隔直"。(   )

3. 射极输出器的电压放大倍数等于1,因此它在放大电路中作用不大。(   )
4. 分压式偏置共发射极放大电路是一种能够稳定静态工作点的放大器。(   )
5. 设置静态工作点的目的是让交流信号叠加在直流量上全部通过放大器。(   )
6. 晶体管的电流放大倍数通常等于放大电路的电压放大倍数。(   )
7. 微变等效电路不能进行静态分析,也不能用于功放电路分析。(   )
8. 共集电极放大电路的输入信号与输出信号,相位差为180°的反相关系。(   )
9. 微变等效电路中不但有交流量,也存在直流量。(   )
10. 基本放大电路通常都存在零点漂移现象。(   )
11. 普通放大电路中存在的失真均为交越失真。(   )
12. 差动放大电路能够有效地抑制零漂,因此具有很高的共模抑制比。(   )
13. 放大电路通常工作在小信号状态下,功放电路通常工作在极限状态下。(   )
14. 输出端交流短路后仍有反馈信号存在,可断定为电流负反馈。(   )
15. 共射放大电路输出波形出现上削波,说明电路出现了饱和失真。(   )
16. 放大电路的集电极电流超过极限值 I_{CM},就会造成管子烧损。(   )
17. 共模信号和差模信号都是电路传输和放大的有用信号。(   )
18. 采用适当的静态起始电压,可达到消除功放电路中交越失真的目的。(   )
19. 射极输出器是典型的电压串联负反馈放大电路。(   )

三、选择题

1. 基本放大电路中,经过晶体管的信号有(   )。
   A. 直流成分　　　　B. 交流成分　　　　C. 交直流成分
2. 基本放大电路中的主要放大对象是(   )。
   A. 直流信号　　　　B. 交流信号　　　　C. 交直流信号
3. 分压式偏置的共发射极放大电路中,若 V_B 点电位过高,电路易出现(   )。
   A. 截止失真　　　　B. 饱和失真　　　　C. 晶体管被烧损
4. 共发射极放大电路的反馈元件是(   )。
   A. 电阻 R_B　　　　B. 电阻 R_E　　　　C. 电阻 R_C
5. 功放首先考虑的问题是(   )。
   A. 管子的工作效率　B. 不失真问题　　　C. 管子的极限参数
6. 电压放大电路首先需要考虑的技术指标是(   )。
   A. 放大电路的电压增益　　　　　　　B. 不失真问题
   C. 管子的工作效率
7. 射极输出器的输出电阻小,说明该电路的(   )
   A. 带负载能力强　　B. 带负载能力差　　C. 减轻前级或信号源负荷
8. 功放电路易出现的失真现象是(   )。
   A. 饱和失真　　　　B. 截止失真　　　　C. 交越失真
9. 基极电流 i_B 的数值较大时,易引起静态工作点 Q 接近(   )。
   A. 截止区　　　　　B. 饱和区　　　　　C. 死区
10. 射极输出器是典型的(   )。
    A. 电流串联负反馈　B. 电压并联负反馈　C. 电压串联负反馈

四、简述题

1. 共发射极放大器中集电极电阻 R_C 起的作用是什么？
2. 放大电路中为何设立静态工作点？静态工作点的高、低对电路有何影响？
3. 零点漂移现象是如何形成的？哪一种电路能够有效地抑制零漂？
4. 为削除交越失真，通常要给功放管加上适当的正向偏置电压，使基极存在微小的正向偏流，让功放管处于微导通状态，从而消除交越失真。那么，这一正向偏置电压是否越大越好呢？为什么？

五、计算题

1. 图 3-36 所示分压式偏置放大电路中，已知 $R_C=3.3\ \text{k}\Omega$，$R_{B1}=40\ \text{k}\Omega$，$R_{B2}=10\ \text{k}\Omega$，$R_E=1.5\ \text{k}\Omega$，$\beta=70$。求静态工作点 I_{BQ}，I_{CQ} 和 U_{CEQ}。（图中晶体管为硅管）

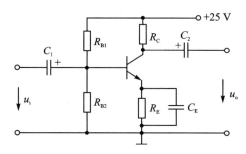

图 3-36 计算题 1 的图

2. 请画出计算题 1 图所示电路的微变等效电路，并对电路进行动态分析。要求解出电路的电压放大倍数 A_u，电路的输入电阻 r_i 及输出电阻 r_o。

任务 3.3　音频放大电路的制作

3.3.1　任务目标

① 掌握运算放大器的组成、引脚排列、符号和主要参数；
② 掌握运算放大器的几种典型应用，并了解运算放大器在使用中需要注意的问题；
③ 掌握音频放大电路的原理，学会制作音频放大电路；
④ 掌握常用电子仪器仪表的使用方法。

3.3.2　知识探究

一、集成运算放大器的技术指标

集成运算放大器实质上式一种电压放大倍数很大、输入电阻很大和输出电阻很小的直接耦合的多级放大电路，简称为集成运放。

集成运算放大器的基本知识

1. 集成电路的分类和特点

前面所述的各种放大电路，都是由互相分开的二极管、三极管、电阻、电容等元件组成的，称为分立元件电路。在 20 世纪 60 年代初开始出现了将整个电路中的二极管、三极管、电阻、电容等元件集中制作在一小块硅片上，封装成为一个整体器件，称为集成电路（IC）。按其功能的不同,集成电路可分为模拟集成电路和数字集成电路两大类。模拟集成电路的种类很多,有集成运放、集成功放、集成稳压电源及其他通用的和专用的模拟集成电路等。

集成电路具有体积小、质量小、价格低、可靠性高、通用性好等优点,在自动检测、自动控制、信号产生与处理等方面得到了广泛的应用。

2. 运算放大器的组成和符号

集成运算放大器主要由输入级、中间放大级、功率输出级和偏置电路四部分组成,如图3-37所示。输入级是运算放大器的关键部分,由差动放大电路组成,其特点是电路对称,输入电阻很高,能有效地放大有用信号,抑制干扰信号。中间级为运放提供足够的电压放大倍数,一般由共射放大电路组成。输出级一般由互补对称电路构成,用于提高运放的输出功率和带负载能力。偏置电路为各级放大电路提供合适的静态工作电流,一般由各种恒流源电路组成。集成运放的符号如图3-38所示,图(a)为集成运放的标准符号,图(b)是LM741集成运放外形图和引脚功能图。

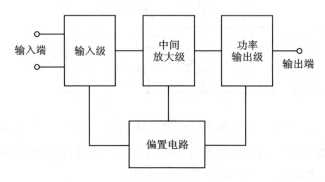

图3-37 集成运放的组成框图

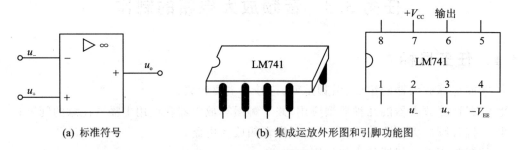

(a) 标准符号　　　　　　　(b) 集成运放外形图和引脚功能图

图3-38 集成运放的符号

集成运放的标准符号图中"▷"表示信号的传输方向,"∞"表示放大倍数为理想条件。两个输入端中,"−"号表示反相输入端,电压用"u_-"表示,"+"号表示同相输入端,电压用"u_+"表示。

3. 运算放大器的主要技术指标

集成运算放大器的参数是评价其性能优劣的主要标志,也是正确选择和使用的依据,必须熟悉这些参数的含义和数值范围。

(1) 开环差模电压放大倍数 A_{ud}

A_{ud} 是指集成运放在没有外接反馈情况下的差模电压放大倍数,称为开环电压放大倍数。

它是决定运放精度的重要因素,其值越大越好。A_{ud}一般在$10^4\sim10^7$左右。

（2）共模抑制比K_{CMRR}

K_{CMRR}是指差模电压放大倍数与共模电压放大倍数之比,即$K_{CMRR}=|A_d/A_c|$。K_{CMRR}越大越好,一般运放在80 dB以上。

（3）差模输入电阻r_{id}

r_{id}是指运放开环时输入电压变化量与由它引起的输入电流的变化量之比,即从输入端看进去的动态电阻。一般为兆欧数量级。

（4）开环输出电阻r_o

r_o是指运放开环时从输出端向里看进去的等效电阻。其值越小,说明运放的带负载能力越强。

（5）输入失调电压U_{OS}

U_{OS}实际的集成运放难以做到差动输入级完全对称,当输入电压为零时,输出电压并不为零。为了使输出电压为零,需在集成运放两输入端额外附加的补偿电压称为输入失调电压U_{OS}。U_{OS}越小越好,一般约为$0.5\sim5$ mV。

（6）输入失调电流I_{OS}

I_{OS}是指当运放输出电压为零时,两个输入端的偏置电流之差,即$I_{OS}=|I_{B1}-I_{B2}|$。它是由内部元件参数不一致等原因造成的。I_{OS}越小越好,一般为1 nA～10 μA。

二、反馈的基本概念及应用

反馈在电子电路中的应用十分广泛,特别是负反馈可以改善放大电路的性能。在放大电路中引入负反馈可以稳定静态工作点,稳定放大倍数,改变输入、输出电阻,拓展通频带,减小非线性失真等,因此研究负反馈是非常必要的。

放大电路的反馈

1. 反馈的基本概念

将放大电路输出信号的一部分或全部,通过一定的方式回送到输入端来影响原输入量的过程称为反馈。有反馈的放大电路称为反馈放大电路,其组成框图如图3-39(b)所示。图中A代表没有反馈的放大电路(称为基本放大电路),F代表反馈网络,符号⊗代表信号的比较环节。X_i、X_f、X_{id}和X_o分别表示电路的输入量、反馈量、净输入量和输出量,它们可以是电压,也可以是电流。若反馈的信号削弱了原输入信号则称为负反馈,若反馈的信号增强了原输入信号则称为正反馈。在放大电路中经常采用的是负反馈。

放大电路在未加反馈网络时,信号只有一个传递方向,即从输入到输出。输出不影响输入,这种情况叫开环,如图3-39(a)所示。放大电路加上反馈网络之后,信号除了正向传输之外,还存在反向传输,即输出影响输入。放大电路与反馈网络构成闭合环路,称为闭环。

2. 负反馈的类型及其判别

根据反馈电路从放大电路输出端取样方式的不同,可分为电压反馈和电流反馈两种。反馈信号取自输出电压,称为电压反馈,如图3-40所示。反馈信号取自输出电流,称为电流反馈,如图3-41所示。

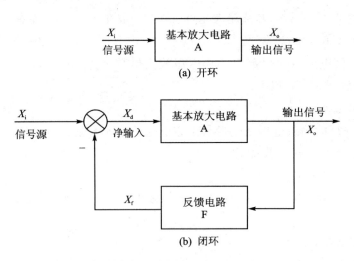

图 3-39 放大电路框图

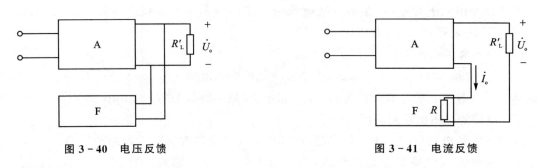

图 3-40 电压反馈　　　　　　图 3-41 电流反馈

根据反馈信号与放大电路输入信号连接方式的不同,可分为串联反馈和并联反馈。反馈信号与放大电路输入信号串联为串联反馈,串联反馈信号以电压形式出现,如图 3-42 所示。反馈信号与放大电路输入信号并联为并联反馈,并联反馈的反馈信号以电流形式出现,如图 3-43 所示。

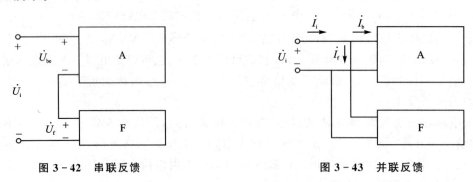

图 3-42 串联反馈　　　　　　图 3-43 并联反馈

根据输出端的取样方式和输入端的连接方式,可以组成四种类型的负反馈电路:电压串联负反馈、电压并联负反馈、电流串联负反馈和电流并联负反馈。

判别一个放大电路是否有反馈,以及反馈的极性、类型等,一般按以下步骤进行:

(1) 判别有无反馈

如果有联系放大电路输出和输入的反馈网络,则是有反馈的;反之,则是无反馈的。

(2) 判断电路中的反馈是电压反馈还是电流反馈

如果反馈信号取自放大电路的输出电压，就是电压反馈。如果反馈信号取自输出电流，则是电流反馈。在共发射极放大电路中，电压反馈的反馈信号一般是由输出级晶体管的集电极取出的；电流反馈的反馈信号一般是由输出级晶体管的发射极取出的。另外，可用输出端短路法判别，即将放大电路的输出端短路，如短路后反馈信号消失了，为电压反馈，否则为电流反馈。

(3) 判断是串联反馈还是并联反馈

如果反馈信号和输入信号是串联关系则为串联反馈。如果反馈信号和输入信号是并联关系则为并联反馈。在共射级放大电路中，串联反馈是通过反馈电路将反馈信号送到输入回路晶体管的发射极上，通过发射极电阻压降来影响输入信号；并联反馈是通过反馈电路将反馈信号引到输入级晶体管的基极上。对于运算放大器，若反馈信号和输入信号加在运算放大器的同一个输入端上是并联反馈，若反馈信号与输入信号加在不同的输入端上是串联反馈。

(4) 判别反馈极性

通常采用瞬时极性法来判别是正反馈还是负反馈，具体方法如下：

① 先假设输入信号某一瞬时的极性。"＋"表示瞬时极性为正，"－"表示瞬时极性为负。

② 根据放大电路输入与输出信号的相位关系，确定输出信号和反馈信号的瞬时极性。在放大电路中，三极管基极与发射极的瞬时极性相同，基极与集电极瞬时极性相反。

③ 再根据反馈信号与输入信号的连接情况，分析净输入量的变化。如果反馈信号使净输入量增强，即为正反馈，反之为负反馈。

例 3-4 试判断图 3-44 所示电路的反馈类型和极性。

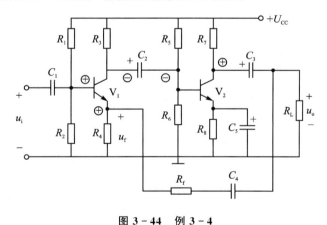

图 3-44 例 3-4

解 根据判断反馈类型的步骤可知，首先知道该电路 C_4、R_f 支路能把输出信号回馈给输入端，故有反馈。由于 C_4 的隔直作用，故该反馈为交流反馈。由瞬时极性法判别（见图 3-40）知，该电路反馈为负反馈。将放大电路的输出端假设短路（$u_o=0$），输出与输入就失去了联系，反馈作用消失，故该反馈为电压反馈。由于反馈端在 V_1 管发射极，输入端在 V_1 管基极，不为同一个端，故为串联反馈。因此图 3-44 所示电路为电压串联交流负反馈。

例 3-5 试判断图 3-45 所示电路的反馈类型和极性。

解 图 3-45 电路中，可以利用输出电压短路法，判断该电路是电压反馈；输入信号和反馈信号在不同节点引入为串联反馈；根据瞬时极性法，由图所示极性可知，该电路是负反馈。

因此电路为电压串联负反馈电路。

例 3-6 试判断图 3-46 所示电路的反馈类型和极性。

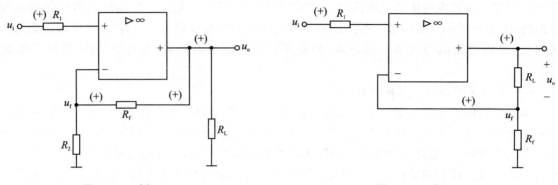

图 3-45　例 3-5　　　　　　　　　图 3-46　例 3-6

解　图 3-46 所示的电路中，当 $u_o=0$ 时，反馈电压 $u_f\neq 0$，故为电流反馈；输入量与反馈不在同一节点引入，故为串联反馈；由图中极性可知，为负反馈。因此该电路为电流串联负反馈电路。

3. 负反馈对放大电路性能的影响

放大电路引入负反馈以后，电压放大倍数下降了，即 $A_f<A$，但却换取了电路其他性能的改善。下面作简要的分析。

(1) 降低放大倍数但提高放大倍数的稳定性

根据图 3-47 所示，可以推导出具有负反馈的放大电路的放大倍数为

$$A_f=\frac{A}{1+AF}$$

F 反映反馈量的大小，其数值在 0～1 之间，显然有负反馈时，降低了电路的放大倍数。

如果由于某种原因使输出信号减小，则反馈信号也相应减小，于是净输入信号增大，随之输出信号也相应增大，这样就牵制了输出信号的减小，使放大电路能比较稳定地工作。

(2) 改善非线性失真

由于放大电路中存在着三极管等非线性器件，所以即使输入的是正弦波，输出也不是正弦波，产生了波形失真，如图 3-47(a)所示。输入为正弦波，输出端变成了正半周幅度大、负半周幅度小的失真波形。

引入负反馈后，输出端的失真波形反馈到输入端，与输入信号相减，使净输入信号幅度成为正半周小负半周大的波形。这个波形被放大输出后，正负半周幅度的不对称程度减小，非线性失真得以减小，如图 3-47(b)所示。应当注意的是，负反馈只能减小放大电路的非线性失真，对输入信号本身的失真，引入负反馈也无法改善。

(3) 展宽通频带

在实际应用中，需要放大的交流信号往往不是单一频率的正弦波，频率范围通常在几十赫兹至上万赫兹之间。这就要求放大电路对各种频率的信号有相同的放大作用。但是在放大电路中，由于存在耦合电容、旁路电容及三极管的结电容等，它们的容抗与频率有关，故当信号频率不同时，放大电路输出电压的幅值和相位也将与信号频率有关。

放大电路的电压放大倍数与频率的关系称为幅频特性，输出电压和输入电压的相位差与

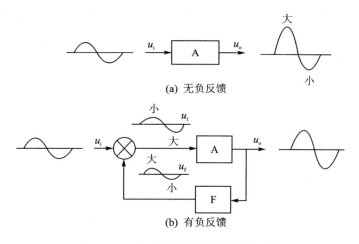

(a) 无负反馈

(b) 有负反馈

图 3-47 负反馈对非线性失真的改善

频率的关系称为相频特性，两者统称为频率特性，如图 3-48 所示。图中在某一频率范围内，电压放大倍数与频率无关，输出信号与输入信号的相位差为 $-180°$，这一频率范围称为中频区。在中频区以外的低频区、高频区，电压放大倍数随频率变化而下降。当放大倍数下降到中频放大倍数 A_{um} 的 0.707 倍时，所对应的两个频率分别称为下限频率 f_L 和上限频率 f_H。这两个频率之间的频率范围称为通频带。通频带是放大电路特性的一个重要指标，通频带越宽越好。

放大电路引入负反馈后，将引起放大倍数的下降。在中频区，放大电路的输出信号较强，反馈信号也相应较大，使放大倍数下降得较多；在高频区和低频区，放大电路的输出信号相对较小，反馈信号也相应减小，因而放大倍数下降得少些。如图 3-49 所示，加入负反馈之后，幅频特性变得平坦，通频带变宽。

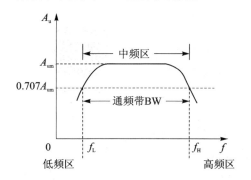

图 3-48 放大电路的频率特性

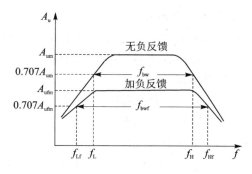

图 3-49 负反馈展宽通频带

（4）对输入输出电阻的影响

对输入电阻的影响：引入串联负反馈后，反馈网络与输入端串联，因此输入电阻增大。引入并联负反馈后，反馈网络与输入端并联，因此输入电阻减小。

对输出电阻的影响：引入电压反馈后，能稳定输出电压，所以输出电阻减小。引入电流反馈后，能稳定输出电流，所以输出电阻增大。

4. 理想集成运放的分析方法

在分析运算放大器时，为了使问题分析简化，通常把它看成一个理想元件。当误差在允许范围之内时,对实际电路并没有影响,而在实际情况下,把集成运放作为理想运放来分析问题要简单得多。

(1) 理想化条件

① 开环电压放大倍数 $A_{ud} \rightarrow \infty$；

② 差模输入电阻 $r_{id} \rightarrow \infty$；

③ 开环输出电阻 $r_o \rightarrow \infty$；

④ 共模抑制比 $K_{CMRR} \rightarrow \infty$。

(2) 理想运放的特点

集成运算放大器可以工作在线性区,也可以工作在饱和区,但分析方法截然不同。理想运放在线性区时有两个重要特点:虚短和虚断。

① 虚短。由于开环电压放大倍数 $A_{ud} \rightarrow \infty$,而输出电压是一个有限值,运算放大器工作在线性状态,所以有 $u_{id} = u_{od}/A_{od} \approx 0$,由 $u_{id} = u_+ - u_-$,得 $u_+ \approx u_-$。这说明,集成运放同相端和反相端电压几乎相等,所以称为虚假短路,简称"虚短"。

② 虚断。由于集成运放的差模输入电阻 $r_{id} \rightarrow \infty$,且 $u_+ \approx u_-$,所以 $i_+ = i_- = \dfrac{u_i}{r_{id}} \approx 0$,故可认为两个输入端的输入电流近似为零。所以,理想运算放大器的两个输入端几乎没有电流流过,相当于两输入端断路,但又不是真正断路,称为"虚断"。

当理想集成运放工作范围超出线性区在饱和区时,输出电压和输入电压不再满足上述关系,此时,输出只有两种可能,即

$$u_- > u_+ \text{ 时}, u_o = -U_{omax}$$

$$u_- < u_+ \text{ 时}, u_o = +U_{omax}$$

其中,U_{omax} 是集成运放的正向或反向输出电压最大值。

三、集成运放的运算电路

1. 基本运算电路

运算放大器的基本电路有反相输入和同相输入两种。反相输入是指信号由反相端输入,同相输入是指信号由同相端输入,它们是构成各种复杂运算电路的基础。

集成运算放大器的应用

(1) 反相输入放大电路

图3-50所示为反相输入放大电路,输入信号经 R_1 加到反相输入端,R_f 为反馈电阻,把输出信号电压 u_o 反馈到反相端,构成深度电压并联负反馈。

① "虚地"的概念。由于集成运放工作在线性区,$u_+ \approx u_-$,$i_+ = i_- \approx 0$,即流过 R_2 的电流为零,则 $u_+ = 0$,$u_- \approx u_+ = 0$,说明反相端虽然没有直接接地,但其电位为地电位,相当于接地,所以称为"虚假接地",简称"虚地"。"虚地"是反相输入放大电路的重要特点。

② 电压放大倍数

$$i_1 = \dfrac{u_i}{R_1}, \quad i_f = \dfrac{0 - u_o}{R_f} = -\dfrac{u_o}{R_f}$$

由于 $i_+ = i_- \approx 0$,则 $i_1 = i_f$,所以

$$\dfrac{u_i}{R_1} = -\dfrac{u_o}{R_f}$$

即
$$u_o = -\frac{R_f}{R_1}u_i$$

则电压放大倍数
$$A_{uf} = \frac{u_o}{u_i} = -\frac{R_f}{R_1} \tag{3-28}$$

式(3-28)表明,反相输入放大电路中,输出电压与输入电压相位相反,大小成比例关系,比例系数为 R_f/R_1,而与集成运放内部各项参数无关,说明电路引入了深度负反馈,保证了比例运算的精度和稳定性。当 $R_f = R_1$ 时,$A_{uf} = -1$,即输出电压与输入电压的大小相等、相位相反,此电路称为反相器。同相输入端电阻 R_2 用于保持运放的静态平衡,要求 $R_2 = R_1 // R_f$,R_2 称为平衡电阻。

(2) 同相输入放大电路

图 3-51 所示为同相输入放大电路,输入信号经 R_2 加到集成运放的同相端。R_f 为反馈电阻,输出电压经 R_f 及 R_1 组成的分压电路,取 R_1 上的分压作为反馈信号加到运放的反相输入端,形成了深度的电压串联负反馈。R_2 为平衡电阻($R_2 = R_1 // R_f$)。

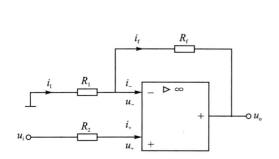

图 3-50 反相输入放大电路

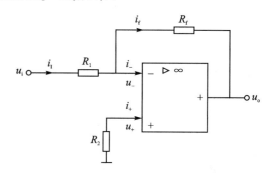

图 3-51 同相输入放大电路

根据 $u_+ \approx u_-$,$i_+ = i_- \approx 0$,可得
$$u_+ = u_i, \quad u_i \approx u_- = u_o \frac{R_1}{R_1 + R_f}$$

所以
$$u_o = \left(1 + \frac{R_f}{R_1}\right)u_i$$

或
$$A_{uf} = \frac{u_o}{u_i} = 1 + \frac{R_f}{R_1} \tag{3-29}$$

式(3-29)表明,同相输入放大电路中,输出电压与输入电压相位相同,大小成比例关系,比例系数为 $(1+R_f/R_1)$。同相输入放大电路中,当将反馈电阻短路($R_f = 0$)或将反相输入端电阻开路($R_1 \to \infty$)时,可得 $A_{uf} = 1$,即输出电压与输入电压大小相等,相位相同,该电路称为电压跟随器,如图 3-52 所示。

集成运放使用不同的输入形式,外加不同的负反馈网络,可以实现多种数学运算。由于输入、输出量均为模拟量,所以信号运算统称为模拟运算。尽管数字计算机的发展在许多方面代替了模拟计算机,然而在许多实时控制和物理量的测量方面,模拟运算仍有其很大优势,所以信号运算电路仍是集成运放应用的重要方面。

2. 反相比例加法运算电路

在自动控制电路中,往往需要将多个采样信号按一定的比例叠加起来输入到放大电路中,这就需要用到加法电路,如图 3-53 所示。

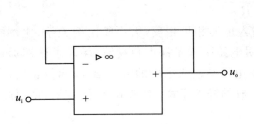

图 3-52 电压跟随器

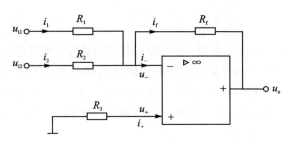

图 3-53 反相比例加法电路

根据"虚断"的概念可得

$$i_f = i_1 + i_2$$

再根据"虚地"的概念可得

$$i_1 = \frac{u_{i1}}{R_1}, \quad i_2 = \frac{u_{i2}}{R_2}$$

则

$$u_o = -R_f i_f = -R_f \left(\frac{u_{i1}}{R_1} + \frac{u_{i2}}{R_2} \right) \tag{3-30}$$

实现了各信号按比例进行加法运算。如取

$$R_1 = R_2 = \cdots = R_n = R_f$$

则

$$u_o = -(u_{i1} + u_{i2} + \cdots + u_{in})$$

实现了各输入信号的反相相加。

3. 差动比例运算电路

差动比例运算电路也称为减法电路,能实现减法运算的电路如图 3-54(a)所示。

根据叠加定理,首先令 $u_{i1} = 0$,当 u_{i2} 单独作用时,电路成为反相输入放大电路,如图 3-54(b)所示,其输出电压为

$$u_{o2} = -\frac{R_f}{R_1} u_{i2}$$

再令 $u_{i2} = 0$,u_{i1} 单独作用时,电路成为同相输入放大电路,如图 3-54(c)所示,同相端电压为

$$u_+ = \frac{R_3}{R_2 + R_3} u_{i1}$$

其输出电压为

$$u_{o1} = \left(1 + \frac{R_f}{R_1}\right)\left(\frac{R_3}{R_2 + R_3}\right) u_{i1}$$

所以

$$u_o = u_{o1} + u_{o2} = \left(1 + \frac{R_f}{R_1}\right)\left(\frac{R_3}{R_2 + R_3}\right) u_{i1} - \frac{R_f}{R_1} u_{i2} \tag{3-31}$$

当 $R_1 = R_2 = R_3 = R_f$ 时

$$u_o = u_{i1} - u_{i2}$$

实现了减法运算。

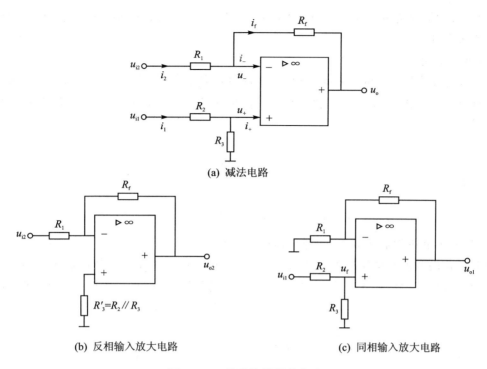

(a) 减法电路

(b) 反相输入放大电路　　　　　　(c) 同相输入放大电路

图 3-54　差动比例运算电路

4．微积分运算

（1）积分运算

图 3-55(a)所示为积分运算电路。图中，根据"虚地"的概念，$u_+ = u_- \approx 0$，再根据"虚断"的概念，$i_- \approx 0$，则 $i_1 \approx i_f$，即电容 C 以 $i_f = u_i/R$ 进行充电。假设电容 C 的初始电压为零，则

$$u_o = -\frac{1}{C}\int i_f \mathrm{d}t = -\frac{1}{C}\int \frac{u_i}{R_1}\mathrm{d}t = -\frac{1}{R_1 C}\int u_i \mathrm{d}t$$

上式表明，输出电压为输入电压对时间的积分，且相位相反。

积分电路的波形变换作用如图 3-55(b)所示，可将矩形波变成三角波输出。积分电路在自动控制系统中用以延缓过渡过程的冲击，使被控制的电动机外加电压缓慢上升，避免其机械

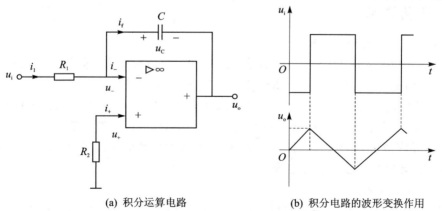

(a) 积分运算电路　　　　　(b) 积分电路的波形变换作用

图 3-55　积分运算电路

转矩猛增,造成传动机械的损坏。积分电路还常用来做显示器的扫描电路,以及模/数转换器、数学模拟运算等。

(2) 微分运算

将积分电路中的 R_1 和 C 互换,就可得到微分运算电路,如图 3-56(a)所示。在这个电路中,A 点同样为"虚地",即 $u_A \approx 0$,再根据"虚断"的概念,$i_- \approx 0$,则 $i_1 \approx i_f$。假设电容 C 的初始电压为零,则

$$i_f = C \frac{du_i}{dt}$$

所以输出电压为

$$u_o = -i_f R_1 = -R_1 C \frac{du_i}{dt}$$

上式表明,输出电压为输入电压对时间的微分,且相位相反。

微分电路的波形变换作用如图 3-56(b)所示,可将矩形波变成尖脉冲输出。微分电路在自动控制系统中可用作加速环节,例如电动机出现短路故障时,起加速保护作用,迅速降低其供电电压。

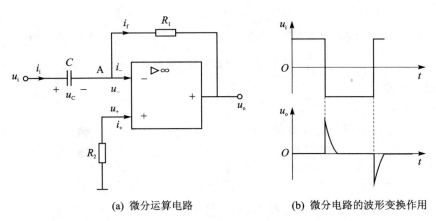

(a) 微分运算电路　　(b) 微分电路的波形变换作用

图 3-56　微分运算电路

3.3.3　任务实施

本任务为分立式音频放大器的制作。

制作一个可以将 CD、MP3 等信号源输入的声音信号进行放大,通过扬声器输出的分立式功率放大器,如图 3-57 所示。技术指标要求:功率为 20 W,频响为 20 Hz~20 kHz,信噪比大于 85 dB,信号输入电平为 690 mV,谐波失真小于 0.03%。要求会运用仪表检查所使用元器件,熟练进行手工焊接电路,电路布局美观、布线整齐;能完成电路的静态工作点调整与动态调试;可以对功率放大器的技术指标进行测试(包括放大倍数的测试、通频带的测试)。

1. 分立式音频放大器的制作步骤

(1) 元器件的安装

电路板检查无误后,按电路原理图插装元器件。在插装之前,用仪器或仪表把所有元器件进行一次检测与筛选,以保证每一个要焊接的元器件无质量问题,否则焊好后再发现问题,处

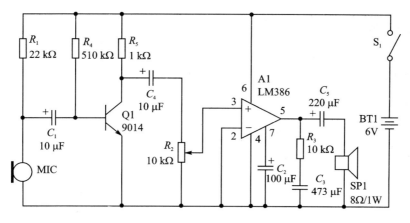

图 3-57 分立式音频放大器原理图

理起来就麻烦多了。

(2) 通电前检查

电路焊接好后,根据要求通电试验,同时进行必要的调试,使各项技术指标达到设计的要求。通电前的检查工作如下:

① 首先对照原理图检查所有元器件是否焊全,有无遗漏。

② 对照原理图检查所有元器件是否有焊错的,如二极管的方向是否焊反了,三极管管脚焊接正确与否,电解电容的极性是否接反等。

③ 用指针万用表检查正负电源与地是否有短路现象,测正负电源与地之间的电阻值。若有短路,则电阻为零;否则能看到电容充放电指针摆动现象。

④ 用万用表测量输出端与地之间的电阻值,判断是否输出对地短路。若电阻为零,则输出短路,这样绝不可以通电试机,否则将烧掉输出功率管。

2. 分立式功率放大器的调试

① 通电后首先测中点对地电压输出值的大小。若测量值为毫伏级,说明电路工作正常。

② 测量功放管发射极串的电阻上的压降。计算功放管的静态电流,正常状态下功放管的电流为 100 mA 左右。

③ 接上负载,再测功放管的电流,观察是否稳定。

3. 放大倍数的测试

信号发生器输出一个 10 mV,$f=1\,000$ Hz 左右的信号,与功率放大器的输入端相连接,用示波器观察功放的输出波形,增大信号发生器的输出信号幅度,使放大器输出波形失真。再逐步减小输入,使输出波形刚刚不失真,记录下 U_i、U_o 的读数,功率放大器的放大倍数为

$$A_u = \frac{U_o}{U_i}$$

4. 通频带的测试

调节信号发生器频率 f,在 U_o 不失真情况下,用毫伏表测出不同频率所对应的 U_o。测试时,低频段与高频段要多测几点,中频段可少测几点。计算各频率对应的 A_u。根据测试结果,确定放大器的通频带 $BW = f_H - f_L$。

3.3.4 知识拓展

本小节拓展知识为集成运放的实际应用。

在实际应用中,除了要根据用途和要求正确选择运放的型号外,还必须注意以下几个方面的问题。

1. 调零

由于实际运放的失调电压、失调电流都不为零,使得运放在输入信号为零时,输出信号并不为零。因此需要对运放进行调零。有些运放没有调零端子,需接上调零电位器进行调零,如图 3-58 所示。

2. 消除自激

集成运放内部是一个多级放大电路,而运算放大电路又引入了深度负反馈,在工作时容易产生自激振荡。目前大多数集成运放在内部都设置了消除自激的补偿网络,有些运放引出了消振端子,用以外接 RC 消振网络。此外,在实际使用时,还可在电源端、反馈支路及输入端连接电容或阻容支路来消除自激,如图 3-59 所示。

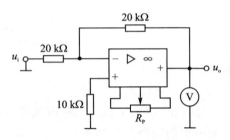

图 3-58 集成运放的调零电路

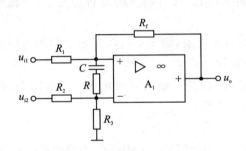
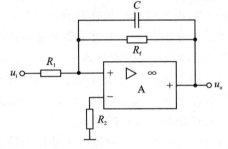

图 3-59 消振电路

3. 保护措施

集成运放在使用时由于输入、输出电压过大,输出短路及电源极性接反等原因会造成集成运放损坏,因此需要采取保护措施。为防止输入差模或共模电压过高损坏集成运放的输入级,可在集成运放的输入端并接极性相反的两只二极管,从而使输入电压的幅度限制在二极管的正向压降以内,如图 3-60 所示。

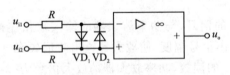

图 3-60 输入保护电路

为防止输出级被击穿,可采用图 3-61 所示保护电路。输出正常时双向稳压管未被击穿,相当于开路,对电路没有影响。当输出电压大于双向稳压管的稳压值时,稳压管被击穿,减小了反馈电阻,负反馈加深,将输出电压限制在双向稳压管的稳压范围内。

为防止电源极性接反,在正、负电源回中路顺接二极管。若电源极性接反,二极管截止,相当于电源断开,起到了保护作用,如图 3-62 所示。

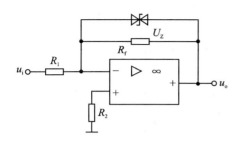

图 3-61 输出保护电路

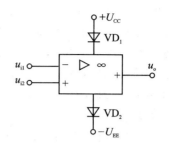

图 3-62 电源反接保护电路

思考与练习

一、填空题

1. 若要集成运放工作在线性区,则必须在电路中引入_____反馈;若要集成运放工作在非线性区,则必须在电路中引入_____反馈或者在_____状态下。集成运放工作在线性区的特点是_____等于零和_____等于零;工作在非线性区的特点:一是输出电压只具有_____状态和净输入电流等于_____;在运算放大器电路中,集成运放工作在_____区,电压比较器工作在_____区。

2. 集成运算放大器具有_____和_____两个输入端,相应的输入方式有_____输入、_____输入和_____输入三种。

3. 理想运算放大器工作在线性区时有两个重要特点:一是差模输入电压_____,称为_____;二是输入电流_____,称为_____。

4. 理想集成运放的 $A_{u0}=$ _____,$r_i=$ _____,$r_o=$ _____,$K_{CMR}=$ _____。

5. _____比例运算电路中反相输入端为虚地,_____比例运算电路中的两个输入端电位等于输入电压。_____比例运算电路的输入电阻大,_____比例运算电路的输入电阻小。

6. _____比例运算电路的输入电流等于零,_____比例运算电路的输入电流等于流过反馈电阻中的电流。_____比例运算电路的比例系数大于1,而_____比例运算电路的比例系数小于零。

7. _____运算电路可实现 $A_u>1$ 的放大器,_____运算电路可实现 $A_u<0$ 的放大器,_____运算电路可将三角波电压转换成方波电压。

8. _____电压比较器的基准电压 $U_R=0$ 时,输入电压每经过一次零值,输出电压就要产生一次_____,这时的比较器称为_____比较器。

9. 集成运放的非线性应用常见的有_____、_____和_____发生器。

10. _____比较器的电压传输过程中具有回差特性。

二、判断题

1. 电压比较器的输出电压只有两种数值。(   )
2. 集成运放使用时不接负反馈,电路中的电压增益称为开环电压增益。(   )
3. "虚短"就是两点并不真正短接,但具有相等的电位。(   )

4. "虚地"是指该点与"地"点相接后,具有"地"点的电位。( )
5. 集成运放不但能处理交流信号,也能处理直流信号。( )
6. 集成运放在开环状态下,输入与输出之间存在线性关系。( )
7. 同相输入和反相输入的运放电路都存在"虚地"现象。( )
8. 理想运放构成的线性应用电路中,电压增益与运放本身的参数无关。( )
9. 各种比较器的输出只有两种状态。( )
10. 微分运算电路中的电容器接在电路的反相输入端。( )

三、选择题

1. 理想运放的开环放大倍数 A_{u0} 为( ),输入电阻为( ),输出电阻为( )。
   A. ∞　　　　　　B. 0　　　　　　C. 不定
2. 国产集成运放有三种封闭形式,目前国内应用最多的是( )。
   A. 平式　　　　　B. 圆壳式　　　　C. 双列直插式
3. 由运放组成的电路中,工作在非线性状态的电路是( )。
   A. 反相放大器　　B. 差分放大器　　C. 电压比较器
4. 理想运放的两个重要结论是( )。
   A. 虚短与虚地　　B. 虚断与虚短　　C. 断路与短路
5. 集成运放一般分为两个工作区,它们分别是( )。
   A. 正反馈与负反馈　B. 线性与非线性　C. 虚断和虚短
6. ( )输入比例运算电路的反相输入端为虚地点。
   A. 同相　　　　　B. 反相　　　　　C. 双端
7. 集成运放的线性应用存在( )现象,非线性应用存在( )现象。
   A. 虚地　　　　　B. 虚断　　　　　C. 虚断和虚短
8. 各种电压比较器的输出状态只有( )。
   A. 一种　　　　　B. 两种　　　　　C. 三种
9. 基本积分电路中的电容器接在电路的( )。
   A. 反相输入端　　B. 同相输入端　　C. 反相端与输出端之间
10. 分析集成运放的非线性应用电路时,不能使用的概念是( )。
    A. 虚地　　　　　B. 虚短　　　　　C. 虚断

四、简述题

1. 集成运放一般由哪几部分组成?各部分的作用如何?
2. 何谓"虚地"?何谓"虚短"?在什么输入方式下才有"虚地"?若把"虚地"真正接"地",集成运放能否正常工作?
3. 集成运放的理想化条件主要有哪些?
4. 在输入电压从足够低逐渐增大到足够高的过程中,单门限电压比较器和滞回比较器的输出电压各变化几次?
5. 集成运放的反相输入端为虚地时,同相端所接的电阻起什么作用?
6. 应用集成运放芯片连成各种运算电路时,为什么首先要对电路进行调零?

五、计算题

1. 图 3-63 所示电路为应用集成运放组成的测量电阻的原理电路，试写出被测电阻 R_x 与电压表电压 U_o 的关系。

2. 图 3-64 所示电路中，已知 $R_1 = 2\ \text{k}\Omega$，$R_f = 5\ \text{k}\Omega$，$R_2 = 2\ \text{k}\Omega$，$R_3 = 18\ \text{k}\Omega$，$U_i = 1\ \text{V}$，求输出电压 U_o。

3. 图 3-65 所示电路中，已知电阻 $R_f = 5R_1$，输入电压 $U_i = 5\ \text{mV}$，求输出电压 U_o。

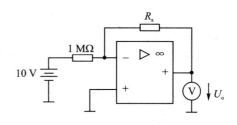

图 3-63 计算题 1 的图

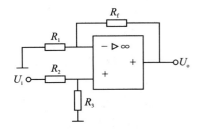

图 3-64 计算题 2 的图

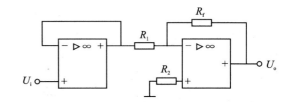

图 3-65 计算题 3 的图

任务 3.4 音频放大器稳压电源的制作

3.4.1 任务目标

① 了解稳压电源的基本原理及稳压电源的电路结构组成；
② 掌握电容滤波与电感滤波电路的工作原理；
③ 掌握稳压管稳压电路的工作原理及三端稳压器的使用方法；
④ 熟悉稳压电源的制作方法与性能指标；
⑤ 掌握常用电子仪器仪表的使用方法。

3.4.2 知识探究

一、稳压电源的基本概念

直流稳压电源一般由电源变压器、整流电路、滤波电路和稳压电路四部分组成，其框图如图 3-66 所示，各部分功能如下：

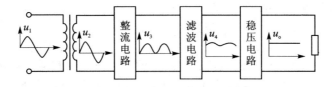

图 3-66 直流稳压电源的原理框图

① 变压器，将正弦工频交流电源电压变换为符合用电设备所需要的正弦工频交流电压。

② 整流电路，利用具有单向导电性能的整流元件，将正负交替变化的正弦交流电压变换成单方向的脉动直流电压。

③ 滤波电路，尽可能将单向脉动直流电压中的脉动部分减小，使输出电压成为比较平滑的直流电压。

④ 稳压电路，采用某些措施，使输出的直流电压在电源发生波动或负载变化时保持稳定。

二、整流电路

1. 单向半波整流电路

图 3-67 所示是单向半波整流电路。它是最简单的整流电路，有整流变压器 T、整流元件 D（二极管）及负载电阻 R_L 组成。设变压器二次侧的电压为

整流电路

$$u_2 = \sqrt{2}U_2 \sin\omega t$$

波形如图 3-68 所示。由于二极管 D 具有单向导电性，只有它的阳极电位高于阴极电位时才能导通，所以在变压器二次侧 u_2 的正半周期时，其极性为上正下负，即 a 点的电位高于 b 点，二极管因承受正向电压而导通。这时负载电阻 R_L 上的电压为 u_o，通过的电流为 i_o。在电压 u_2 的负半周时，a 点的电位低于 b 点，二极管因承受反向电压而截止，负载电阻 R_L 上电压为零。因此，在负载电阻 R_L 上得到的是半波电压 u_o。二极管导通时正向压降很小，可以忽略不计，因此，可以认为 u_o 这个半波电压和变压器二次侧电压 u_2 的正半波是相同的，如图 3-68 所示。负载电阻上得到的整流电压 u_o 是大小变化的单向脉动直流电压，u_o 的大小常用一个周期的平均值来表示，单向半波整流电压的平均值为

$$U_o = \frac{1}{2\pi}\int_0^\pi \sqrt{2}U_2\sin(\omega t)\mathrm{d}(\omega t) = 0.45U_2 \tag{3-32}$$

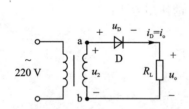

图 3-67 单相半波整流电路

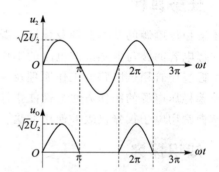

图 3-68 单相半波整流电路波形图

式(3-32)表明了整流电压平均值与变压器二次侧交流电压有效值之间的关系。由此可得出流过负载电阻 R_L 的整流电流 i_o 平均值为

$$I_D = I_o = 0.45\frac{U_2}{R_L} \tag{3-33}$$

组成单相半波整流电路时，除根据负载所需要的直流电压和直流电流选择整流元件外，还要考虑整流元件截止时所承受的最高反向电压 U_{DRM}。很显然，单相半波整流电路中二极管截止时承受的最高反向电压就是变压器二次侧交流电压的幅值 U_{2M}，即

$$U_{DRM} = \sqrt{2}U_2 \tag{3-34}$$

2. 单向桥式整流电路

单相半波整流电路使用元件少,电路简单。它的缺点是只利用了电源电压的半个周期,整流输出电压的脉动较大,电源的利用率低等。为了克服这些缺点,多采用单相桥式整流电路。它由四只二极管接成电桥形式构成。图3-69所示是桥式整流电路的几种画法。

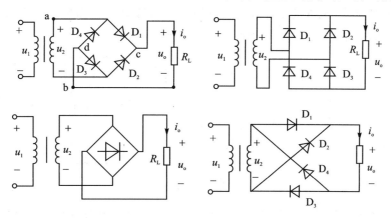

图3-69 单相桥式整流电路

下面按照图3-69中第一种画法来分析桥式整流电路的工作情况。

设电源变压器二次侧电压$u_2=\sqrt{2}U_2\sin\omega t$。在$u_2$的正半周时,其极性为上正下负,即a点电位高于b点电位,二极管D_1和D_3因承受正向电压而导通,D_2和D_4承受反向电压而截止,电流i_o的通路是a→D_1→c→R_L→d→D_3→b,这时负载电阻R_L上得到一个半波电压。

在电压u_2的负半周时,其极性为上负下正,即b点电位高于a点电位,因此D_1和D_3截止,D_2和D_4导通,电流i_o的通路是b→D_2→c→R_L→d→D_4→a。因为电流均是从c经R_L到d,所以在负载电阻上得到一个与0~π段相同的半波电压。

因此,当变压器二次侧电压U_2变化一个周期时,在负载电阻R_L上的电压U_o和电流I_o是单向全波脉动电压和电流。单相桥式整流电路的整流输出电压的平均值U_o比半波时增加了一倍,即

$$U_o = \frac{1}{\pi}\int_0^{\pi}\sqrt{2}U\sin(\omega t)\mathrm{d}(\omega t) = \frac{2\sqrt{2}}{\pi}U_2 = 0.9U_2 \qquad (3-35)$$

流过负载电阻的电流i_o的平均值I_o为

$$I_o = 0.45\frac{U_2}{R_L} \qquad (3-36)$$

在单相桥式整流电路中,每两只二极管串联导通半个周期,在一个周期内负载电阻均有电流流过,且方向相同。而每只二极管流过的电流平均值I_D是负载电流I_o的一半,即

$$I_D = 0.5I_o \qquad (3-37)$$

在变压器二次侧电压u_2的正半周时,D_1和D_3导通后相当于短路,D_2和D_4的阴极接于a点,而阳极接于b点,所以D_2和D_4所承受的最高反向电压就是u_2的幅值。同理,在u_2的负半周,D_1和D_3所承受的最高反向电压也是u_2的幅值。所以单相桥式整流电路二极管在截止时承受的最高反向电压U_{DRM}为

$$U_{DRM} = \sqrt{2}U_2$$

3. 电容滤波电路

电容滤波电路如图 3-70 所示。由于电容器的容量较大,所以一般采用电解质电容器。电解质电容具有极性,使用时其正极要接电路中高电位端,负极要接低电位端;若极性接反,电容器的容量将降低,甚至造成电容器爆裂损坏。选择电容器时既要考虑它的容量又要考虑它的耐压值。特别要注意,耐压低于实际使用电压将会造成电容器损坏。将合适容量的电容器与负载电阻 R_L 并联,负载电阻上就能得到较为平直的输出电压。

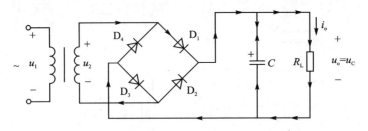

图 3-70 电容滤波电路

由图 3-70 所示电容滤波电路可知,u_2 正半周 D_1 和 D_3 导通,给电容 C 充电,u_2 达到最大值时,C 两端电压充到最大值。当 u_2 从最大值开始下降时,D_1 和 D_3 截止,C 向 R_L 放电。经 C 滤波后 u_o 的波形变得平缓,平均值提高。当 $R_L=\infty$ 时(C 没有放电回路)

$$U_o = \sqrt{2} U_2$$

当 R_L 为有限值时

$$0.9 U_2 < U_o < \sqrt{2} U_2 \quad (3-38)$$

RC 越大(C 放电越慢)U_o 越大。为获得良好滤波效果,一般取

$$R_L C \geq (3 \sim 5) \frac{T}{2} \quad (3-39)$$

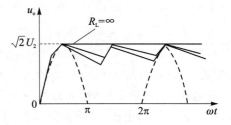

图 3-71 电容滤波电路波形及输出电压

电容滤波电路简单,输出电压平均值高,脉动较小,但是外特性较差,且二极管中有较大的冲击电流。因此,电容滤波电路一般适用于输出电压较高,负载电流较小并且变化也较小的场合。

滤波稳压电路

4. 电感滤波电路

图 3-72 所示电路是电感滤波电路,它主要适用于负载功率较大即负载电流很大的情况。它是在整流电路的输出端和负载电阻 R_L 之间串联一个电感量较大的铁芯线圈 L。电感中流过的电流发生变化时,线圈中要产生自感电动势阻碍电流的变化。当电流增加时,自感电动势的方向与电流方向相反,自感电动势阻碍电流的增加,同时将能量储存起来,使电流增加缓慢;反之,当电流减小时,自感电动势的方向与电流的方向相同,自感电动势阻碍电流的减小,同时将能量释放出来,使电流减小缓慢,因而使负载电流和负载电压的脉动减小。

电感线圈能滤波还可以这样理解:因为电感线圈对整流电流的交流分量具有阻抗,且谐波频率越高,阻抗越大,所以它可以滤除整流电压中的交流分量。ωL 比 R_L 大的越多,滤波效果越好。

电感滤波电路由于自感电动势的作用使二极管的导通角比电容滤波电路时增大,流过二极管的峰值电流减小,外特性较好,带负载能力较强,但是电感量较大的线圈,因匝数较多,体积大,比较笨重,直流电阻也较大,因而其上有一定的直流压降,造成输出电压的下降。

电感滤波电路输出电压平均值 U_o 的大小一般按经验公式

$$U_o = 0.9 U_2 \tag{3-40}$$

计算。如果要求输出电流较大,输出电压脉动很小时,可在电感滤波电路之后再加电容 C,组成 LC 滤波电路,如图 3-73 所示。电感滤波之后,利用电容再一次滤掉交流分量,这样,便可得到更为平直的直流输出电压。

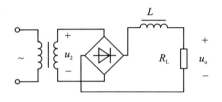

图 3-72 电感滤波电路

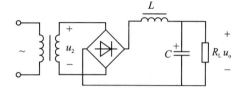

图 3-73 LC 滤波电路

5. 稳压二极管稳压电路

硅稳压管稳压电路如图 3-74 所示。由于稳压管 D_Z 和负载 R_L 并联,故称并联型稳压电路。R 为限流电阻,稳压管 D_Z 工作在反向击穿区。由图可知,$U_o = U_I - I_R R = U_Z$,输出电压 U_o 就是稳压管两端的电压 U_Z。

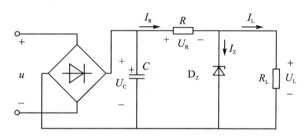

图 3-74 稳压二极管稳压电路

当因电网电压升高或负载电阻 R_L 增大时,输出电压 U_L 将升高,稳压管两端的电压 U_Z 上升,电流 I_Z 将迅速增大,流过 R 的电流 I_R 也增大,导致 R 上的压降 U_R 上升,从而使输出电压 U_o 下降以至最后稳定。如果电网电压下降或负载电阻 R_L 变小时,其工作过程与上述相反,输出电压 U_o 仍保持基本不变。

硅稳压管稳压电路的结构简单、元件少、成本低,但稳压性能差,输出电压受稳压管稳压值限制,而且不能任意调节,输出功率小,一般适用于电压固定、负载电流较小的场合。

(1) 输入电压 U_I 的确定

根据实际经验,一般选择 $U_I = (2 \sim 3) U_o$。

(2) 稳压管的选择

稳压管的参数可按下式选择:

$$U_Z = U_o$$
$$I_{Z\max} = (2 \sim 3) I_{o\max}$$

(3) 限流电阻 R 的选择

当输入电压 U_I 上升 10%,且负载电流为零(R_L 开路)时,流过稳压管的电流不超过稳压管的最大允许电流 I_{Zmax},即

$$\frac{U_{I\max} - U_o}{R} < I_{Zmax}, \quad R > \frac{U_{I\max} - U_o}{I_{Zmax}} = \frac{1.1 U_I - U_o}{I_{Zmax}}$$

当输入电压 U_I 下降 10%,且负载电流最大时,流过稳压管的电流不允许小于稳压管稳定电流的最小值 I_{Zmin},即

$$\frac{U_{Imin} - U_o}{R} - I_{omax} > I_{Zmin}, \quad R < \frac{U_{Imin} - U_o}{I_{Zmin} + I_{omax}} = \frac{0.9 U_I - U_o}{I_{Zmin} + I_{omax}}$$

因此,限流电阻 R 可按下式选择

$$\frac{U_{I\max} - U_o}{I_{Zmax}} < R < \frac{U_{Imin} - U_o}{I_{Zmin} + I_{omax}} \tag{3-41}$$

限流电阻的额定功率为

$$P_R \geq \frac{(R_{I\max} - U_o)^2}{R} \tag{3-42}$$

在输出电压不需要调节,负载电流比较小的情况下,稳压二极管稳压电路的效果较好。但是这种稳压电路还存在两个缺点:首先,输出电压不可调,电压的稳定度也不够高;其次,受稳压二极管最大稳定电流的限制,负载电流不能太大。

3.4.3 任务实施

本任务为直流稳压电源的测试。

1. 设计稳压电源的步骤

稳压电源的设计是根据稳压电源的输出电压 U_o、输出电流 I_o、输出纹波电压 ΔU_{op-p} 等性能指标要求,正确地确定变压器、集成稳压器、整流二极管和滤波电路中所用元器件的性能参数,从而合理地选择这些器件。

稳压电源的设计可以分为以下三个步骤:

① 根据稳压电源的输出电压 U_o、最大输出电流 I_{omax},确定稳压器的型号及电路形式。

② 根据稳压器的输入电压 U_I,确定电源变压器副边电压 u_2 的有效值 U_2;根据稳压电源的最大输出电流 I_{omax},确定流过电源变压器副边的电流 I_2 和电源变压器副边的功率 P_2;根据 P_2,从表 3-7 查出变压器的效率 η,从而确定电源变压器原边的功率 P_1;然后根据所确定的参数,选择电源变压器。

③ 确定整流二极管的正向平均电流 I_D、整流二极管的最大反向电压 U_{RM} 和滤波电容的电容值和耐压值。根据所确定的参数,选择整流二极管和滤波电容。

表 3-7 变压器效率速查表

副边功率 P_2	<10 VA	10~30 VA	30~80 VA	80~200 VA
效率 η	0.6	0.7	0.8	0.85

2. 直流稳压电源的主要技术指标

(1) 特性指标

特性指标指表明稳压电源工作特征的参数,例如输入、输出电压及输出电流,电压可调范

围等。

（2）质量指标

质量指标指衡量稳压电源稳定性能状况的参数，如稳压系数、输出电阻、纹波电压及温度系数等。具体含义如下：

1）稳压系数 γ

稳压系数指通过负载的电流和环境温度保持不变时，稳压电路输出电压的相对变化量与输入电压的相对变化量之比，即

$$\gamma = \frac{\Delta U_o / U_o}{\Delta U_I / U_I}\bigg|_{\Delta I_o = 0, \Delta T = 0}$$

式中，U_I 为稳压电源输入直流电压，U_o 为稳压电源输出直流电压，γ 数值越小，输出电压的稳定性越好。

2）输出电阻 r_o

输出电阻指当输入电压和环境温度不变时，输出电压的变化量与输出电流变化量之比，即

$$r_o = \frac{\Delta U_o}{\Delta I_o}\bigg|_{\Delta U_I = 0, \Delta T = 0}$$

r_o 的值越小，带负载能力越强，对其他电路的影响越小。

3）纹波电压 S

纹波电压指稳压电路输出端中含有的交流分量，通常用有效值或峰值表示。S 值越小越好，否则影响正常工作，如在电视接收机中出现交流"嗡嗡"声和光栅在垂直方向呈现 S 形扭曲。

4）温度系数 S_T

温度系数指在 U_I 和 I_o 都不变的情况下，环境温度 T 变化所引起的输出电压的变化，即

$$S_T = \frac{\Delta U_o}{\Delta T}\bigg|_{\Delta U_I = 0, \Delta I_o = 0}$$

式中，ΔU_o 为漂移电压。S_T 越小，漂移越小，该稳压电路受温度影响越小。

另外，还有其他的质量指标，如动态电阻、电源效率、负载调整率、噪声电压等。

3. 直流稳压电源的测试

根据图 3-37 所示电路，选择适当的元件，组成稳压管稳压电路，使用示波器、万用表等检测工具对稳压电路进行测试，并把测试数据填写在表 3-8 中。

表 3-8 稳压电源测试表

U_o	I_{OMAX}	U_i	γ	r_o	稳压电路效率 η

3.4.4 知识拓展

本小节主要对集成稳压器作简要介绍。

集成稳压电路是利用半导体集成工艺把基准电路、取样电路、比较放大电路、调整电路等集成制作在一块硅片上，具有体积小、成本低、性能稳定、使用方便等优点，目前在电子线路中已获得广泛应用。

集成稳压器的种类很多,按照输出电压是否可调可分为固定式稳压器和可调式稳压器;按照输出电压的正、负极性可分为正稳压器和负稳压器;按照引出端的端子可分为三端和多端稳压器。而三端稳压器只有三个端子,安装和使用方便、简单,所以在实际中应用最多。

国产的三端固定式集成稳压器有 CW78XX 系列(正电压输出)和 CW79XX 系列(负电压输出),其输出电压有 ±5 V,±6 V,±8 V,±9 V,±12 V,±15 V,±18 V,±24 V,最大输出电流有 0.1 A,0.5 A,1 A,1.5 A,2.0 A 等。

1. 三端固定式集成稳压器外形及管脚排列

三端固定式集成稳压器的外形和管脚排列如图 3-75 所示。由于它只有输入、输出和公共地端三个端子,故称为三端稳压器。CW78XX 和 CW79XX 系列的外形相同,但引脚排列不同。CW78XX 系列的管脚功能是:1 脚为输入端,2 脚为输出端,3 脚为公共端。CW79XX 系列的管脚功能是:1 脚为公共端,2 脚为输出端,3 脚为输入端。

图 3-75 三端固定式集成稳压器外形及管脚排列

2. 三端固定式集成稳压器的型号组成及其含义

三端固定式集成稳压器的型号组成及其含义如图 3-76 所示。

```
        78、79 系列的型号命名
输出电压  5 V/ 6 V/ 9 V/ 12 V/ 15 V/ 18 V/ 24 V
输出电流  78L××/79L×× —— 输出电流 100 mA
         78M××/79M×× —— 输出电流 500 mA
         78××/79×× —— 输出电流 1.5 A
```

图 3-76 三端固定式集成稳压器型号组成及其含义

3. 三端固定式集成稳压器的应用

(1) 基本应用电路

在实际应用中,可根据所需输出电压、电流,选用符合要求的 CW78XX、CW79XX 系列产品。

电路组成如图 3-77 所示。图中 C_i 可以防止由于输入引线较长而产生的电感引起的自激。C_o 用来减小由于负载电流瞬时变化而引起的高频干扰。

(2) 提高输出电压电路

当需要输出较大的电压时,可采用图 3-78 所示的提高输出电压的电路。图中 $U_{××}$ 是三端稳压器的标称输出电压,I_Q 是组件的静态电流,约为几毫安,外接电阻 R_1 上的电压也是 $U_{××}$,R_2 接在稳压器公共端"3"和电源公共端之间。按图 3-78 所示接法可得输出电压

$$U_o = U_{xx}\left(1 + \frac{R_2}{R_1}\right) + I_W R_2$$

当 I_Q 较小时，

$$U_o \approx U_{xx}\left(1 + \frac{R_2}{R_1}\right)$$

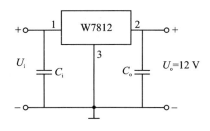

图 3-77 基本应用电路

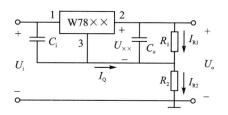

图 3-78 提高输出电压的电路

（3）扩展输出电流电路

当需要进一步增大输出电流时，可采用外接功率管的方法，如图 3-79 所示。外接功率管和 78×× 内部的 NPN 调整管组成互补复合管，使输出电流 I_o 增加（$I_o = I_2 + I_C$）。

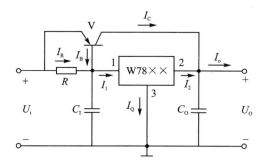

图 3-79 扩展输出电流的电路

思考与练习

一、填空题

1. 单相半波整流电路输出电压的平均值与变压器二次绕组电压有效值之间的关系是 $U_o =$ _____，二极管截至时承受的最高反向电压是 $U_{DRM} =$ _____。

2. 单相桥式整流电路输出电压的平均值与变压器二次绕组电压有效值之间的关系是 $U_o =$ _____，二极管截至时承受的最高反向电压是 $U_{DRM} =$ _____。

3. 采用电容器滤波的整流电路，二极管在截止时承受的最高反向电压是_____，半波整流电容滤波电路输出电压的平均值 $U_o =$ _____，桥式整流电容滤波电路输出电压的平均值 $U_o =$ _____。

4. 单相半波整流的缺点是只利用了电源的半个周期，同时整流电压的_____，为了克服这些缺点一般采用_____。

二、判断题

1. 直流电源是一种将正弦信号转换为直流信号的波形变换电路。（　　）
2. 直流电源是一种能量转换电路,将交流能量转换为直流能量。（　　）
3. 在变压器副边电压和负载电阻相同的情况下,桥式整流电路的输出电流是半波整流电路输出电流的2倍。（　　）
4. 电容滤波电路适用于小负载电流,而电感滤波电路适用于大负载电流。（　　）
5. 在稳压管稳压电路中,稳压管的最大稳定电流必须大于最大负载电流。（　　）

三、选择题

1. 在单相半波整流电路中,所用整流二极管的数量是(　　)。
   A. 4只　　　　　　B. 2只　　　　　　C. 1只

2. 在整流电路中,设整流电流平均值为I_o,则流过每只二极的电流平均值$I_n = I_o$的电路是(　　)。
   A. 单相桥式整流电路　　　　　　B. 单相半波整流电路
   C. 单相全波整流电路

3. 设整流变压器副边电压$u_2 = \sqrt{2} U_2 \sin \omega t$,欲使负载上得到图3-80所示整流电压的波形,则需要采用的整流电路是(　　)。
   A. 单相桥式整流电路　　　　　　B. 单相全波整流电路
   C. 单相半波整流电路

4. 整流电路如图3-81所示,输出电流平均值$I_o = 50$ mA,则流过二极管的电流平均值I_n是(　　)。
   A. 50 mA　　　　　　B. 25 mA　　　　　　C. 12.5 mA

5. 电容滤波器的滤波原理是电路状态改变时,其(　　)。
   A. 电容的数值不能跃变　　　　　　B. 通过电容的电流不能跃变
   C. 电容的端电压不能跃变

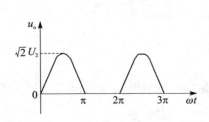

图3-80　选择题3的图

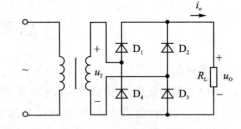

图3-81　选择题4的图

四、简述题

1. 电容滤波和电感滤波有什么不同,它们的特点有哪些?
2. 说明稳压二极管稳压电路中限流电阻大小的选取依据。

五、计算题

1. 整流电路如图3-82所示,二极管为理想元件,变压器副边电压有效值U_2为10 V,负载电阻$R_L = 2$ kΩ,变压器变比为10。

(1) 求负载电阻 R_L 上电流的平均值 I_o；
(2) 求变压器原边电压有效值 U_1 和变压器副边电流的有效值 I_2；
(3) 变压器副边电压 U_2 的波形如图 3-82 所示，试定性画出 U_o 的波形。

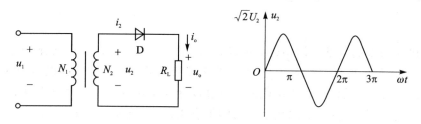

图 3-82 计算题 1 的图

2. 整流滤波电路如图 3-83 所示，负载电阻 $R_1=100\ \Omega$，电容 $C=500\ \mu F$，变压器副边电压有效值 $U_2=10\ V$，二极管为理想元件，试求：输出电压和输出电流的平均值 U_o，I_o 及二极管承受的最高反向电压 U_{RDM}。

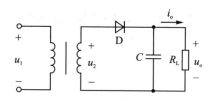

图 3-83 计算题 2 的图

项目4 多功能数字钟的设计与制作

数字钟已成为人们日常生活中的必需品,广泛用于个人家庭以及车站、码头、剧场、办公室等公共场所,给人们的生活、学习、工作、娱乐带来了极大的便利。数字钟电路的基本组成包含了数字电路的主要组成部分,因此在这里将通过设计与制作数字钟来培养学生的综合分析和设计电路的能力,并将比较零散的数字电路知识有机地、系统地联系起来用于实际,实现组合逻辑电路与时序逻辑电路的综合应用。

本项目以数字电子技术知识为主,制作时、分、秒数字显示的计时装置,周期为 24 h,显示满刻度为 23 h 59 min 59 s,并可根据学生需要扩展为具有校时功能和报时功能的数字电子钟。

任务4.1 数字钟译码显示电路的设计与制作

4.1.1 任务目标

① 熟练掌握基本逻辑门电路的种类和逻辑功能。
② 了解数制和码制,以及它们之间的转换方法。
③ 掌握译码器及数码管显示输出电路的工作原理。
④ 会使用和维护常规的电子产品生产、测试仪器和工具。

4.1.2 知识探究

一、基本逻辑门电路

门电路是一种利用脉冲信号控制的开关电路。当它的输入信号满足某种条件时,才有信号输出,否则就没有信号输出。在门电路的输入和输出信号之间存在着一定的因果关系即逻辑关系,所以门电路是一种逻辑电路。

基本逻辑门电路

在逻辑电路中,输入、输出信号通常用电平的高低来描述。高低电平就是指高低电位。电平的高低是相对的,是一种相对概念。通常用符号"1"和"0"分别表示高电平和低电平,至于高低电平的数值,则随数字电路中元件的类型不同而异。

可以用符号"1"或"0"来表示高电平或低电平。当高电平用"1"表示,低电平用"0"表示时称为正逻辑;当高电平用"0"表示,低电平用"1"表示时称为负逻辑。本书采用正逻辑。

最基本的逻辑关系有"与""或""非"三种,所以基本的门电路有与门、或门、非门三种,可由二极管、三极管和电阻组成,也可采用集成电路的方式。

1. 与门电路

与门电路是一种多输入单输出实现"与"逻辑关系的电路。所谓"与"逻辑是指决定某一事件发生的所有条件全部具备时,事件才能发生的因果关系。例如用两个串联的开关与电灯相联,接通电源后,只有当两个开关全部闭合时,灯才亮。只有一个开关闭合,灯不亮。这样两个串联开关控制电灯亮灭的因果关系就是"与"逻辑。

用二极管组成的与门电路如图 4-1(a)所示,由二极管 V_1、V_2、电阻 R 和 +12 V 电源构成。A,B 为输入端,F 为输出端。图 4-1(b)是与门的逻辑符号,逻辑符号中输入端的数目均按实有个数画出。

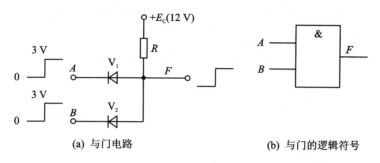

图 4-1 二极管与门电路及逻辑符号

下面分析图 4-1(a)二极管与门电路的逻辑功能。假设输入信号的低电平为 0 V,高电平为 3 V。

① A,B 均为高电平,即 $U_A=U_B=3$ V,二极管 V_1、V_2 都因正向偏置而导通,忽略二极管的正向压降,所以 $U_F=3$ V,因而输出端 F 为高电平。

② A 为高电平,B 为低电平,即 $U_A=3$ V,$U_B=0$ V,二极管 V_2 优先导通,使 $U_F=0$ V,故 V_1 反偏而截止,输出端 F 为低电平。

③ A 为低电平,B 为高电平,即 $U_A=0$ V,$U_B=3$ V,V_1 优先导通,V_2 截止,输出端 F 为低电平。

④ A,B 均为低电平时,即 $U_A=U_B=0$ V,V_1、V_2 均导通,$U_F=0$ V,输出端 F 为低电平。

表 4-1 与门的逻辑真值表

输入		输出
A	B	F
1	1	1
1	0	0
0	1	0
0	0	0

由上面的分析可知,只有全部输入为高电平时,输出才是高电平,否则输出端均为低电平,即全"1"出"1",有"0"出"0",满足"与"逻辑关系。将上述"与"逻辑电路的输入、输出关系列成表格,见表 4-1。这种表格称为逻辑电路的逻辑真值表。

从表 4-1 可清楚地看出,输入端 A,B 有四种可能输入情况,只有当 A 与 B 均为高电平"1"时,输出端 F 才为高电平"1"。输入与输出的逻辑关系与算术乘法相似,故与门电路又称逻辑乘法电路,即

$$1 \times 1 = 1$$
$$1 \times 0 = 0$$
$$0 \times 1 = 0$$
$$0 \times 0 = 0$$

其逻辑函数表达式为

$$F = A \cdot B$$

式中,A,B 称为逻辑变量,F 称为逻辑函数,它们的取值只能是 1 或 0。

2. 或门电路

或门电路是实现"或"逻辑关系的门电路。所谓"或"逻辑是指决定某一事件发生的几个条件中至少有一个具备,事件就会发生,这样的因果关系叫做"或"逻辑关系。例如,用两个并联的开关控制一个电灯的亮灭,接通电源后,只要其中任意一个开关合上,灯就亮。这两个并联开关的合、断与灯亮灭的因果关系就是"或"逻辑。

用二极管组成的或门电路如图 4-2(a)所示,A,B 为输入端,F 为输出端。将图 4-2(a)与图 4-1(a)相对照就可看出,两个电路中的二极管 V_1,V_2 极性的连接正好相反,所用电源的极性也相反。图 4-2(b)是或门的逻辑符号。如果输入端不是两个,则逻辑符号中输入端的数目按实有个数画出。

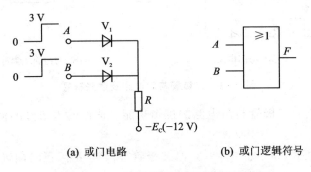

(a) 或门电路　　　　(b) 或门逻辑符号

图 4-2　二极管或门电路及逻辑符号

电路的逻辑功能的分析略,这里只给出或门电路的逻辑真值表,见表 4-2。由真值表可看出,输入与输出的逻辑关系与算术加法相似,故或门电路又称逻辑加法电路,即

表 4-2　或门的逻辑真值表

输入		输出
A	B	F
1	1	1
1	0	1
0	1	1
0	0	0

$1+1=1$
$1+0=1$
$0+1=1$
$0+0=0$

其逻辑函数表达式为

$$F=A+B$$

式中,"+"号表示逻辑加,而不是普通算术中的加号。通常把等式读做 F 等于 A 或 B。

F,A,B 的取值只有两种可能,"1"或"0"。这里的"1"和"0"只表示两个不同状态的符号,而不是数量上的意义。与普通算术加法不同,对于逻辑加来说,$1+1=1$,可以这样来理解:使事件发生的两个条件都满足时,按"或"的逻辑关系,事件当然也是发生的。等式左边的两个"1"表示事件发生的两个条件都满足,等式右边的"1"表示事件发生的结果。在逻辑加法中,不管有多少个"1"进行逻辑相加,其逻辑和也只能是"1"。

3. 非门电路

(1) 非逻辑

非逻辑是指某事件的发生取决于某个条件的否定,即某条件成立,这事件不发生;某条件不成立,这事件反而会发生。如图 4-3(a)所示,开关 S 接通,灯 E_L 灭;开关断开,灯 E_L 亮。

灯亮与开关断合满足非逻辑关系。非逻辑真值表见表4-3,逻辑表达式为 $F=\overline{A}$。

（2）非门电路

用三极管连接的非门如图4-3（b）所示。在实际电路中,若电路参数选择合适,当输入为低电平时,三极管因发射结反偏而截止,输出为高电平;当输入为高电平时,三极管饱合导通,则输出为低电平,输入与输出符合非逻辑关系。非门也称为反相器。图4-3（c）是非门的逻辑符号。

表4-3 非门逻辑真值表

输入	输出
A	F
1	0
0	1

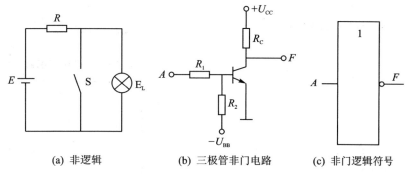

(a) 非逻辑　　　(b) 三极管非门电路　　　(c) 非门逻辑符号

图4-3 非　门

非门的逻辑功能为:当输入为高电平时,三极管饱和,输出为低电平;当输入为低电平时,三极管截止,输出为高电平。其逻辑真值表见表4-3。

非门的逻辑函数表达式为

$$F=\overline{A}$$

式中,A上的短横线表示"非"逻辑,$\overline{A}$ 读作 A 非。

上述三种门电路是逻辑电路的基础。在实际应用中,可根据不同需要将其组成复合逻辑门电路,如与非门、或非门、与或非门电路等。

4．其他常用复合门电路

在实际工作中,经常将与门、或门及非门联合使用,组成与非门、或非门等其他门电路,以丰富逻辑功能,满足实际的需要。

基本逻辑门经简单组合可构成复合门电路。常用的复合门电路有与非门电路和或非门电路。

与门的输出端接一个非门,使与门的输出反相,就构成了与非门。与非门的逻辑表达式为

$$F=\overline{A \cdot B}$$

逻辑符号如图4-4所示,真值表见表4-4。

由真值表可以看出,与非门电路的逻辑功能是:有"0"出"1",全"1"出"0"。

或门输出端接一个非门,使输入与输出反相,构成了或非门。或非门的逻辑表达式为

$$F=\overline{A+B}$$

逻辑符号如图4-5所示,真值表见表4-5。从真值表上可看出,或非门电路的逻辑功能是:全"0"出"1",有"1"出"0"。

表 4-4 与非门电路真值表

A	B	F
0	0	1
0	0	1
0	1	1
0	1	1
1	0	1
1	0	1
1	1	0
1	1	0

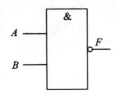

图 4-4 与非门逻辑符号

表 4-5 或非门电路真值表

A	B	F
0	0	1
0	0	0
0	1	0
0	1	0
1	0	0
1	0	0
1	1	0
1	1	0

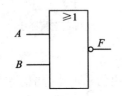

图 4-5 或非门逻辑符号

还有几种比较常用的复合逻辑门,如同或门、异或门等。它们的电路逻辑功能的分析不再详述。

以上对数字电路中常用的与门、或门、非门、与非门及或非门电路做了比较详细的分析,这些门电路是组成数字电路的基本单元,因此必须熟练掌握它们的逻辑功能、真值表、逻辑表达式,这样在分析问题时才能运用自如。

5. 集成电路芯片简介

(1) 集成门电路的类型

目前常用的与非门集成电路有 TTL 与非门电路和 CMOS 与非门电路两大类。

TTL 门电路是由晶体管组成的,这种门电路于 20 世纪 60 年代问世,至今仍广泛应用于各种数字电路或系统中。

CMOS 门电路虽问世较晚,但从发展趋势来看,大有赶超 TTL 门电路之势。

CMOS 门电路的工作速度与 TTL 门电路相近,但它的功耗低,抗干扰能力远高于 TTL 门电路,而且工艺制造成本低。

(2) TTL 门电路

TTL 门电路是晶体管-晶体管逻辑电路的英文词头(Transistor - Transistor Logic)的缩写。

TTL 门电路主要是由 NPN 或 PNP 型晶体管组成的,还有二极管、电阻、电容等元器件;主要经过光刻、氧化、扩散等工艺制成,工艺较为复杂。

(3) CMOS 门电路

CMOS 门电路内部结构由场效应管组成。它的主要组成是金属-氧化物-半导体管。它是由 N 沟道 MOS 管和 P 沟道 MOS 管组合成互补型 MOS 电路,即 CMOS 电路。CMOS 电路比 TTL 电路制造工艺简单、工序少、成本低、集成度高、功耗低、抗干扰能力强,但速度较慢。

6．TTL 集成电路使用规则

① 接插集成块时,要认清定位标记,不得插反。

② 电源电压使用范围为＋4.5～＋5.5 V 之间,实验中要求使用 U_{CC}＝＋5 V。电源极性绝对不允许接错。

③ 闲置输入端处理方法有：

(a) 悬空,相当于正逻辑"1",对于一般小规模集成电路的数据输入端,实验时允许悬空处理。但这样易受外界干扰,导致电路的逻辑功能不正常。因此,对于接有长线的输入端,中规模以上的集成电路和使用集成电路较多的复杂电路,所有控制输入端必须按逻辑要求接入电路,不允许悬空。

(b) 直接接电源电压 U_{CC}（也可以串入一只 1～10 kΩ 的固定电阻）或接至某一固定电压（＋2.4 V≤V≤＋4.5 V）的电源上,或与输入端为接地的多余与非门的输出端相接。

(c) 若前级驱动能力允许,可以与使用的输入端并联。

④ 输入端通过电阻接地,电阻值的大小将直接影响电路所处的状态。当 R≤680 Ω 时,输入端相当于逻辑"0";当 R≥4.7 kΩ 时,输入端相当于逻辑"1"。对于不同系列的器件,要求的阻值不同。

⑤ 输出端不允许并联使用（集电极开路门（OC）和三态输出门电路（3S）除外）,否则不仅会使电路逻辑功能混乱,并会导致器件损坏。

⑥ 输出端不允许直接接地或直接接＋5 V 电源,否则将损坏器件,有时为了使后级电路获得较高的输出电平,允许输出端通过电阻 R 接至 U_{CC},一般取 R＝3～5.1 kΩ。

7．CMOS 门电路的使用常识

(1) 电源电压

CMOS 门电路的电源电压的范围比 TTL 的范围宽。如 CC4000 系列的集成电路可在3～18 V 电压下正常工作;CMOS 电路使用的标准电压一般为＋5V,＋10V,＋15V 三种。在使用中应注意：电源极性不能接反。

(2) CMOS 门电路的多余端（不用端）的处理方法

CMOS 门电路的多余端不得悬空,应根据实际情况接上适当的电平值。一般仍可以根据门电路的逻辑功能将多余端接高电平"1"或接低电平"0"。

对于与门、与非门的多余端可以接到高电平或电源 U_{CC} 上;对于或门、或非门的多余端则应接地或接低电平。

(3) CMOS 门电路的安全问题

除了 CMOS 门电路的输入端不能悬空外,其在存放和运送过程中,应用铝锡纸包好并放入屏蔽盒中。在焊接时,应使用小功率（小于 20 W）的烙铁,并使烙铁有良好的接地保护。

二、译码显示电路

在数字计算系统及数字式测量仪表中,常需要把二进制数或二十进制数用人们习惯的十进制数显示出来。数码显示器就可以完成这一工作。

1. 显示器简介

数码显示器有多种形式。目前广泛使用的有七段数码显示器。七段显示器有半导体数码管、液晶显示器及荧光数码管等几种。虽然它们结构各异,但译码显示的电路原理是相同的,最常见的有 LED、LCD 数码管等。

(1) 七段发光二极管(LED)数码管

半导体数码管(或称 LED 数码管)的基本单元是 PN 结,目前较多采用磷砷化镓做成的

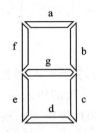

图 4-6 半导体数码管

PN 结,当外加正向电压时,就能发出清晰的光线。单个 PN 结可以封装成发光二极管,多个 PN 结可以按分段式封装成半导体数码管。半导体数码管是将发光二极管(LED)按图 4-6 排列为"日"字形制成的,具有较高的亮度,字形清晰,发光二极管的工作电压低(1.5~3 V),体积小,寿命长,响应速度较快等优点,是目前最常用的数字显示器。

一个 LED 数码管可用来显示一位 0~9 十进制数和一个小数点。半导体数码管将十进制数码分成七段,每段为一个发光二极管,其结构如图 4-6 所示。选择不同字段发光,可显示出不同的字形。例如,当 b,c 段亮时,显示出 1;当 a,b,c,d,e,f,g 七段全亮时,显示出 8。

小型数码管(0.5 寸和 0.36 寸)每段发光二极管的正向压降随显示光(通常为红、绿、黄、橙色)的颜色不同略有差别,通常为 2~2.5 V,每个发光二极管的点亮电流在 5~10 mA。LED 数码管要显示 BCD 码所表示的十进制数字就需要有一个专门的译码器,该译码器不但要完成译码功能,还要有相当的驱动能力。

半导体数码管中七个发光二极管有共阴极和共阳极两种接法。图 4-7(a)和(b)分别为共阴管和共阳管的电路,图 4-8 为两种不同出线形式的引出脚功能图。共阴极接法时,当公共端接低电平,某一段接高电平时发光;即哪个管子的阳极接收到高电平,哪个管子发光;共阳极接法时,公共端接高电平,某一段接低电平时发光,即哪个管子阴极接收到低电平,哪个管子发光。使用时每个发光二极管要串联限流电阻(约 100 Ω)。例如,对共阴极接法,当 a~g=1011011 时,显示数字"5"。

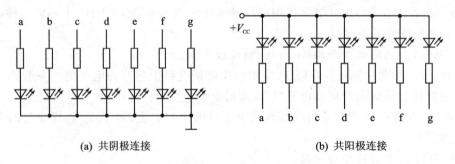

(a) 共阴极连接　　　　　　　　(b) 共阳极连接

图 4-7 半导体数码管两种接法

(2) LCD 显示器

电子手表、微型计算器等小型电子器件的数字显示部分,多采用液晶分段式数码显示器。它是利用液晶在电场作用下,光学性能发生变化的特性而制成的。它制作的原理是在涂有导

———— 项目 4　多功能数字钟的设计与制作

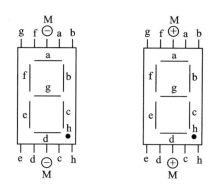

图 4-8　LED 数码管的符号及引脚功能

电层的基片上,按分段图形灌注入液晶并封装好,然后用译码器输出端与各脚相连,在控制电压的作用下,液晶段由于光学性能的变化而出现反差,从而显示相应数字。液晶显示器工艺简单,体积小,功耗极低,但清晰度转低。

(3) 荧光数码管

荧光数码管是一种分段式的电真空显示器件,其内部的阴极加热后发射出电子,经栅极电场加速,撞击到加有正电压的阳极上,于是涂在阳极上的荧光粉一氧化锌便发出荧光。荧光数码管的优点是工作电压低,电流小,清晰悦目,稳定可靠,视距较大,寿命较长;缺点是需要灯丝电源,强度差,安装不方便。

2. 七段显示器及其驱动电路

如果要将十进制数显示出来,七段显示器还要有驱动电路。译码显示电路的功能就是将输入的 BCD 码译成用于显示器的十进制数的信号,并驱动显示器显示数字。常见的有 TTL 显示译码器与 CMOS 显示译码器。

(1) 显示译码器

七段显示译码器按其驱动电路可分为共阴、共阳两种,相应的显示器,也是这样分的。它们配套使用时必须两者相对应。

译码显示电路

① 共阴显示译码器:特点是以译码器输出 1 电平驱动点亮共阴显示器(七段 GaAsP 字型管,以下同),输出 0 电平时,字段熄灭,如 74LS48 等是发射极开路(OE)输出(耐压 0.5 V/30 V),不需外接电阻,使用时直接同显示器连接。

② 共阳显示译码器:特点是以译码器输出 0 电平点亮共阳显示器,如 74LS49 等是 OC 输出,使用时需在两者之间外接 400 Ω 左右的限流电阻。

七段显示译码器的功能是把"8421"二-十进制代码译成对应于数码管的七字段信号,驱动数码管,显示出相应的十进制数码。如果采用共阴极数码管,则七段显示译码器的状态表见表 4-6;如采用共阳极数码管,则其输出状态应和表 4-6 所列的相反,即 1 和 0 对换。

表 4-6　七段译码器的状态表

输入				输出							显示数码
D	C	B	A	a	b	c	d	e	f	g	
0	0	0	0	1	1	1	1	1	1	0	0
0	0	0	1	0	1	1	0	0	0	0	1

续表 4-6

输入				输出							显示数码
D	C	B	A	a	b	c	d	e	f	g	
0	0	1	0	1	1	0	1	1	0	1	2
0	0	1	1	1	1	1	1	0	0	1	3
0	1	0	0	0	1	1	0	0	1	1	4
0	1	0	1	1	0	1	1	0	1	1	5
0	1	1	0	1	0	1	1	1	1	1	6
0	1	1	1	1	1	1	0	0	0	0	7
1	0	0	0	1	1	1	1	1	1	1	8
1	0	0	1	1	1	1	1	0	1	1	9

（2）典型译码器功能介绍

译码器种类和型号很多，常用的译码器型号有 74LS47（共阳），74LS48（共阴），CC4511（共阴）等，现以 CC4511 和 74LS48 为例分别介绍。

① CC4511

CC4511 为 BCD 码锁存七段译码驱动器，驱动共阴极 LED 数码管。图 4-9 为 CC4511 的引脚排列，其中：

A，B，C，D——BCD 码输入端；

a，b，c，d，e，f，g——译码输出端，输出"1"有效，用来驱动共阴极 LED 数码管；

$\overline{LT}$——测试输入端，$\overline{LT}$="0"时，译码输出全为"1"；

$\overline{BI}$——消隐输入端，$\overline{BI}$="0"时，译码输出全为"0"；

LE——锁定端，LE="1"时译码器处于锁定（保持）状态，译码输出保持在 LE=0 时的数值，LE=0 为正常译码。

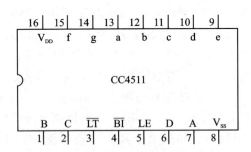

图 4-9 CC4511 芯片的引脚排列

CC4511 内接有上拉电阻，故只需在输出端与数码管笔段之间串入限流电阻即可工作。译码器还有拒伪码功能，当输入码超过 1001 时，输出全为"0"，数码管熄灭。表 4-7 为 CC4511 功能表。

表 4-7　CC4511 功能表

	输入						输出							显示字形
LE	$\overline{BI}$	$\overline{LT}$	D	C	B	A	a	b	c	d	e	f	g	
×	×	0	×	×	×	×	1	1	1	1	1	1	1	8
×	0	1	×	×	×	×	0	0	0	0	0	0	0	消隐
0	1	1	0	0	0	0	1	1	1	1	1	1	0	0
0	1	1	0	0	0	1	0	1	1	0	0	0	0	1
0	1	1	0	0	1	0	1	1	0	1	1	0	1	2
0	1	1	0	0	1	1	1	1	1	1	0	0	1	3
0	1	1	0	1	0	0	0	1	1	0	0	1	1	4
0	1	1	0	1	0	1	1	0	1	1	0	1	1	5
0	1	1	0	1	1	0	1	1	1	1	0	0	0	6
0	1	1	0	1	1	1	1	1	1	0	0	0	0	7
0	1	1	1	0	0	0	1	1	1	1	1	1	1	8
0	1	1	1	0	0	1	1	1	1	0	0	1	1	9
0	1	1	1	0	1	0	0	0	0	0	0	0	0	消隐
0	1	1	1	0	1	1	0	0	0	0	0	0	0	消隐
0	1	1	1	1	0	0	0	0	0	0	0	0	0	消隐
0	1	1	1	1	0	1	0	0	0	0	0	0	0	消隐
0	1	1	1	1	1	0	0	0	0	0	0	0	0	消隐
0	1	1	1	1	1	1	0	0	0	0	0	0	0	消隐
1	1	1	×	×	×	×	锁存							锁存

② 74LS48

74LS48 是七段显示译码器,是控制七段显示器显示的集成译码电路之一,其引线排列如图 4-10 所示。其中,A,B,C,D 为 BCD 码输入端,A 为最高位,$Y_a \sim Y_g$ 为输出端,分别驱动七段显示器的 a~g 输入端,高电平触发显示,可驱动共阴极发光二极管组成的七段显示器显示。其他端为使能端。74LS48 的逻辑功能的分析不再详述,学生可自己查找有关资料获得。

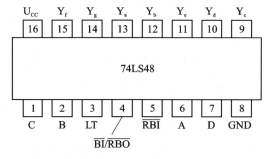

图 4-10　74LS48 引线排列图

注意:只有输入的二进制码是8421BCD码时,才能显示0~9的十进制数字。当输入的四位码不在8421BCD码内,显示的字型就不是十进制数。

3. 译码显示电路举例

(1) LED译码显示电路

图4-11是74LS47和共阳极半导体数码管的联接示意图。R是限流电阻,用于调节数码管的工作电流和显示亮度。通常,限流电阻要接到数码管的每一个输入端,以保证显示字形亮度一致。

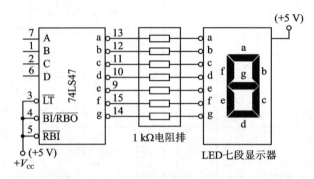

图4-11 74LS47和共阳极半导体数码管的联接示意图

注意:选用器件时应注意显示译码器和显示器的相互配合。一是驱动功率要足够大,二是逻辑电平要匹配。例如,采用共阴型LED数码管应选"译后"为高电平的译码器;高电平驱动LED数码管时不能用普通TTL译码器,应选用功率门或者OC门。

(2) LCD译码显示电路

LCD液晶显示器是当今功耗最低的一种显示器,因而特别适用于袖珍显示器、低功耗便携式计算机、仪器仪表等。图4-12所示为一位七段LCD显示器驱动电路的逻辑图。

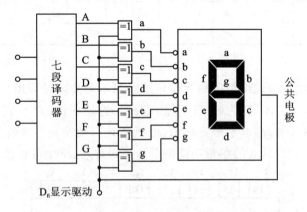

图4-12 一位七段LCD显示器驱动电路的逻辑图

图中信号A~G是七段译码器输出的每段信号电平。显示驱动信号D_{fi}一般为50~100 Hz(数字钟表往往是32 Hz或64 Hz)的脉冲信号。该信号同时加到液晶显示器的公共电极,在译码器内部异或门的作用下,送到液晶显示器信号电极上的驱动信号a~g是信号D_{fi}分别与段信号A~G的异或信号。要显示的字段上所加的峰峰值电压为电源电压的两倍。由图4-12可见,送到液晶显示段上的显示信号为脉冲信号,因此液晶显示段的发亮是一个连续脉冲式发亮过程。由于此脉冲频率较大,看起来是一直在发亮,这是 LCD 的特点。

(3) 计数译码显示电路应用举例

图 4-13 所示为 74LS161 与 74LS48 组成的译码显示电路的电路逻辑原理图,其工作原理简单分析如下:

电路中由两个与非门构成单脉冲发生器,计数器 74LS161 对其产生的脉冲进行计数,计数结果送入字符译码器并驱动数码管,使之显示单脉冲发生器产生的脉冲个数。该电路图中所用的七段显示器型号为 WT5101BSD,是共阴极数码管,由 74LS48 驱动。

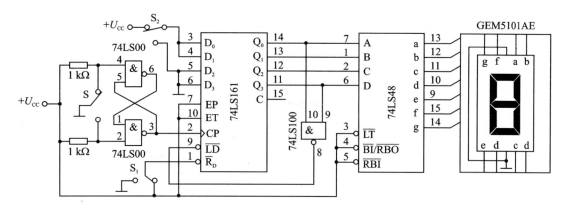

图 4-13 74LS161 与 74LS48 组成的译码显示电路逻辑图

4.1.3　任务实施

本任务为:集成电路芯片的逻辑功能测试。

1. 集成电路芯片引脚排列规则

集成电路中常见门电路的类型主要有两种:双极型电路和单极型电路。其中应用较多的是双极型的 TTL 门电路和单极型的 CMOS 门电路。数字电路实验中经常用到的就是双极型的 TTL 门电路,其集成芯片都是双列直插式的,引脚排列规则如图 4-14(c)所示。

识别方法是:正对集成电路型号(如 74LS20)或看标记(左边的缺口或小圆点标记),从左下角开始按逆时针方向以 1,2,3,…依次排列到最后一脚(在左上角)。在标准 TTL 集成电路中,电源端 V_{CC} 一般排在左上端,接地端 GND 一般排在右下端。如 74LS20 为 14 脚芯片,14 脚为 V_{CC},7 脚为 GND。若集成芯片引脚上的功能标号为 NC,则表示该引脚为空脚,与内部电路不连接。

2. 74LS20 的逻辑功能测试

本测试采用四输入双与非门 74LS20,即在一块集成块内含有两个互相独立的与非门,每个与非门有四个输入端。其逻辑框图、符号及引脚排列如图 4-14(a)(b)(c)所示。

验证 TTL 集成与非门 74LS20 的逻辑功能的方法如下:

在合适的位置选取一个 14P 插座,按定位标记插好 74LS20 集成块。按图 4-15 接线,门的四个输入端接逻辑开关输出插口,以提供"0"与"1"电平信号,开关向上输出逻辑"1",向下为逻辑"0"。门的输出端接由 LED 发光二极管组成的逻辑电平显示器(又称 0—1 指示器)的显示插口,LED 亮为逻辑"1",不亮为逻辑"0"。按表 4-8 的真值表逐个测试集成块中两个与非门的逻辑功能。74LS20 有 4 个输入端,16 个最小项。在实际测试时,只要通过对输入 1111、

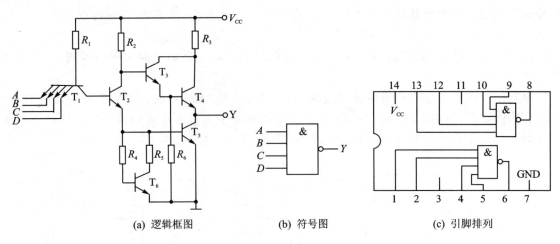

(a) 逻辑框图　　(b) 符号图　　(c) 引脚排列

图 4-14　74LS20 逻辑框图、逻辑符号及引脚排列

0111、1011、1101、1110 五项进行检测就可判断其逻辑功能是否正常。

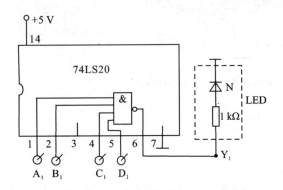

图 4-15　与非门逻辑功能测试电路

表 4-8　74LS20 的逻辑功能测试表

输入				输出	
A_n	B_n	C_n	D_n	Y_1	Y_2
1	1	1	1		
0	1	1	1		
1	0	1	1		
1	1	0	1		
1	1	1	0		

另外,测试过程中应使仪表良好接地。

3. 74LS00 及 74LS08 的逻辑功能测试

验证过程请参照上述测试过程进行,这里只给出实际的测试电路图。其中,图 4-16 为 74LS00 的逻辑功能测试的实际电路图,图 4-17 为 74LS08 的逻辑功能实际测试电路图。

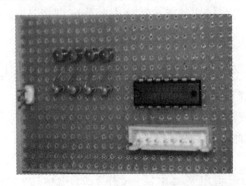

图 4-16　74LS00 的逻辑功能测试实际电路

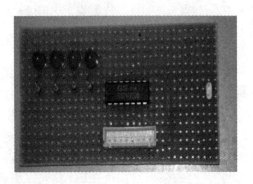

图 4-17　74LS08 的逻辑功能测试实际电路

4.1.4 知识拓展

本小节主要对数制和码制作介绍。

1. 数字电路概述和特点

按照变化规律的特点不同,可以将自然界中的物理量分为模拟量和数字量。

模拟量的取值在数值(幅度)上是连续的(不可数,无穷多),如电压、电流、温度等。表示模拟量的信号叫做模拟信号,工作在模拟信号下的电路叫做模拟电路。

数字量的取值在数值(幅度)上是离散的,如产品的数量和代码等。表示数字量的信号叫做数字信号,工作在数字信号下的电路叫做数字电路。

相比于模拟电路,数字电路具有以下特点:

① 集成度高。数字电路的基本单元电路结构简单,电路参数可以有较大的离散性,便于将数目庞大的基本单元电路集成在一块硅片上,集成度高。

② 工作可靠性好、精度高、抗干扰能力强。数字电路采用的是二进制代码,工作时只需判断电平的高低或信号的有无,电路实现简单,可靠性好,精度高;同时,数字信号比较强,抗干扰技术比较容易实现。

③ 存储方便、保存期长、保密性好。数字存储器件和设备种类较多,存储容量大,性能稳定;同时,数字信号的加密处理方便可靠,不易丢失和被窃。

④ 数字电路产品系列多,品种齐全,通用性和兼容性好,使用方便。数字电路在电子计算机、电机、通信、自动控制、雷达、家用电器及汽车电子等领域得到了广泛应用。

2. 数制

数制是计数的方法,是人们对数量计数的一种统计规律。日常生活中,最常见的数制是十进制,而在数字系统中进行数字的运算和处理时,广泛采用的则是二进制的数字信号,有 0 和 1 两个基本数字。但二进制数有时表示起来不太方便,位数太多,所以也经常采用八进制和十六进制。

数制与码制

(1) 几种常见数制的表示方法

1) 十进制

十进制是人们最常用的计数体制,采用 0,1,2,3,4,5,6,7,8,9 十个基本数码。任何一个十进制数都可以用上述十个数码按一定规律排列起来表示。其计数规律是"逢十进一",即 9+1=10,十进制数是以 10 为基数的计数体制。例如,1961 可写为

$$1961 = 1 \times 10^3 + 9 \times 10^2 + 6 \times 10^1 + 1 \times 10^0$$

可见,十进制数的特点是:

① 基数是 10。基数即计数制中所用到的数码的个数。十进制数中的每一位必定是 0~9 十个数码中的一个。

② 计数规律是"逢十进一"。0~9 十个数可以用一位基本数码表示,10 以上的数则要用两位以上的数码表示。例如,10 这个数,右边的"0"为个位数,左边的"1"为十位数,也就是个位数计满 10 就向高位进 1。

③ 同一数码处于不同的位置时,代表的数值是不同的,即不同的数位有不同的位权。如 1961 中,头尾两个数码都是"1",但左边第一位的"1"表示数值 1000,而右边第一位的"1"则表示数值 1。1961 中每位的位权分别为 $10^3, 10^2, 10^1, 10^0$,即基数的幂。这样,各位数码所表示

的数值等于该位数码(该位的系数)乘以该位的位权,每一位的系数和位权的乘积称为该位的加权系数。

上述表示方法也可扩展到小数,但小数点右边的各位数码要乘以基数的负的幂次。如,数 25.16 表示为 $25.16 = 2 \times 10^1 + 5 \times 10^0 + 1 \times 10^{-1} + 6 \times 10^{-2}$。对于一个十进制数来说,小数点左边的数码,位权依次为 $10^0, 10^1, 10^2, \cdots$;小数点右边的数码,位权分别为 $10^{-1}, 10^{-2}, 10^{-3}, \cdots$

广义来讲,任意一个十进制数 N 所表示的数值,等于其各位加权系数之和,可表示为

$$[N]_{10} = \sum_{i=-m}^{n-1} k_i \times 10^i \qquad (4-1)$$

式中,n 为整数部分的数位;m 为小数部分的数位;k 为不同数位的数值,$0 \leqslant k_i \leqslant 9$。

任意一个 N 位十进制正整数,可表示为

$$[N]_{10} = k_{n-1} \times 10^{n-1} + k_{n-2} \times 10^{n-2} + \cdots + k_1 \times 10^1 + k_0 \times 10^0$$
$$= \sum_{i=0}^{n-1} k_i \times 10^i \qquad (4-2)$$

式中,下标 10 表示 N 是十进制数,也可以用字母 D 来代替数字"10"。例如,$[169]_{10} = [169]_D = 1 \times 10^2 + 6 \times 10^1 + 9 \times 10^0 = 169$。

2)二进制

一个电路用十种不同状态表示十个不同的数码是比较复杂的。由于数字电路的工作信号是脉冲信号,从信号的波形上看,它只有两种相反的状态:低电平,高电平;没有第三种状态。这种相反的状态可以用两个数字"0"和"1"表示。数字电路中的数码不是"0"就是"1",没有第三个数字。因此,在数字电路中用"0"和"1"表示信号的状态和电路的状态。

因为二进制只有两个数码 0 和 1,因此它的每一位数都可以用任何具有两个不同稳定状态的元器件来表示,如灯泡的亮与灭、晶体管的导通与截止、开关的接通与断开、继电器触点的闭合和断开等。只要规定其中一种状态为 1,则另一种状态就为 0,这样就可以用来表示二进制数了。因此数字电路和计算机中经常采用二进制。可见二进制的数字装置简单可靠,所用元器件少,而且二进制的基本运算规则简单,运算操作简便,这些特点使得数字电路中广泛采用二进制。

二进制数的特点如下:

① 基数是 2,采用两个数码 0 和 1。

② 计数规律是"逢二进一",即 $1+1=10$(读做"壹零")。

③ 二进制数各位的权为 2 的幂。例如 4 位二进制数 1101,可以表示为

$$[1101]_2 = 1 \times 2^3 + 1 \times 2^2 + 0 \times 2^1 + 1 \times 2^0 = [13]_{10}$$

可以看到,不同数位的数码所代表的数值也不相同,在 4 位二进制数中,从高到低的各相应位的权分别为 $2^3, 2^2, 2^1, 2^0$。二进制数表示的数值也等于其各位加权系数之和。

和十进制数的表示方法相似,任何一个 N 位二进制正整数,可表示为

$$[N]_2 = k_{n-1} \times 2^{n-1} + k_{n-2} \times 2^{n-2} + \cdots + k_1 \times 2^1 + k_0 \times 2^0$$
$$= \sum_{i=0}^{n-1} k_i \times 2^i \qquad (4-3)$$

式中,下标 2 表示 N 是二进制数,也可以用字母 B 来代替数字"2"。例如:

项目 4 多功能数字钟的设计与制作

$$[1011]_2 = [1011]_B = 1 \times 2^3 + 0 \times 2^2 + 1 \times 2^1 + 1 \times 2^0 = [11]_{10}$$

如果是小数,同样可以表示为以基数 2 为底的幂的求和式,但小数部分应是负的次幂。例如:

$$[1001.01]_2 = [1001.01]_B = 1 \times 2^3 + 0 \times 2^2 + 0 \times 2^1 + 1 \times 2^0 + 0 \times 2^{-1} + 1 \times 2^{-2} = [9.25]_{10}$$

虽然二进制数具有便于机器识别和运算的特点,但使用时位数经常是很多的,不便于人们书写和记忆,因此在数字系统的资料中常采用八进制或十六进制来表示二进制数。

3) 八进制

八进制数的基数是 8,采用 8 个数码:0,1,2,3,4,5,6,7。八进制数的计数规律是"逢八进一",各位的位权是 8 的幂。N 位八进制正整数可表示为

$$[N]_8 = k_{n-1} \times 8^{n-1} + k_{n-2} \times 8^{n-2} + \cdots + k_1 \times 8^1 + k_0 \times 8^0$$
$$= \sum_{i=0}^{n-1} k_i \times 8^i \tag{4-4}$$

式中,下标 8 表示 N 是八进制数,也可以用字母 O 来代替数字"8",例如:

$$[168]_8 = [168]_O = 1 \times 8^2 + 6 \times 8^1 + 8 \times 8^0 = [120]_{10}$$

4) 十六进制

十六进制数的基数是 16,采用 16 个数码:0,1,2,3,4,5,6,7,8,9,A,B,C,D,E,F,其中 10~15 分别用 A~F 表示。十六进制数的计数规律是"逢十六进一",各位的位权是 16 的幂。N 位十六进制正整数可表示为

$$[N]_{16} = k_{n-1} \times 16^{n-1} + k_{n-2} \times 16^{n-2} + \cdots + k_1 \times 16^1 + k_0 \times 16^0$$
$$= \sum_{i=0}^{n-1} k_i \times 16^i \tag{4-5}$$

式中,下标 16 也可以用字母 H 来代替,例如:

$$[9C]_{16} = [9C]_H = 9 \times 16^1 + 12 \times 16^0 = [156]_{10}$$

(2) 不同进制数之间的相互转换

1) 二进制、八进制、十六进制数转换为十进制数

只要将二进制、八进制、十六进制数按式(1-3)、式(1-4)、式(1-5)展开,求出其各位加权系数之和,则得相应的十进制数。

2) 十进制数转换为二进制、八进制、十六进制数

将十进制正整数转换为二进制、八进制、十六进制数可以采用除 R 倒取余法,R 代表所要转换成的数制的基数,对于二进制数为 2,八进制数为 8,十六进制数为 16,转换步骤如下:

① 把给定的十进制数$[N]_{10}$ 除以 R,取出余数,即为最低位数的数码 k_0。

② 将前一步得到的商再除以 R,再取出余数,即得次低位数的数码 k_1。

以下各步类推,直到商为 0 为止,最后得到的余数即为最高位数的数码 k_{n-1}。

例 4-1 将$[76]_{10}$ 转换成八进制数。

解 8⌊76
   8⌊9   …… 余 4 即 $k_0 = 4$
    8⌊1   …… 余 1 即 $k_1 = 1$
     0 …… 余 1 即 $k_2 = 1$

则 $[76]_{10} = [114]_8$

3) 二进制数与八进制数之间的转换

因为二进制数与八进制数之间正好满足 2^3 关系,所以可将 3 位二进制数看做 1 位八进制数,或把 1 位八进制数看做 3 位二进制数。

① 二进制数转换为八进制数。将二进制数从小数点开始,分别向两侧每 3 位分为一组,若整数最高位不足一组,在左边加 0 补足;若小数最低位不足一组,在右边加 0 补足,然后将每组二进制数都相应转换为 1 位八进制数。

例 4-2 将二进制数【10111011.11】$_2$ 转换为八进制数。

解　二进制数　010　111　011 . 110
　　　　八进制数　 2 　 7 　 3 . 6

则　　【10111011.11】$_2$ =【273.6】$_8$

② 八进制数转换为二进制数。将每位八进制数用 3 位二进制数表示即可。

例 4-3　将八进制数【675.4】$_8$ 转换为二进制数。

解　八进制数　 6 　 7 　 5 . 4
　　　　二进制数　110　111　101 . 100

则　　【675.4】$_8$ =【110111101.1】$_2$

4) 二进制数与十六进制数之间的转换

因为二进制数与十六进制数之间正好满足 2^4 关系,所以可将 4 位二进制数看做 1 位十六进制数,或把 1 位十六进制数看做 4 位二进制数。

① 二进制数转换为十六进制数。将二进制数从小数点开始,分别向两侧每 4 位分为一组,若整数最高位不足一组,在左边加 0 补足;若小数最低位不足一组,在右边加 0 补足,然后将每组二进制数都相应转换为 1 位十六进制数。

例 4-4　将二进制数【1011011.110】$_2$ 转换为十六进制数。

解　二进制数　　0101　1011 . 1100
　　　　十六进制数　　5　　 B . C

则　　【1011011.110】$_2$ =【5B.C】$_{16}$

② 将十六进制数转换为二进制数。将十六进制数的每一位转换为相应的 4 位二进制数即可。

例 4-5　将【21A】$_{16}$ 转换为二进制数。

解　十六进制数　　 2 　　 1 　　 A
　　　　二进制数　　0010　0001　1010

则　　【21A】$_{16}$ =【1000011010】$_2$ (最高位为 0 可舍去)

十六进制数和二进制数的相互转换在计算机编程中使用较为广泛。

3. 码制

数字系统中常用 0 和 1 组成的二进制数码表示数值的大小,这类信息为数值信息,数值的表示如前所述。同时也采用一定位数的二进制数码来表示各种文字、符号信息,这个特定的二进制码称为代码。建立这种代码与文字、符号或特定对象之间的一一对应的关系称为编码。编码的规则称为码制,是将若干个二进制码 0 和 1 按一定的规则排列起来表示某种特定含义。

数字电路中用得最多的是二-十进制码。所谓二-十进制码,指的是用 4 位二进制数来表示1位十进制数的编码方式,简称BCD码。由于4位二进制数码有16种不同的组合状态,若从中取出10种组合用以表示十进制数中0～9的十个数码时,其余6种组合则不用(称为无效组合)。因此,按选取方式的不同,可以得到的只需选用其中十种组合BCD码的编码方式有很多种。

表4-9中列出了几种常见的BCD码。在二-十进制编码中,一般分有权码和无权码。例如,8421BCD码是一种最基本的、应用十分普遍的BCD码,是一种有权码。8421就是指在用4位二进制数码表示1位十进制数时,每一位二进制数的权从高位到低位分别是8,4,2,1。另外,5421BCD码、2421BCD码也属于有权码,均为4位代码,它们的位权自高到低分别是5,4,2,1及2,4,2,1。

表4-9 几种常见的BCD码

十进制数	有权码			无权码	
	8421码	5421码	2421码	余3码	格雷码
0	0000	0000	0000	0011	0000
1	0001	0001	0001	0100	0001
2	0010	0010	0010	0101	0011
3	0011	0011	0011	0110	0010
4	0100	0100	0100	0111	0110
5	0101	1000	1011	1000	0111
6	0110	1001	1100	1001	0101
7	0111	1010	1101	1010	0100
8	1000	1011	1110	1011	1100
9	1001	1100	1111	1100	1101

余3码属于无权码。十进制数用余3码表示,要比8421BCD码在二进制数值上多3,故称余三码,它可由8421BCD码加0011得到。由表4-9可见,余3码中的0和9、1和8、2和7、3和6、4和5互为反码。所以,余3码作十进制的算术运算是比较方便的。

格雷码(也称格雷循环码)属于无权码。格雷码并不唯一,表4-9所示的是一种典型的格雷码。由表4-9可见,其特点是:任何两个相邻的十进制的格雷码仅有一位不同,例如8和9所对应的代码分别为1100和1101,只有最低位不同。格雷码虽不直观,但可靠性高,在输入、输出等场合应用广泛。

思考与练习

一、填空题

1. 在数字电子技术中,被传递、加工和处理的信号是_____信号,这类信号的特点是在_____上和_____上都是连续变化的。

2. 根据半导体导电类型的不同,数字电路可分为_____电路和_____电路两大类。

3. 在数字电子技术中,常用的数制除了十进制外,还有_____进制、_____进制和_____进制。

4. 用以实现各种基本_____关系的电子电路称为门电路。

5. $(3CA)_{16} = ($_____$)_{10}$，$(11011)_2 = ($_____$)_{10}$

6. $(166)_8 = ($_____$)_{16} = ($_____$)_{10} = ($_____$)_2$

7. $(10010110)_{8421 BCD码} = ($_____$)_{10}$

8. $(101)_{10} = ($_____$)_2$，$(34)_8 = ($_____$)_{10}$

9. 二进制数 10111111 对应的八进制数为_____，十进制数为_____；十进制数 1088 对应的二进制数为_____，十六进制数为_____。

10. 两输入与非门的输入为 0,1 时，输出为_____；两输入或非门的输入为 0,1 时，输出为_____。

二、判断题

1. 译码器 T4138 的八个输出分别对应由输入构成的八个最大项。（   ）
2. 七段显示译码器 74LS47 能驱动七段显示器显示七个不同字符。（   ）
3. 由逻辑门构成的电路是组合逻辑电路。（   ）
4. TTL 逻辑门的输出端可以直接相连，实现"线与"。（   ）
5. 门电路带同类门数量的多少称为门的扇出数。（   ）
6. 三态门有三种输出状态（高电平、低电平和高阻状态），分别代表三种不同的逻辑值。（   ）
7. 10 位二进制数能表示的最大十进制数为 1024。（   ）
8. 二进制数 0.0011 的反码为 0.0011。（   ）
9. 十进制数 86 的余 3 码为 10001001。（   ）
10. 二进制数 111110 的 8421 码为 00111110。（   ）

三、选择题

1. 十六进制数 $(3E)_H$ 对应的十进制数是（   ）D。
   A. 62   B. 60   C. 52   D. 50

2. 逻辑函数 $F(A,B,C) = \sum m(0,1,4,6)$ 的最简"与非式"为（   ）。
   A. $F = \overline{\overline{AB} \cdot \overline{AC}}$
   B. $F = \overline{\overline{AB} \cdot \overline{\overline{AC}}}$
   C. $F = \overline{\overline{\overline{AB}} \cdot \overline{AC}}$
   D. $F = \overline{\overline{\overline{AB}} \cdot \overline{\overline{AC}}}$

3. 函数 $F = AB + BC$，使 $F = 1$ 的输入 ABC 组合为（   ）。
   A. $ABC = 000$ B. $ABC = 010$ C. $ABC = 101$ D. $ABC = 110$

4. 十进制数 100 对应的二进制数为（   ）。
   A. 1011110   B. 1100010   C. 1100100   D. 11000100

5. 和二进制数 $(1100110111.001)_2$ 等值的十六进制数是（   ）。
   A. $(337.2)_{16}$ B. $(637.1)_{16}$ C. $(1467.1)_{16}$ D. $(C37.4)_{16}$

6. 和二进制码 1100 对应的格雷码是（   ）。
   A. 0011   B. 1100   C. 1010   D. 0101

7. 下列信号中，（   ）是数字信号。
   A. 交流电压   B. 开关状态   C. 交通灯状态   D. 无线电载波

8. 三位二进制数码可以表示的状态最多有（   ）种。

| A. 4 | B. 8 | C. 16 | D. 32 |

9. 表示任意两位十进制数,需要( )位二进制数。
| A. 6 | B. 7 | C. 8 | D. 9 |

10. ( )门的输出端可直接相连,实现"线与"。
    A. 一般 TTL 与非门   B. 集电极开路 TTL 与非门
    C. 一般 CMOS 与非门   D. 一般 TTL 或非门

四、简述题

1. 简述模拟电子技术与数字电子技术的区别。
2. 简述组合逻辑电路的特点。
3. TTL 与非门与 CMOS 门有什么不同?

五、计算分析题

1. 将下列十进制数转换为二进制数。
(1) 41   (2) 0.416   (3) 174

2. 将下列二进制数转换为十进制数。
(1) 10111   (2) 110011   (3) 1101101011.1101

3. 列出逻辑函数 $Y=\overline{AB}+C$ 的真值表。

4. 根据逻辑代数式画出逻辑图。
① $Y=(A+B)C$;
② $Y=AB+BC+CA$;
③ $Y=C+BC$。

任务 4.2 数字钟校时电路的设计与制作

4.2.1 任务目标

① 熟练掌握触发器的种类及其逻辑功能。
② 熟悉数字钟校时电路的工作过程。
③ 熟悉布尔代数的基本公式及逻辑函数的化简方法。
④ 会使用和维护常规的电子产品生产、测试仪器和工具。

4.2.2 知识探究

本知识探究为:时序逻辑电路。

数字电路按结构和工作特点可分为组合逻辑电路和时序逻辑电路两大类,简称组合电路和时序电路。组合逻辑电路是由门电路组成的,其输出状态仅取决于该时刻的输入状态。时序逻辑电路是由触发器和相应的门电路组成的,其输出状态不仅取决于该时刻的输入状态,还与电路原来的状态有关。

前面学习的组合逻辑电路的基本组成单元是门电路,而触发器是数字系统中除了逻辑门电路以外的另一类基本单元电路,也是时序逻辑电路中最基本、最重要的组成单元。

1. 触发器概述

在数字控制系统和计算系统中,不但需要对二值信号进行算术运算或逻辑运算,而且还经常要将这些信号和运算结果保存起来,因此需要具有记忆(存储)功能的逻辑部件,而触发器就是能够存储一位二进制代码的最常用的存储电路。触发器也称双稳态触发器,有两种稳定输出工作状态,即分别输出 1 和输出 0 的状态。在无输入信号作用时,这种状态是稳定的;

触发器的应用

而当输入信号到来并满足一定逻辑关系时,原来输出端的稳定状态将迅速变化,能从一种稳定状态转换到另一种稳定状态,即由 0 变为 1 或由 1 变为 0。这种现象称为触发,外加到输入端的信号叫触发信号。

触发器可以有若干个输入端,但一般只有两个互补输出端 Q 与 $\bar{Q}$,并规定触发器 Q 端状态为触发器的状态,下面进一步明确有关概念。

(1) 1 态与 0 态

$Q=1(\bar{Q}=0)$ 的状态称为 1 态,反之,$Q=0(\bar{Q}=1)$ 的状态称为 0 态。触发器上电后,在无外加触发信号的情况下,可以保持在这两种状态的任何一种,并且都是稳定的;当外加触发信号时,它可以从一种稳定状态转换为另一种稳定状态,即触发器的输出状态可以保持不变(记忆),也可以相互转换(翻转)。

一般情况下,两个输出端的状态是反相的,但一旦出现了 $Q=1$、$\bar{Q}=1$ 或者 $Q=0$、$\bar{Q}=0$ 的状态就称为不定状态,这种状态将破坏触发器的正常逻辑关系,使用时应尽量避免出现。

(2) 原态与次态

触发信号作用之前触发器的状态称为原态(也称现态或初态),用 Q^n、$\bar{Q}^n$ 表示;触发信号作用之后的状态称为次态(新状态),用 Q^{n+1}、$\bar{Q}^{n+1}$ 表示。触发信号作用后,若原态与次态相同,称为保持(不变,或维持原态);若原态与次态相反,则称为翻转。

(3) 触发器的类型

触发器的种类很多,一般有以下三种分类方法:

① 按逻辑功能的不同分,有 RS、D、JK、T、T′ 五种类型;

② 按是否受统一的时间节拍(时钟脉冲)控制分,有基本触发器和时钟触发器;

③ 按电路结构分,有主从触发器、维持阻塞触发器、边沿触发器等。

需要注意的是,同一功能的触发器可以有不同的电路结构,如 RS 触发器,有基本 RS、同步 RS、主从 RS 等,而每种功能按使用的开关元件不同又有 TTL 与 CMOS 之分。对使用者来说,最主要的是熟悉各种触发器的逻辑功能以及不同结构触发器的动作特点,并不需要特别清楚其内部电路结构及工作原理。

下面按照逻辑功能的不同介绍几种最常用的触发器。

2. 常用双稳态触发器

(1) 基本 RS 触发器

1) 电路结构与逻辑符号

基本 RS 触发器是所有触发器中结构最简单的,也是构成其他功能触发器的最基本单元。图 4-18(a)为由两个与非门交叉耦合构成的基本 RS 触发器。它是无时钟控制低电平直接触发的触发器,逻辑符号如图 4-18(b)所示。可以看出,最基本的 RS 触发器由两个与非门的输入端与输出端交叉连接而成。基本 RS 触发器有 $\overline{S}_D$、$\overline{R}_D$ 两个触发信号输入端,$\overline{S}_D$ 称为置 1(置位)输入端,$\overline{R}_D$ 称为置 0(复位)输入端,两个输出端为 Q、$\overline{Q}$,Q 端状态为触发器的状态。在逻辑符号中,$\overline{S}_D$ 与 $\overline{R}_D$ 端加一个小圆圈表示 $\overline{S}_D$ 与 $\overline{R}_D$ 都是低电平有效触发;同理 $\overline{S}_D$、$\overline{R}_D$ 上的横线也表示相同的含义,可以把它们当成一个整体的符号看待。另外,$\overline{Q}$ 端的小圆圈表示 $\overline{Q}$ 与 Q 的状态相反。

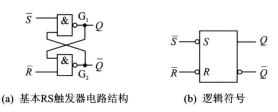

(a) 基本RS触发器电路结构　　　　(b) 逻辑符号

图 4-18　基本 RS 触发器电路结构及逻辑符号

2) 逻辑功能分析

触发器的两个输入端有四种不同的状态组合,根据与非门的逻辑关系,基本 RS 触发器的逻辑表达式为

$$Q^{n+1}=\overline{\overline{S}_D \overline{Q}^n} \quad \overline{Q}^{n+1}=\overline{\overline{R}_D Q^n}$$

因此,输出与输入之间有以下四种情况:

① 当 $\overline{S}_D=1$,$\overline{R}_D=0$ 时,由上式可知,不论触发器原态是 0 态还是 1 态,电路的次态输出一定为 0 态,$\overline{R}_D$ 为置 0 端由此而得名;

② 当 $\overline{S}_D=0$,$\overline{R}_D=1$ 时,由上式可知,不论触发器原态是 0 态还是 1 态,电路的次态输出一定为 1 态,$\overline{S}_D$ 为置 1 端由此而得名;

③ 当 $\overline{S}_D=1$,$\overline{R}_D=1$ 时,由上式可知,不论触发器原态是 0 态还是 1 态,电路的次态输出一定与原态相同,即触发器的状态将保持不变,这体现了触发器的记忆功能;

④ 当 $\overline{S}_D=0$,$\overline{R}_D=0$ 时,由上式可知,两个与非门输出 $Q^{n+1}=\overline{Q}^{n+1}$ 且均为 1,出现了不定状态,这意味着当输入条件同时消失后,触发器状态不定(由各种偶然因素决定最终状态),这在触发器工作时是不允许出现的,也就是要禁止 $\overline{S}_D$、$\overline{R}_D$ 同时为 0 的输入状态出现。

3) 逻辑功能描述

触发器的逻辑功能常常采用状态(转换真值)表、特征方程、状态(转换)图及时序图、卡诺图 5 种方法来描述。下面只对状态(转换真值)表这种方法作一些具体的说明,其他几种描述方法由学生自学。

状态表也称真值表,将输入与原态的可能取值列在表格左边,将次态输出值列在表格的右边,对应所有输入与原态的取值组合,写出相应次态输出值,如表 4-10 所列。

(2) JK 触发器

在输入信号为双端的情况下,JK 触发器是功能完善、使用灵活和通用性较强的一种触发器,常被用作缓冲存储器、移位寄存器和计数器。在此介绍一种比较常用的双 JK 集成触发器 74LS112,它是下降边沿触发的边沿触发器,其逻辑符号及引脚功能如图 4-19 所示,其功能表略。

表 4-10 基本 RS 触发器状态表

$\overline{S}_D$	$\overline{R}_D$	Q^n	Q^{n+1}	功能说明
0	0	0	不定	禁止
0	0	1	不定	
0	1	0	1	置1
0	1	1	1	
1	0	0	0	置0
1	0	1	0	
1	1	0	0	保持
1	1	1	1	

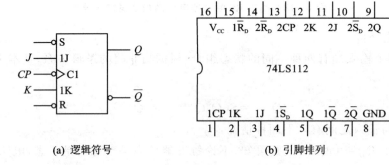

(a) 逻辑符号　　　　　　　　(b) 引脚排列

图 4-19　74LS112 双 JK 触发器引脚排列及逻辑符号

JK 触发器的状态方程为

$$Q^{n+1} = J\overline{Q}^n + \overline{K}Q^n$$

J 和 K 是数据输入端,是触发器状态更新的依据。若 J、K 有两个或两个以上输入端时,组成"与"的关系。Q 与 $\overline{Q}$ 为两个互补输出端。

通常把 $Q=0$,$\overline{Q}=1$ 的状态定为触发器"0"状态;而把 $Q=1$,$\overline{Q}=0$ 定为"1"状态。

(3) 边沿触发器

上述的 JK 触发器采用了下降沿触发方式。这是针对电平触发方式而进行的改进。所谓电平触发方式就是在 CP 为高电平期间,输出端的状态都与输入信号有关。如果是低电平触发,则在逻辑符号的 CP 端加一小圆圈表示。显然,电平触发的触发器在整个有效电平期间如果输入信号发生了变化,输出状态也可能发生变化,有可能出现在一个 CP 作用下发生多次翻转的现象(称为空翻),这通常是我们所不希望的。

边沿触发器只是在 CP 的某一边沿(上升沿或下降沿)时刻才能对所作用的输入信号产生响应,即只有在 CP 边沿的输入信号才真正有效(输出状态与输入有关),而其他时间触发器都处于保持状态。可见,这种触发器不会有空翻现象,抗干扰能力大大增强,工作更加可靠。

边沿触发器有上升沿触发和下降沿触发两种。图 4-20 给出了这两种触发方式,即在 CP 的一端加动态符号">"表示为边沿触发器,并且为上升沿触发,如果在">"处又带小圆圈"。"则表示为下降沿触发。

(4) D 触发器

在输入信号为单端的情况下,D 触发器用起来最为方便,其状态方程为 $Q^{n+1} = D^n$,其输

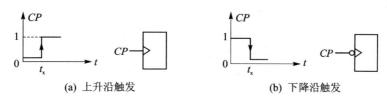

(a) 上升沿触发　　　　　　(b) 下降沿触发

图 4-20　边沿触发器的两种触发方式

出状态的更新发生在 CP 脉冲的上升沿,故又称为上升沿触发的边沿触发器,其状态只取决于时钟到来前 D 端的状态。

D 触发器的应用很广,可用作数字信号的寄存、移位寄存、分频和波形发生等。有很多种型号可供各种用途的需要而选用,如双 D 74LS74、四 D 74LS175、六 D 74LS174 等。

图 4-21 为双 D 74LS74 的引脚排列及逻辑符号,其功能表略。

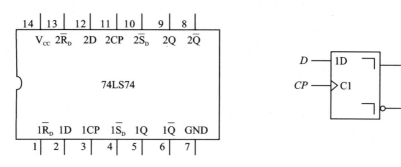

图 4-21　74LS74 引脚排列及逻辑符号

(5) CMOS 触发器

1) CMOS 边沿型 D 触发器

CC4013 是由 CMOS 传输门构成的边沿型 D 触发器。它是上升沿触发的双 D 触发器,图 4-22 为其引脚排列,表 4-11 为其功能表。

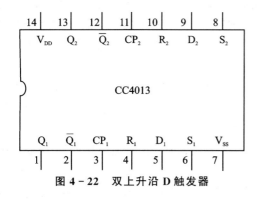

图 4-22　双上升沿 D 触发器

表 4-11　CC4013 的功能表

输入				输出
S	R	CP	D	Q^{n+1}
1	0	×	×	1
0	1	×	×	0
1	1	×	×	×
0	0	↑	1	1
0	0	↑	0	0
0	0	↓	×	Q^n

2) CMOS 边沿型 JK 触发器

CC4027 是由 CMOS 传输门构成的边沿型 JK 触发器。它是上升沿触发的双 JK 触发器,图 4-23 为其引脚排列,其功能表略。

CMOS 触发器的直接置位、复位输入端 S 和 R 是高电平有效,当 S=1(或 R=1)时,触发器将不受其他输入端所处状态的影响,使触发器直接置1(或置0)。但直接置位、复位输入端 S 和 R 必须遵守 $RS=0$ 的约束条件。CMOS 触发器在按逻辑功能工作时,S 和 R 必须均置0。

(6) 触发器之间的相互转换

在集成触发器的产品中,每一种触发器都有自己固定的逻辑功能,但可以利用转换的方法获得具有其他功能的触发器,具体的转换方法这里就不作介绍了。

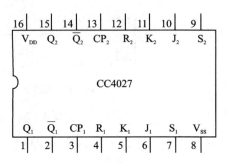

图 4-23 双上升沿 J-K 触发器

3. 常用触发器使用时注意事项

下面介绍实际上常用触发器的型号及使用中应注意的问题。

① 目前市售的触发器主要有 D 触发器和 JK 触发器两种。D 触发器只有一个数据输入端,使用简单;JK 触发器有两个或多个输入端,使用灵活。由于触发器是由门电路构成的,所以每种触发器与门电路一样也有 TTL 与 CMOS 之分,其性能特点与门电路也类似,即 TTL 电路的触发器速度快,电流驱动能力强;CMOS 的电压范围宽,功耗低。

② 常用基本 RS 触发器型号有 74LS279、CC4044、CC4403 等,常用于开关去抖动及键盘输入电路中。D 触发器可用作锁存器(每位 D 触发器能存储 1 位二进制数据,把多位 D 触发器的 CP 端连接起来,用一个公共的信号控制,能实现一次传送或存储多位二进制数据,称为锁存器)。74LS74(维持-阻塞上升沿触发双 D)、74HC76(下降沿触发双 JK)等都是常用的D、JK 触发器型号。当然还有很多其他型号的,在此不再一一列举。

③ 注意提高读懂逻辑符号及状态(真值)表的能力。如输入引线上带有的楔形符号"◿"或小圆圈"。"表示低电平有效("◿"及"。"的含义可以这样简单地理解,但实际上它们分属于单一逻辑和极性指示符两种体系逻辑的约定,显然这两种符号的性质是不同的,而且在同一逻辑图中也不能同时采用两种逻辑的约定方法),CP 端的楔形符号(或小圆圈)表示下降沿触发。又如在边沿 JK 触发器符号中,表示如果没有时钟 C1(C1 是"影响输入"),1J、1K(1J、1K 是"受影响输入")信号是不起作用的;引线上的数字代表引脚序号;真值表中的"↑"或"↓"表示上升沿或下降沿触发等。对具有多个信号输入端的触发器,如多个 J 端:$J_1,J_2,\cdots$;多个 K 端:$K_1,K_2,\cdots$;它们是"与"逻辑的关系,即 $J=J_1 \cdot J_2\cdots$;$K=K_1 \cdot K_2\cdots$。

④ 一般触发器都有直接置0端和直接置1端,也称异步清零端和异步置1端,这些输入端可以不受 CP 控制,且多数为低电平有效。对于不使用的多余输入端应接高电平,或者与所用的信号端并联在一起使用,不要悬空,以避免干扰。

⑤ 对时钟输入端的引线要审慎处理,所有接线不可太长,与其他系统连接时应有接口电路隔离。

⑥ 同一系统如有不同系列的触发器,应注意它们的触发方式和平均传输(延迟)时间是否基本一致,以免造成误动作。另外,在使用触发器时还要注意给出的最高时钟频率。

4. 常用组合集成电路简介

表 4-12 列出了一些常用组合集成电路芯片的型号及功能,具体工作原理由学生自己查找资料获得。

项目 4 多功能数字钟的设计与制作

表 4-12 常用组合集成电路芯片的型号及功能列表

类型	型号	功能
码制转换器	74 LS 184	BCD 码-二进制码转换器
	74 LS 185	二进制码-BCD 码转换器
数据选择器	74 LS 150	16 选 1 数据选择器(有选通输入,反码输出)
	74 LS 151	8 选 1 数据选择器(有选通输入,互补输出)
	74LS153	双 4 选 1 数据选择器(有选通输入)
	74 LS 157	四 2 选 1 数据选择器(有公共选通输入)
	74LS253	双 4 选 1 数据选择器(三态输出)
	74LS353	双 4 选 1 数据选择器(三态输出,反码)
	74 LS 351	双 8 选 1 数据选择器(三态输出)
比较器	74LS85	4 位幅度比较器
	74LS686	8 位数值比较器
	74LS687	8 位数值比较器(OC)
	74LS688	8 位数值比较器/等值检测器
	74 LS 689	8 位数值比较器/等值检测器(OC)
运算器	74LS283	4 位二进制超前进位全加器

4.2.3 任务实施

一、双 JK 触发器 74LS112 逻辑功能的测试

1. 测试 $\overline{R}_D$,$\overline{S}_D$ 的复位、置位功能

任取一只 JK 触发器,$\overline{R}_D$,$\overline{S}_D$,J,K 端接逻辑开关输出插口,CP 端接单次脉冲源,Q,$\overline{Q}$ 端接至逻辑电平显示输入插口。要求改变 $\overline{R}_D$,$\overline{S}_D$(J、K、CP 处于任意状态),并在 $\overline{R}_D=0$($\overline{S}_D=1$)或 $\overline{S}_D=0$($\overline{R}_D=1$)作用期间任意改变 J,K 及 CP 的状态,观察 Q,$\overline{Q}$ 状态。自拟表格并记录之。

2. 测试 JK 触发器的逻辑功能

按表 4-13 的要求改变 J,K,CP 端状态,观察 Q,$\overline{Q}$ 状态变化,观察触发器状态更新是否发生在 CP 脉冲的下降沿(CP 由 1→0),记录之。

表 4-13 JK 触发器的逻辑功能测试表

J	K	CP	Q^{n+1}		J	K	CP	Q^{n+1}	
			$Q^n=0$	$Q^n=1$				$Q^n=0$	$Q^n=1$
0	0	0→1			1	0	0→1		
		1→0					1→0		
0	1	0→1			1	1	0→1		
		1→0					1→0		

3. 将 JK 触发器的 J,K 端连在一起,构成 T 触发器

在 CP 端输入 1 Hz 连续脉冲,观察 Q 端的变化。

在 CP 端输入 1 kHz 连续脉冲,用双踪示波器观察 CP,Q,$\overline{Q}$ 端波形,注意相位关系,描绘之。

二、双 D 触发器 74LS74 的逻辑功能的测试

测试方法同 74LS112 逻辑功能的测试方法,请自制表格记录之。

三、D 触发器计数功能的测试

使触发器处于计数状态($D=\overline{Q}$),$\overline{R}=\overline{S}=1$。CP 端由测试箱操作板中的连续脉冲(矩形波)发生器提供,可分别用低频($f=1\sim 10$ Hz)和高频($f=20\sim 150$ kHz)两档进行输入,分别用测试箱上的 LED 电平显示器和双踪示波器观察工作情况,记录 CP 与 Q 的工作波形。

四、校时电路功能测试

校时是数字钟应具备的基本功能。当数字钟接通电源或者计时出现误差时,需要校正时间。对校时电路的要求是:在小时校正时不影响分和秒的正常计数,在分校正时不影响秒和小时的正常计数,在秒校正时不影响分和小时的正常计数。

校时方式有"快校时"和"慢校时"两种。"快校时"是通过开关控制,校正小时和分,使小时计数器和分计数器直接对 1Hz 的校时脉冲计数,校正秒时,使秒计数器直接对 0.5Hz 的校时脉冲计数;"慢校时"是用手动产生单脉冲作校时脉冲。

图 4 - 24 所示的是用门电路和触发器构成的校时电路。图中的开关 S_1,S_2 和 S_3 分别是用来实现小时、分和秒的校准。开关 S_1,S_2 断开时,门 D_4,D_6 封锁,时、分计数器按正常计数。

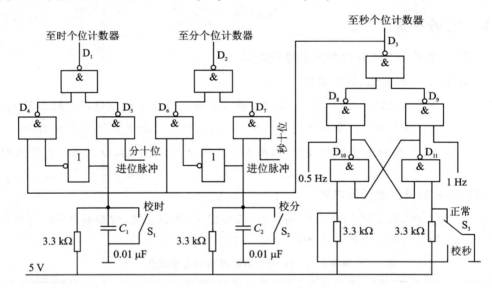

图 4 - 24 校时电路测试原理图

1. 校时电路功能测试

S_1 闭合时,进行时的校准。此时门 D_4 打开,D_5 封锁,D_9 打开,D_8 封锁,1Hz 信号数经门 D_9,D_3,D_4 后直接送入时计数器,进行"快校时";若此时送入 D_4 的是单次脉冲,则经过手动控制,可以进行"慢校时"。将小时校准后再将 S_1 置于正常位置。

2. 校分电路功能测试

打开 S_1,合上 S_2 至校分位置,同校时的原理一样,此时门 D_6 打开,D_7 封锁,D_9 打开,D_8 封锁,1Hz 信号经门 D_9,D_3,D_6 后直接送入分计数器,进行分的"快校时"。若此时送入 D_6 的

是单次脉冲,则经过手动控制,可以进行分的"慢校时"。将分校准后再将 S_2 置于正常位置。

3. 校秒电路功能测试

若要校准秒,需向秒计数器送入比秒快的计数脉冲,本设计中送入的是 0.5Hz 的计数脉冲。图 4-24 中,由单刀双掷开关 S_3 控制着 D_{10}、D_{11} 组成的 RS 触发器的状态。当 S_3 置于正常状态时,D_{10} 输出低电平,关闭 D_8,D_{11} 输出高电平,使 D_9 打开,则 1Hz 信号正常进入秒计数器,使时钟正常计时。当 S_3 置于校秒状态时,D_{11} 输出低电平,关闭 D_9,D_{10} 输出高电平,使 D_9 封锁,D_8 打开,则 0.5Hz 信号进入秒计数器,使秒计数器计时速度提高 1 倍,进行秒的校准。将秒校准后再将 S_3 置于正常位置。

需要注意的是,校时电路是由与非门构成的组合逻辑电路,开关 S_1、S_2、S_3 为 0 或 1 时,可能会产生抖动,接电容 C_1、C_2 可以缓解抖动(图中 S_3 未画出)。

4.2.4 知识拓展

本小节主要对逻辑代数作介绍。

1. 逻辑代数中的常用运算

自然界中,许多现象都存在着对立的双方,例如电位的高或低、灯泡的亮或灭、脉冲的有或无等。为了描述这种相互对立的逻辑关系,往往采用仅有两个取值的变量来表示,这种二值变量就称为逻辑变量。

逻辑变量和普通代数中的变量一样,可以用字母 A、B、C… 来表示。但逻辑变量表示的是事物的两种对立的状态,只允许取两个不同的值,分别是逻辑 0 和逻辑 1。这里 0 和 1 不表示具体的数值,只表示事物相互对立的两种状态。

如果 A 为逻辑变量,F 是 A 的函数,即有 $F=f(A)$。

F 和 A 之间的函数关系有两种情况:一种是当 $A=1$ 时,$F=1$;$A=0$ 时,$F=0$,可写成

$$F=A$$

另一种情况是当 $A=1$ 时,$F=0$;$A=0$ 时,$F=1$,可写成

$$F=\overline{A}$$

可见当 A 的值给定后,F 的值也就唯一确定了,称 F 是 A 的逻辑函数。因上式只有一个变量 A,所以称为一变量函数。

对于二变量函数,有

$$F=f(A,B)$$

变量 A、B 有四种组合方式,当某一种 A、B 的取值确定后,F 的值也就唯一确定了,所以 F 是 A、B 的逻辑函数。多变量逻辑函数可依此类推。从逻辑代数的基本运算可知,逻辑代数中存在着"与""或""非"三种基本函数关系。其他函数均是由这三种基本函数组合而成的。

2. 逻辑代数的基本运算法则

逻辑代数也称开关代数或布尔代数,根据与、或、非三种基本运算,可推导出一些基本规则,见表 4-14。

逻辑代数的基本运算法则

表 4-14 中所列的定律,最直接的证明方法是验证等式左、右两边各自的真值表是否相同。例如,若证明加法分配律 $A+BC=(A+B)(A+C)$,可列真值表,见表 4-15。由真值表可知,对于 A、B、C 三个变量的 $2^3=8$ 种取值,$A+BC$ 和 $(A+B)(A+C)$ 有相同的取值,因此加法分配律成立。

表 4-14 逻辑代数基本定律

基本定律	与	或	非
	$A \cdot 0 = 0$ $A \cdot 1 = A$ $A \cdot A = A$ $A \cdot \overline{A} = 0$	$A + 0 = A$ $A + 1 = 1$ $A + A = A$ $A + \overline{A} = 1$	$\overline{\overline{A}} = A$
结合律	$(A+B)+C=A+(B+C)$	$(AB)C=A(BC)$	
交换律	$A+B=B+A$	$AB=BA$	
分配律	$A(B+C)=AB+AC$	$A+BC=(A+B)(A+C)$	
摩根定律(反演律)	$\overline{A \cdot B} = \overline{A}+\overline{B}$	$\overline{A+B}=\overline{A} \cdot \overline{B}$	
常用恒等式	$AB+\overline{A}C+BC=AB+\overline{A}C$		

表 4-15 加法分配律真值表

A	B	C	BC	A+B	A+C	A+BC	(A+B)(A+C)
0	0	0	0	0	0	0	0
0	0	1	0	0	1	0	0
0	1	0	0	1	0	0	0
0	1	1	1	1	1	1	1
1	0	0	0	1	1	1	1
1	0	1	0	1	1	1	1
1	1	0	0	1	1	1	1
1	1	1	1	1	1	1	1

3. 逻辑函数的化简方法

一个逻辑函数可以有多种不同的逻辑表达式和逻辑图。直接根据某种逻辑要求而归纳出来的逻辑表达式及其对应的逻辑电路,往往不是最简单的形式,这就需要对逻辑表达式进行化简。

逻辑函数有两种化简方式:代数化简法和卡诺图化简法。由于篇幅所限,这里只介绍代数化简法。例如某特定功能的逻辑函数 F,用代数化简法有下列五种表示形式:

$$F = AB + \overline{B}C \qquad \text{与-或表达式}$$

$$F = (A+\overline{B})(B+C) \qquad \text{或-与表达式}$$

$$F = \overline{\overline{AB} \cdot \overline{\overline{B}C}} \qquad \text{与非-与非表达式}$$

$$F = \overline{\overline{(A+\overline{B})} + \overline{(B+C)}} \qquad \text{或非-或非表达式}$$

$$F = \overline{\overline{AB} + \overline{B} \cdot \overline{C}} \qquad \text{与-或-非表达式}$$

因为与-或表达式是比较常见的,同时与-或表达式可以比较容易地同其他形式的表达式相互转换,所以本节以与-或表达式为例进行化简。

最简的与-或表达式首先应是乘积项的数目最少;在满足乘积项最少的条件下,要求每个乘积项中变量的个数也最少。

代数化简法是运用逻辑代数的基本定律和恒等式进行化简,常用的方法如下。

(1) 并项法

用公式 $A+\overline{A}=1$,将表达式中两个与乘积项合并为一项,并消去一个变量。

逻辑函数的
化简方法

例 4-6 化简 $A(BC+\overline{B}\,\overline{C})+A(\overline{BC}+B\overline{C})$。

解 $A(BC+\overline{B}\,\overline{C})+A(\overline{B}C+B\overline{C})=ABC+A\overline{B}\,\overline{C}+A\overline{B}C+AB\overline{C}$
$$=AB(C+\overline{C})+A\overline{B}(C+\overline{C})$$
$$=AB+A\overline{B}=A(B+\overline{B})=A$$

用公式 $A+AB=A$ 的公式,吸收多余的项 AB。

例 4-7 化简 $\overline{A}B+\overline{A}BCD(E+F)$。

解 $\overline{A}B+\overline{A}BCD(E+F)=\overline{A}B$

(2) 消去法

用公式 $A+\overline{A}B=A+B$,消去第二项多余因子 $\overline{A}$。

例 4-8 化简 $A\overline{B}+\overline{A}B+ABCD+\overline{A}\,\overline{B}CD$。

解 $A\overline{B}+\overline{A}B+ABCD+\overline{A}\,\overline{B}CD=A(\overline{B}+BCD)+\overline{A}(B+\overline{B}CD)$
$$=A\overline{B}+ACD+\overline{A}B+\overline{A}CD=A\overline{B}+\overline{A}B+CD$$

(3) 配项法

用 $A=A(B+\overline{B})$,作为配项用,消去更多的项。

例 4-9 化简 $F=AB+\overline{A}\,\overline{C}+B\overline{C}$。

解 $F=AB+\overline{A}\,\overline{C}+B\overline{C}$,在第三项配以因子 $A+\overline{A}$ 有
$$F=AB+\overline{A}\,\overline{C}+(A+\overline{A})B\overline{C}$$
$$=AB+\overline{A}\,\overline{C}+AB\overline{C}+\overline{A}B\overline{C}$$
$$=(AB+AB\overline{C})+(\overline{A}\,\overline{C}+\overline{A}B\overline{C})$$
$$=AB+\overline{A}\,\overline{C}$$

除了利用逻辑代数的基本恒等式进行逻辑函数的化简外,还可以进行逻辑表达式的变换。例如,将与-或表达式变换为或-与、与非-与非、或非-或非、与或非表达式等。这些变换可相对应的利用对偶规则、反演规则、二次求非和摩根定律来实现。

思考与练习

一、填空题

1. 触发器是具有_____功能的基本逻辑单元。
2. 对由与非门组成的基本 RS 触发器,当 $R=$_____ $S=$_____时,触发器保持原有状态不变。
3. 逻辑代数有三种基本运算,分别是_____、_____和_____。
4. 逻辑函数表达式有_____和_____两种标准形式。
5. JK 触发器具有_____、_____、_____和_____四种功能。

6. 数字信号有_____和_____两种形式。
7. 数字电路只能处理_____信号,不能处理_____信号。
8. 最简与或表达式是指在表达式中_____最少,且_____也最少。
9. 在化简的过程中,约束项可以根据需要看作_____或者_____。
10. 正逻辑的约定下,"1"代表_____电平,"0"代表_____电平。

二、判断题

1. 组合逻辑电路的输出只取决于输入信号的现态。(　　)
2. 同一逻辑电路用正逻辑描述出的逻辑功能和用负逻辑描述出的逻辑功能应该一致。(　　)
3. 同步时序逻辑电路中的存储元件可以是任意类型的触发器。(　　)
4. 基本 RS 触发器的约束方程是 $\overline{R+S}=1$。(　　)
5. 触发器有两个稳定状态:$Q=1$ 称为"1"状态,$Q=0$ 称为"0"状态。(　　)
6. 采用主从式结构,或者增加维持阴塞功能,都可解决触发器的"空翻"现象。(　　)
7. 74 系列集成芯片是双极型的,CC40 系列集成芯片是单极型的。(　　)
8. 无关最小项对最终的逻辑结果无影响,因此可任意视为 0 或 1。(　　)
9. 组合逻辑电路中的每一个门实际上都是一个存储单元。(　　)
10. 仅具有保持和翻转功能的触发器是 RS 触发器。(　　)

三、选择题

1. 逻辑函数中的逻辑"与"和它对应的逻辑代数运算关系为(　　)。
    A. 逻辑加　　　　　B. 逻辑乘　　　　　C. 逻辑非
2. 组合逻辑电路输出与输入的关系可用(　　)描述。
    A. 真值表　　　　　B. 状态表　　　　　C. 状态图　　　　　D. 逻辑表达式
3. 要使 JK 触发器在时钟脉冲作用下的次态与现态相反,JK 的取值应为(　　)。
    A. 00　　　　　　　B. 11　　　　　　　C. 01　　　　　　　D. 01 或 10
4. 标准与或式是由(　　)构成的逻辑表达式。
    A. 与项相或　　　　B. 最小项相或　　　C. 最大项相与　　　D. 或项相与
5. JK 触发器在 CP 时钟脉冲作用下,要使 Q 的次态 $=Q$,则输入信号必为(　　)。
    A. $J=K=0$
    B. $J=Q,K=\overline{Q}_c$
    C. $J=\overline{Q}_c,K=Q$
    D. $J=Q,K=0$
6. 下列触发器中,没有约束条件的是(　　)。
    A. 时钟 RS 触发器
    B. 基本 RS 触发器
    C. 主从 JK 触发器
    D. 边沿 D 触发器
7. n 个变量可构成(　　)个最大项。
    A. n　　　　　　　B. $2n$　　　　　　C. 2^n　　　　　　D. $2n-1$
8. 下列中规模通用集成电路中,(　　)属于组合逻辑电路。
    A. 4 位计数器 T4193
    B. 4 位并行加法器 T693
    C. 4 位寄存器 T1194
    D. 4 路数据选择器 T580

9. 下列电路中,非数字电路有(　　)。
   A. 差动放大电路　　　　　　　　B. 集成运放电路
   C. RC 振荡电路　　　　　　　　D. 逻辑运算电路
10. 由与非门组成的基本 RS 触发器不允许输入的变量组合 SR 为(　　)。
   A. 00　　　　B. 01　　　　C. 10　　　　D. 11

四、简述题

1. 时序逻辑电路的特点有哪些?
2. 何谓"空翻"? 抑制"空翻"有什么措施?
3. 对于你所设计的数字钟电路,校时电路在校时开关合上或断开时,是否出现过干扰脉冲? 若出现应如何清除?

五、计算化简题

1. 用公式法化简
   (1) $F = AC + A\bar{B}C + AB\bar{C}$;
   (2) $F = A + \bar{A}B + BCD$;
   (3) $F = A(A+B) + \bar{A}C$;
   (4) $F = AB + \bar{A}C + \bar{B}C + \bar{C}D + D$。

2. 化简下列函数,并用与非门逻辑图实现。
   (1) $F = A\bar{B} + B + BCD$;
   (2) $F = A\bar{B}C + ABC + AB\bar{C} + \bar{A}BC$。

3. 利用逻辑代数的公式和定理证明下列等式。
   (1) $A(\bar{A}+B) + B(B+C) + B = B$;
   (2) $\overline{AB} + \overline{A}\overline{B} = \overline{\overline{A}B + A\overline{B}}$;
   (3) $ABC\bar{D} + ABD + BC\bar{D} + ABC + BD + B\bar{C} = B$;
   (4) $(A+C)(A+D)(B+C)(B+D) = AB + CD$。

4. 用公式法将下列各逻辑函数化简成为与非表达式,并画出用与非门组成的逻辑图。
   (1) $F = AB + \bar{A}\bar{B} + A\bar{B}$;
   (2) $F = A\bar{B} + \bar{B}\bar{C} + AC$;
   (3) $F = C + BD + A\bar{B}\bar{C} + \bar{A}\bar{B} + \bar{A}D$;
   (4) $F = (\overline{A\bar{B} + \bar{A}\bar{B}} \cdot C + A\bar{B}C)(AD+BC)$。

5. 将下列各逻辑函数化简成为最简与或表达式。
   (1) $F = AC + B\bar{C} + \bar{A}B$;
   (2) $F = A\bar{B} + BC + \bar{B}\bar{C} + \bar{A}B + AB$;
   (3) $F = A + \bar{A}B + \bar{A}BC + \bar{A}\bar{B}CD$;
   (4) $F = \bar{A}\bar{C} + AC + AB\bar{C}\bar{D} + \bar{A}BCD$。

6. 写出 JK 触发器、D 触发器、T 触发器和 T′触发器的特征方程。
7. 将 D 触发器转换成 T 触发器,画出电路图。(设用下降沿触发的触发器)。
8. 用 JK 触发器转换成 D 触发器,画出电路图。

任务 4.3 数字钟计时电路的设计与制作

4.3.1 任务目标

① 熟悉计数器的结构组成及其功能原理。
② 熟练掌握计数器集成芯片的引脚连接和任意进制计数器的实现。
③ 熟练掌握组合逻辑电路的分析与设计方法。
④ 会使用和维护常规的电子产品生产、测试仪器和工具。

4.3.2 知识探究

本小节探究为：计数器。

1. 计数器的分类

计数器是数字应用系统中使用最多的时序电路。计数器具体指的是能对 CP 脉冲进行计数的时序逻辑电路，不仅可用来对时钟脉冲计数，还常用于数字系统的定时、分频和执行数字运算以及产生节拍脉冲等其他特定的逻辑功能。

计数器

计数器的种类很多，一般按以下三种方式加以分类：

① 按触发方式，可分为同步计数器和异步计数器。正如前面所述，如果组成计数器的各个触发器的 CP 是同一信号，触发器的状态变换和 CP 同步，这样的计数器称同步计数器；如果组成计数器的各个触发器的 CP 脉冲不完全是同一信号，则称为异步计数器。同步计数器的计数速度比异步计数器要快。

② 按计数容量，可分为二进制计数器和非二进制计数器。计数容量是指计数器可以累计的最大数的值，又称计数器的"模"或计数长度，等于计数过程中所经历的有效状态的总数。计数器的模一般用 M 表示，如 $M=5$ 计数器就是五进制计数器。用 n 个触发器组成的计数器可以累加计数的最大数目为 2^n，如用三个触发器构成 $M=8$ 计数器，这时也称为模 2^n 计数器，由于是按照二进制规则进行计数的，属于二进制计数器。如果用三个触发器组成 $M=6$ 计数器，就为非模 2^n 计数器。若计数容量为 10，这种计数器又常称为十进制计数器。

③ 按计数值的增减，可分为加（法）计数器、减（法）计数器和可逆计数器。加计数器是每输入一个计数脉冲，计数值就在原来基础上加 1，一直递增，计到预先设定的最大值为止，同时产生进位输出，再输入一个计数脉冲，计数值由最大变为初始值。减计数器是每输入一个计数脉冲，计数值在原来基础上减 1，减到 0 后，产生借位输出，再输入一个计数脉冲，计数值又变为最大数。可逆计数器是指能在控制信号作用下，既可以用作加计数又可以用作减计数的计数器，但某一时刻只能是其中的一种功能，不能同时既作加计数又作减计数。

2. 集成计数器及应用

目前，实际使用的计数器一般不需用单个触发器来构成，因为无论是 TTL 还是 CMOS 集成电路，都有品种较齐全的中规模集成计数器。使用者只要借助于器件手册提供的功能表和工作波形图以及引出端的排列，就能正确地运用这些器件。对于使用者来说，掌握计数器芯片型号、功能及正确使用是最重要的，能从器件手册、相关资料或相关网页的电子文档上读懂产品的符号、型号、引脚及功能表等有关参数,进而能灵活地应用是必须掌握的一项基本技能。下面介绍一些常用集成计数器芯片型号及应用方法。

(1) TTL 集成计数器 74LS161

74LS161 是一种四位十六进制同步加法计数器,引脚排列如图 4-25(a)所示,逻辑符号如图 4-25(b)所示。这里我们应当不断强化各种逻辑符号的读图能力,由图形符号本身即可直接读懂芯片整体逻辑功能,以及各输入、输出之间的逻辑关系。

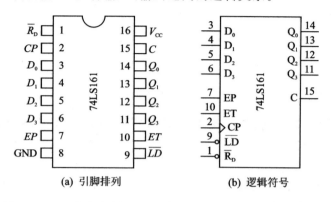

(a) 引脚排列　　　　**(b) 逻辑符号**

图 4-25　四位十六进制计数器 74LS161 引脚排列及逻辑符号

74LS161 的逻辑功能表见表 4-16。下面对 74LS161 的功能表进行详细说明。

表 4-16　74LS161 功能表

输入									输出					功能说明
$\overline{CR}$	$\overline{LD}$	T_T	T_P	CP	D_3	D_2	D_1	D_0	Q_3	Q_2	Q_1	Q_0	C_0	
0	×	×	×	×	×	×	×	×	0	0	0	0	0	清零
1	0	×	×	↑	d_3	d_2	d_1	d_0	d_3	d_2	d_1	d_0	0	置数
1	1	0	×	×	×	×	×	×	保持				0	保持
1	1	×	0	×	×	×	×	×	保持				0	
1	1	1	1	↑	×	×	×	×	当计到 1111 时 $C_0=1$					计数

① 异步清零。当 $\overline{CR}=0$ 时,不管其他输入端状态如何,输出端 $Q_3Q_2Q_1Q_0$ 为 0000,表中的"×"表示可任意取值。

② 同步并行置数。$\overline{LD}$ 称为预置数控制输入端,$\overline{CR}=1$ 时,当 $\overline{LD}=0$ 条件下,在 CP 的上升沿作用下,预置好的数据 $d_3d_2d_1d_0$ 被并行送到输出端,此时 $Q_3Q_2Q_1Q_0=d_3d_2d_1d_0$。

③ 保持。在 $\overline{CR}=1,\overline{LD}=1$ 时,只要 $T_T \cdot T_P=0$,计数器不工作,输出保持原状态不变。

④ 计数。正常计数时,要保证 $\overline{CR}=1,\overline{LD}=1$,只要 $T_T \cdot T_P=1$,此时在 CP 的上升沿作用下,对 CP 的个数进行加计数。当计到 $Q_3Q_2Q_1Q_0$ 为 1111 时,C_0 变为 1,$C_0=1$ 的时间是从 $Q_3Q_2Q_1Q_0$ 为 1111 时起到 $Q_3Q_2Q_1Q_0$ 的状态变化时止。

需要说明的是,74LS161 虽然是按 2^n 计数的十六进制计数器,但也可以构成小于十六进制或大于十六进制的计数器,只要将输入端、输出端根据要求的功能正确连接即可。具体的应用原理就不作介绍了。

(2) TTL 集成计数器 74LS160

74LS160 是集成十进制同步加计数器,逻辑图与 74LS161 类似,这里不再给出。这两种计数器的功能表也相似,不同的是 74LS160 是十进制计数器,而 74LS161 是十六进制计数器。74LS160 的输出只能从 0000 到 1001,当 $Q_3Q_2Q_1Q_0$ 为 1001 时,$C_0=1$。

如果要求用两片 74LS160 组成一百进制计数器,大家想想该如何去连接实现?其具体工作原理就不做介绍了。

(3) TTL 集成计数器 74LS162

74LS162 是同步四位十进制计数器,具有同步清零功能。当 $\overline{CR}=0$,在 CP 脉冲的上升到来时,将输出端 $Q_3Q_2Q_1Q_0$ 清为低电平。其他功能与参数同 74LS160。具体工作原理不再详述。

(4) TTL 集成计数器 74LS163

74LS163 是同步四位十六进制计数器,具有同步清零功能,这与 74LS162 相同,清零都需 CP 脉冲参与。当计到 15(1111)时,进位输出端 C_0 产生进位输出 1,其他时刻为 0,其余功能与 74LS161 相同。

从以上介绍的四种 TTL 集成计数器 74LS160、74LS161、74LS162 及 74LS163 可知,它们均是同步预置四位计数器,外形及引脚排列相同。74LS160、74LS162 为同步十进制计数器,而 74LS161、74LS163 为十六进制计数器,74LS160、74LS161 是异步清零,而 74LS162、74LS163 是同步清零。

(5) 集成异步二-五-十进制计数器 74LS290(74290、74LS90)

这也是 TTL 系列产品,可分别实现二进制、五进制和十进制计数,具有清零、置数和计数功能,其逻辑符号如图 4-26 所示。

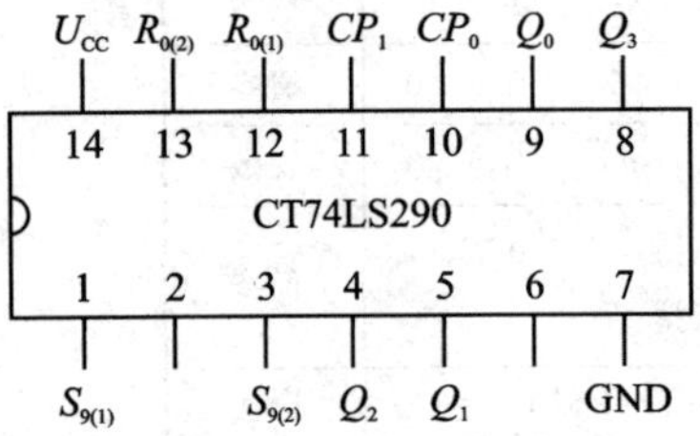

功能表见表 4-17,具体功能说明如下:

① 异步置 9。当 $R_{9(1)}=R_{9(2)}=1$ 时,电路输出 $Q_DQ_CQ_BQ_A=1001$。可利用置 9 功能进行功能扩展。

② 异步清零。当 $R_{9(1)} \cdot R_{9(2)}=0$ 时,若 $R_{0(1)} \cdot R_{0(2)}=1$,则电路输出全部为 0。

③ 计数。当 $R_{9(1)} \cdot R_{9(2)}=0$,且 $R_{0(1)}=R_{0(2)}=0$ 时,电路为计数状态。

图 4-26 74LS290 逻辑符号

表 4-17 74LS290 功能表

输入				输出			
$R_{0(1)}$	$R_{0(2)}$	$R_{9(1)}$	$R_{9(2)}$	Q_D	Q_C	Q_B	Q_A
1	1	0	×	0	0	0	0
1	1	×	0	0	0	0	0
×	×	1	1	1	0	0	1
×	0	×	0	计数			
0	×	0	×				
0	×	×	0				
×	0	0	×				

计数方式有以下三种：

① 二进制计数。CP_A 为二进制计数脉冲输入端，Q_A 为二进制计数状态输出端。

② 五进制计数。CP_B 为五进制计数脉冲输入端，Q_D，Q_C，Q_B 为五进制计数脉冲输出端。

③ 十进制计数。分两种情况：

(a) 当计数脉冲从 CP_A 端输入时，将 Q_A 与 CP_B 端相连接，输出按 8421 码的顺序计数，从高位到低位依次是 Q_D，Q_C，Q_B，Q_A。

(b) 当计数脉冲从 CP_B 端输入时，将 Q_D 与 CP_A 端相连接，输出按 5421 码的顺序计数，从高位到低位依次是 Q_A，Q_B，Q_C，Q_D。

构成这两种十进制的逻辑电路就不作介绍了。

(6) 十进制同步加/减计数器 CC40192

CC40192 是 CMOS 器件，是四位同步十进制双时钟可逆计数器，既可实现加计数，又可实现减计数，并具有清除和置数等功能，其引脚排列及逻辑符号如图 4-27 所示。图中，$\overline{LD}$ 为置数端；CP_U 为加计数端；CP_D 为减计数端；$\overline{CO}$ 为非同步进位输出端；$\overline{BO}$ 为非同步借位输出端；D_0，D_1，D_2，D_3 为计数器输入端；Q_0，Q_1，Q_2，Q_3 为数据输出端；CR 为清除端。

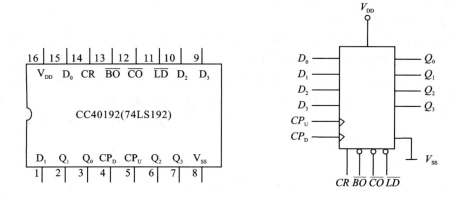

图 4-27　CC40192 引脚排列及逻辑符号

CC40192 的功能同 74LS192，二者可互换使用，其功能表见表 4-18。具体说明如下：

① 异步清零。当 $CR=1$ 时，不论其他输入如何，输出 $Q_3Q_2Q_1Q_0$ 为 0000。

② 异步并行置数。在 $CR=0$ 条件下，若 $\overline{LD}=0$，可将要预置的数据并行送到输出端，即 $Q_3Q_2Q_1Q_0=d_3d_2d_1d_0$。

③ 保持。当 $CR=0$，$\overline{LD}=1$，$CP_+=CP_-=1$ 时，输出保持原状态不变。

④ 加计数。当 $CR=0$，$\overline{LD}=1$，$CP_-=1$ 时，在 CP_+ 上升沿作用下对 CP_+ 进行加计数。

⑤ 减计数。当 $CR=0$，$\overline{LD}=1$，$CP_+=1$ 时，在 CP_- 上升沿作用下对 CP_- 进行减计数。

⑥ 进位、借位。进、借位输出平时均为 1。在进行加计数时，当 $Q_3Q_2Q_1Q_0$ 计到 1001 时，要等到 CP_+ 由高电平回到低电平时 $\overline{Q}_C$ 才输出进位负脉冲；在进行减计数时，借位信号也和加计数的进位信号有相同的特性。

表 4 – 18 CC40192 功能表

输入								输出					
CR	$\overline{LD}$	CP_+	CP_-	D_3	D_2	D_1	D_0	Q_3	Q_2	Q_1	Q_0	$\overline{Q}_C$	Q_B
1	×	×	×	×	×	×	×	0	0	0	0	1	1
0	0	×	×	d_3	d_2	d_1	d_0	d_3	d_2	d_1	d_0		
0	1	1	1	×	×	×	×	保持					
0	1	↑	1	×	×	×	×	加计数				1	1
0	1	0	1	×	×	×	×	1	0	0	1	0	1
0	1	1	↑	×	×	×	×	减计数				1	1
0	1	1	0	×	×	×	×	0	0	0	0	1	0

(7) 二进制同步加/减计数器 CC40193

CC40193 的外形及引脚与 CC40192 完全相同，不同的是它是四位二进制计数器，而 CC40192 是十进制计数器。具体的逻辑功能说明就不作介绍了。

集成计数器种类还很多，需要时可查阅相关资料。

3. 任意进制计数器的实现

在集成计数器产品中，大部分是二进制、十进制两大系列，但实际上经常会用到如 5、12、24 和 60 等进制的计数器，这时会遇到两种情况，一种是所需的计数器进制比已有计数器的进制小，另一种情况是所需的计数器的进制比已有计数器的进制大。在这里，将二进制和十进制以外的进制统称任意进制(也称 N 进制)。要实现任意进制计数，可以利用已有的集成二进制或十进制计数器芯片，采用适当的连接方法，得到其他进制的计数器。通常采用的方法有两种：一是直接清零法，二是反馈置数法。

(1) 直接清零法

直接清零法是利用集成计数器的异步清零功能，把高进制计数器变成低进制计数器的一种方法，实际上是把高进制计数器的全部输出状态中的一部分去掉。

例如，用前面介绍的 74LS160 构成六进制计数器，就应当把总共的十种状态去掉四个。如把 0000～0101 这六个状态作为有效状态，而 0110,0111,1000,1001 这四个状态作为无效状态，利用第七个状态 0110 来实现清零。电路的连接如图 4 – 28 所示。

请注意，由于异步清零信号一旦出现就立即生效，即刚出现 0110，就立即送到 $\overline{CR}$ 端，使输出状态变成 0000，因此清零信号是非常短暂的，仅是一个过渡状态，不能成为计数器的有效状态。如果组成计数器的各触发器被清零的时间有差异，则可能有些触发器还没有真正清零，但此时清零信号已经消失，将导致清零失败而产生错误。另外作为六进制计数器，1001 状态不出现，进位输出 C_0 总为 0，不会产生进位信号。用 $\overline{CR}$ 当进位信号时间又太短。通过以上简单的分析可知，直接清零法可靠性差，又需单独考虑进位信号问题，所以一般不用此方法。

(2) 反馈置数法

对于有同步并行预置数功能的集成计数器，采用反馈置数法可以把高进制计数器变成低进制计数器。将 74LS160 连接成六进制计数器的电路如图 4 – 29 所示，$\overline{LD}$ 是同步并行置数控制端，当 $Q_3Q_2Q_1Q_0$ 为 0101 时，$\overline{LD}$ 为 0，在下一个 CP 作用下，$Q_3Q_2Q_1Q_0 = d_3d_2d_1d_0 =$ 0000。$\overline{LD}$ 的上升沿和第六个 CP 的上升沿同步，可利用 $\overline{LD}$ 的上升沿作为进位输出。

—— 项目 4 多功能数字钟的设计与制作

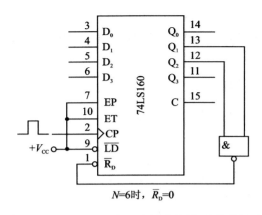
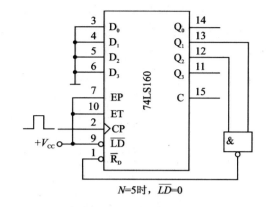

图 4-28 74LS160 构成六进制计数器（直接清零法） 图 4-29 74LS160 构成六进制计数器（反馈置数法）

对于具有异步并行置数功能的计数器，也可以用反馈置数法构成低进制计数器，其原理和直接清零法类同。如上例也需用到第七个状态 0110，使 $\overline{LD}=0$，并立即使输出端的数据为预置数，当预置数为 0000 时，输出也为 0000。$\overline{LD}=0$ 的时间也很短，同样不适合作进位信号，但这种方法的可靠性比异步清零法要高。图 4-30 给出了将十进制计数器 CC40192 用反馈置数法构成六进制加计数器的电路连接图。

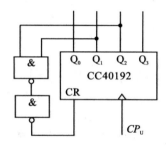

图 4-30 CC40192 构成六进制计数器（反馈置数法）

（3）集成计数器的级联使用

一个十进制计数器只能表示 0～9 十个数，对于计数值较大的计数器，例如六十进制计数器，用一片集成计数器是无法实现的，这就需要将集成计数器串联起来使用，这也称为集成计数器的级联。为了扩大计数器范围，常用多个十进制计数器级联使用。

同步计数器往往设有进位（或借位）输出端，故可选用其进位（或借位）输出信号驱动下一级计数器。

图 4-31 是由 CC40192 利用进位输出 $\overline{CO}$ 控制高一位的 CP_U 端构成的加数级联电路图。详细工作原理略，由学生自己分析。

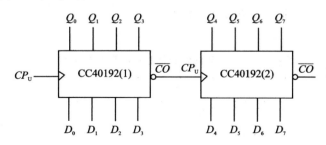

图 4-31 CC40192 级联电路

4. 电子数字钟计数器的实现方案举例

（1）十二进制计数器实现方案

图 4-32 是一个特殊十二进制的计数器电路方案。在数字钟里，对时位的计数序列是 1，

2,…,11,12,1,…是十二进制的,且无 0 数。如图 4-32 所示,当计数到 13 时,通过与非门产生一个复位信号,使 CC40192(2)〔时十位〕直接置成 0000,而 CC40192(1)的时个位直接置成 0001,从而实现了 1~12 计数。

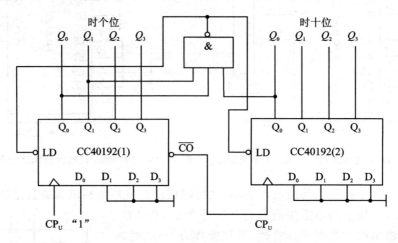

图 4-32 特殊 12 进制计数器

(2) 六十进制计数器的实现方案

信号经秒、分、时计数器后分别得到"秒"个位、十位,"分"个位、十位,"时"个位、十位的计时输出信号,然后输出到译码显示电路。"秒"计数器应为六十进制,而"分"计数器也为六十进制,"时"计数器为大于等于二十四进制的任意进制。

1) 六十进制计数器

"秒""分"计数器可以由两块 MSI 计数器构成,一块十进制,一块六进制,组合起来就构成六十进制计数器。学生们可任选。

2) 二十四进制计数器

"时"计数器由两块 MSI 计数器构成,低位是十进制,高位为大于等于二的任意进制。

测试室可提供的 MSI 计数器有 T213,T217,74LS90,74LS190,74LS192,74LS160 等,学生们可自定任选。

5. 各种集成计数器简介

表 4-19 列出了一些常用的集成计数器芯片的型号及功能,具体工作原理由学生自己查阅资料获得。

表 4-19 常用集成计数器芯片的型号及功能列表

型 号	功 能
74LS68	双十进制计数器
74LS90	十进制计数器
74LS92	十二分频计数器
74LS93	4 位二进制计数器
74LS160	同步十进制计数器

续表 4-19

型号	功能
74LS161	4位二进制同步计数器(异步清除)
74LS162	十进制同步计数器(同步清除)
74LS163	4位二进制同步计数器(同步清除)
74LS168	可预置十进制同步加/减计数器
74LS169	可预置4位二进制同步加/减计数器
74LS190	可预置十进制同步加/减计数器
74LS191	可预置4位二进制同步加/减计数器
74LS192	可预置十进制同步加/减计数器(双时钟)
74LS193	可预置4位二进制同步加/减计数器(双时钟)
74LS196	可预置十进制计数器
74LS197	可预置二进制计数器
74LS290	十进制计数器
74LS293	4位二进制计数器
74LS390	双4位十进制计数器
74LS393	双4位二进制计数器(异步清除)
74LS490	双4位十进制计数器
74LS568	可预置十进制同步加/减计数器(三态)
74LS569	可预置二进制同步加/减计数器(三态)
74LS668	十进制同步加/减计数器
74LS669	二进制同步加/减计数器
74LS690	可预置十进制同步计数器/寄存器(直接清除、三态)
74LS691	可预置二进制同步计数器/寄存器(直接清除、三态)
74LS692	可预置十进制同步计数器/寄存器(同步清除、三态)
74LS693	可预置二进制同步计数器/寄存器(同步清除、三态)
74LS696	十进制同步加/减计数器(三态、直接清除)
74LS697	二进制同步加/减计数器(三态、直接清除)
74LS698	十进制同步加/减计数器(三态、同步清除)
74LS699	二进制同步加/减计数器(三态、同步清除)

4.3.3 任务实施

一、同步十进制可逆计数器的逻辑功能测试

1. 逻辑功能测试

对CC40192同步十进制可逆计数器进行逻辑功能测试,计数脉冲由单次脉冲源提供,清除端CR、置数端$\overline{LD}$、数据输入端$D_3、D_2、D_1、D_0$分别接逻辑开关,输出端$Q_3、Q_2、Q_1、Q_0$接实验设备的一个译码显示输入相应插口A,B,C,D;$\overline{CO}$和$\overline{BO}$接逻辑电平显示插口。按表4-18逐项测试并判断该集成块的功能是否正常。

(1) 清除

令 $CR=1$，其他输入为任意态，这时 $Q_3Q_2Q_1Q_0=0000$，译码数字显示为 0。清除功能完成后，置 $CR=0$。

(2) 置数

$CR=0$，CP_U，CP_D 任意，数据输入端输入任意一组二进制数，令 $\overline{LD}=0$，观察计数译码显示输出，预置功能是否完成，此后置 $\overline{LD}=1$。

(3) 加计数

$CR=0$，$\overline{LD}=CP_D=1$，CP_U 接单次脉冲源。清零后送入 10 个单次脉冲，观察译码数字显示是否按 8421 码十进制状态转换表进行；输出状态变化是否发生在 CP_U 的上升沿。

(4) 减计数

$CR=0$，$\overline{LD}=CP_U=1$，CP_D 接单次脉冲源。参照(3)进行相关逻辑功能测试。

2．累加计数测试

如图 4-31 所示，用两片 CC40192 组成两位十进制加法计数器，输入 1 Hz 连续计数脉冲，进行由 00~99 累加计数，记录之。

3．递减计数测试

将两位十进制加法计数器改为两位十进制减法计数器，实现由 99~00 递减计数，记录之。

二、74LS160 电路逻辑关系及功能测试

学生自己设计并搭建电路，利用开关将 74LS160 的 CLK 管脚多次间断接地，当管脚 2 每接地一次，用示波器测试 74LS160 的四个输出端 $Q_3 \sim Q_0$ 的电平，同时观察数码管显示的数字，并将结果填入表 4-20 中。

① 异步置"0"功能：接好电源和地，将清除端接低电平，无论其他各输入端的状态如何，测试计数器的输出端。如果操作无误 $Q_3 \sim Q_0$ 均为 0。

② 计数位功能：将 $\overline{CR}$、$\overline{LD}$、CET、CEP 端均接高电平，CLK 端输入脉冲，记录输出端状态。如果操作准确，每输入一个 CP 脉冲，计数器就进行一次加法计数。计数器输入 16 个脉冲时，输出端 $Q_3 \sim Q_0$ 变为 0000，此时进位输出端 TC 输出一个高电平脉冲。

表 4-20　74LS160 逻辑功能测试表

2脚接地次数	Q_1	Q_2	Q_3	Q_4	显示字型

合理利用上述电路，实现任意进制（十进制以内）的计数及数码显示，并将结果填入表 4-21 中。

表 4-21　74LS160 的译码显示电路测试表

脉冲数	二进制码				译码器输出							数码管显示
	Q_3	Q_2	Q_1	Q_0	a	b	c	d	e	f	g	
1												
2												
3												
4												
5												
6												
7												
8												
9												

三、计数译码显示电路的逻辑功能测试

要求：学生自己设计方案并连接成一个六十进制计数器（六进制为高位、十进制为低位）。其中十进制和六进制计数器均由自行设计并安装的译码器、数码管电路显示，从而组成一个六十进制的计数译码显示电路。用 555 定时器制作的低频连续脉冲作为计数器的计数脉冲，通过数码管观察计数、译码、显示电路的功能是否正确。其整体制作的电路如图 4-33 所示。

在此建议：每一小部分电路安装完后，先测试其功能是否正确，正确后再与其他电路相连。

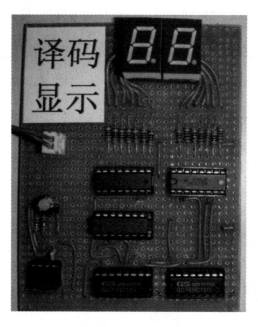

图 4-33　用 74LS160 组成的译码显示电路连接图

4.3.4 知识拓展

本小节主要内容为组合逻辑门电路的分析与设计举例。

1. 组合电路的分析

组合电路的分析是根据给定的逻辑电路图,弄清楚它的逻辑功能,求出描述电路输出与输入之间的逻辑关系的表达式,列出真值表,分析其逻辑功能。也就是说,电路图是已知的,待分析的是其逻辑功能。基本步骤如下:

① 由已知的逻辑图写出输出端逻辑表达式。
② 变换和化简逻辑表达式。
③ 列真值表。
④ 根据真值表和逻辑表达式,确定其逻辑功能。

下面通过具体例题来说明组合电路的分析。

例 4-10 分析图 4-34 所示电路的逻辑功能。

解 按组合逻辑电路分析的步骤进行。

① 写出输出端的逻辑表达式为

$$F = \overline{\overline{\overline{AB} \cdot A} \cdot \overline{\overline{AB} \cdot B}}$$

② 变换和化简表达式,即

$$F = \overline{\overline{\overline{AB} \cdot A} \cdot \overline{\overline{AB} \cdot B}} = \overline{\overline{AB} \cdot A} + \overline{\overline{AB} \cdot B} = \overline{AB} \cdot A + \overline{AB} \cdot B$$
$$= (\overline{A} + \overline{B})A + (\overline{A} + \overline{B}) \cdot B = A\overline{B} + \overline{A}B$$

③ 列真值表,见表 4-22。

④ 分析逻辑功能。由真值表可知,该电路的逻辑功能为:当输入端 A、B 相同时,输出端 F 为 0;当输入端 A、B 不同时,输出端 F 为 1。可见该电路是"异或"电路。

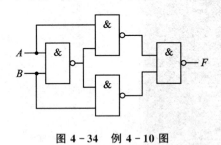

图 4-34 例 4-10 图

表 4-22 例 4-10 真值表

A	B	F
0	0	0
0	1	1
1	0	1
1	1	0

2. 组合电路的设计

(1) 设计步骤

组合电路的设计是组合电路分析的逆运算,就是从给定的逻辑要求出发,求出最简单的逻辑电路。其设计步骤如下:

① 根据给定的逻辑要求,列真值表。
② 根据真值表写逻辑表达式。
③ 化简或变换逻辑表达式。
④ 根据逻辑表达式画出相应的逻辑图。

下面以例题说明设计方法。

例 4-11 设计一个三人投票的表决电路。用 F 表示表决结果，$F=1$ 表示多数赞成，$F=0$ 表示多数不赞成。对于三个人，分别用 A，B，C 三个变量表示，用 1 表示赞成，用 0 表示反对。

表 4-23　例 4-11 真值表

A	B	C	F
0	0	0	0
0	0	1	0
0	1	0	0
0	1	1	1
1	0	0	0
1	0	1	1
1	1	0	1
1	1	1	1

解 根据组合电路设计的步骤逐步进行。

① 根据已知的逻辑要求，列真值表，见表 4-23。

② 由真值表写出逻辑表达式，即
$$F=\bar{A}BC+A\bar{B}C+AB\bar{C}+ABC$$

③ 化简该逻辑表达式，利用配项法，即
$$\begin{aligned}F&=\bar{A}BC+A\bar{B}C+AB\bar{C}+ABC\\&=\bar{A}BC+ABC+A\bar{B}C+ABC+AB\bar{C}+ABC\\&=BC(\bar{A}+A)+AC(\bar{B}+B)+AB(\bar{C}+C)\\&=BC+AC+AB\end{aligned}$$

④ 画出逻辑图，如图 4-35 所示。

(2) 在组成逻辑电路时，要考虑的实际问题

① 输入信号既可以以原变量出现，也可以以反变量出现。

② 电路的结构应紧凑。由于实际设计中普遍采用 SSI（小规模集成电路）和 MSI（中规模集成电路）设计电路，因此应根据具体情况，尽可能减少所用器件的数量和种类，以使组装好的电路结构紧凑。

③ 考虑实际元件。实际应用中，经常用的现成产品大多是与非门、或非门、与或非门和非门电路。因此，在进行组合电路设计时，还应该对最简的表达式进行变换。

例如，在上例中如果要求用与非门实现逻辑关系，首先应将逻辑函数变成与非表达式，即
$$F=\overline{\overline{BC+AC+AB}}=\overline{\overline{BC}\cdot\overline{AC}\cdot\overline{AB}}$$

画出用与非门表示的逻辑图，如图 4-36 所示。

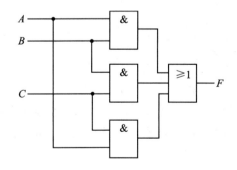

图 4-35　例 4-11 逻辑电路图

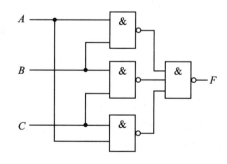

图 4-36　三人表决电路

3. 编码器设计举例

一般地讲，用数字或某种文字和符号来表示某一对象或信号的过程称为编码。例如，家里安装电话时，电话局要给个电话号码；足球队员上场比赛时，队服上要有号码；全国各地区都有

邮政编码等。

十进制编码或某种文字和符号的编码难以用电路来实现。在数字电路中,一般用的是二进制编码。二进制只有 0 和 1 两个数码,可以把若干个 0 和 1 按一定规律编排起来组成不同的代码(二进制数)来表示某一对象或信号。一位二进制代码有 0 和 1 两种,可以表示两个信号;两位二进制代码有 00,01,10,11 四种,可以表示四个信号。n 个二进制代码可以表示 2^n 个信号。这种二进制编码在电路中容易实现。下面介绍两种编码器。

(1) 二进制编码器

二进制编码器是将某种信号编成二进制代码的电路。例如,要把 $Y_0,Y_1,Y_2,Y_3,Y_4,Y_5,Y_6,Y_7$ 八个输入信号编成对应的二进制代码输出,其编码过程如下。

① 确定二进制代码的位数。因为输入有八个信号,要求有八种状态,所以输出的是三位 ($2^n=8,n=3$)二进制代码。

② 列编码表。编码表是待编码的八个信号和对应的二进制代码列成的表格。这种对应关系是人为的。用三位二进制代码表示八个信号的方案很多,表 4-24 所列的是其中一种。每种方案都有一定的规律性,以便于记忆。

表 4-24 编码表

输入	输出		
	C	B	A
Y_0	0	0	0
Y_1	0	0	1
Y_2	0	1	0
Y_3	0	1	1
Y_4	1	0	0
Y_5	1	0	1
Y_6	1	1	0
Y_7	1	1	1

③ 由编码表写出逻辑式。

$$C = Y_4 + Y_5 + Y_6 + Y_7 = \overline{\overline{Y_4 + Y_5 + Y_6 + Y_7}} = \overline{\overline{Y_4} \cdot \overline{Y_5} \cdot \overline{Y_6} \cdot \overline{Y_7}}$$

$$B = Y_2 + Y_3 + Y_6 + Y_7 = \overline{\overline{Y_2 + Y_3 + Y_6 + Y_7}} = \overline{\overline{Y_2} \cdot \overline{Y_3} \cdot \overline{Y_6} \cdot \overline{Y_7}}$$

$$A = Y_1 + Y_3 + Y_5 + Y_7 = \overline{\overline{Y_1 + Y_3 + Y_5 + Y_7}} = \overline{\overline{Y_1} \cdot \overline{Y_3} \cdot \overline{Y_5} \cdot \overline{Y_7}}$$

④ 由逻辑式画出逻辑图,如图 4-37 所示。例如,当 $Y_1=1$,其余为 0 时,输出为 001;当 $Y_6=1$,其余为 0 时,则输出为 110。二进制代码 001 和 110 分别表示输入信号 Y_1 和 Y_6。当 $Y_1 \sim Y_7$ 均为 0 时,电路的输入为 000,即表示 Y_0。

(2) 二-十进制编码器

二-十进制编码器是将十进制的十个数码 0,1,2,3,4,5,6,7,8,9 编成二进制代码的电路。输入的是 0~9 十个数码,输出的是对应的二进制代码。这种二进制代码又称二-十进制代码,简称 BCD 码。

① 确定二进制代码的位数。因为输入有十个数码,要求有十种状态,而三位二进制代码

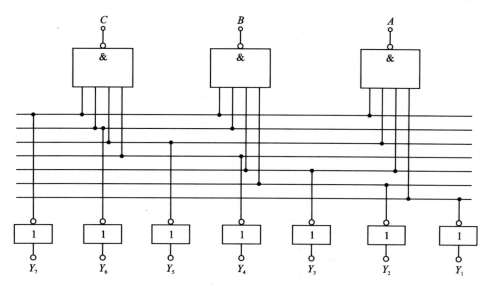

图 4－37 三位二进制编码器

只有八种状态(组合),所以应输出四位二进制代码($2^n>10$,取 $n=4$)。

② 列编码表。四位二进制代码共有十六种状态,其中任何十种状态都可表示 0～9 十个数码,方案很多。最常用的是 8421 编码方式,就是在四位二进制代码的十六种状态中取出前面十种状态,表示 0～9 十个数码,后面六种状态去掉,见表 4－25。二进制代码各位的 1 所代表的十进制数从高位到低位依次为 8,4,2,1,称之为"权",而后把每个数码乘以各位的"权"相加,即得出该二进制代码所表示的十进制数。例如"1001",这个二进制代码表示

$$1\times8+0\times4+0\times2+1\times1=8+0+0+1=8$$

表 4－25 8421 码编码表

输入	输出			
十进制数	D	C	B	A
0(Y_0)	0	0	0	0
1(Y_1)	0	0	0	1
2(Y_2)	0	0	1	0
3(Y_3)	0	0	1	1
4(Y_4)	0	1	0	0
5(Y_5)	0	1	0	1
6(Y_6)	0	1	1	0
7(Y_7)	0	1	1	1
8(Y_8)	1	0	0	0
8(Y_8)	1	0	0	1

③ 由编码表写出逻辑式。

$$D=Y_8+Y_8=\overline{\overline{Y_8}\cdot\overline{Y_9}}$$

$$C=Y_4+Y_5+Y_6+Y_7=\overline{\overline{Y_4}\cdot\overline{Y_5}\cdot\overline{Y_6}\cdot\overline{Y_7}}$$

$$B = Y_2 + Y_3 + Y_6 + Y_7 = \overline{\overline{Y_2} \cdot \overline{Y_3} \cdot \overline{Y_6} \cdot \overline{Y_7}}$$

$$A = Y_1 + Y_3 + Y_5 + Y_7 + Y_8 = \overline{\overline{Y_1} \cdot \overline{Y_3} \cdot \overline{Y_5} \cdot \overline{Y_7} \cdot \overline{Y_9}}$$

④ 由逻辑式画出逻辑图,逻辑图如图 4-38 所示。

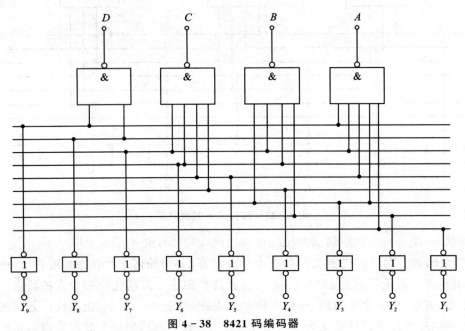

图 4-38　8421 码编码器

思考与练习

一、填空题

1. 时序逻辑电路的输出不仅取决于_____的状态,还与电路_____的现态有关。

2. 组合逻辑电路的基本单元是_____,时序逻辑电路的基本单元是_____。

3. 触发器的逻辑功能通常可用_____、_____、_____和_____4 种方法来描述。

4. 构成一个六进制计数器最少要采用_____位触发器,这时构成的电路有_____个有效状态,_____个无效状态。

5. 74LS161 是一个_____个管脚的集成计数器,用它构成任意进制的计数器时,通常可采用_____法和_____法。

6. 时序逻辑电路按其状态改变是否受统一定时信号控制,可将其分为_____和_____两种类型。

7. 一个同步时序逻辑电路可用_____、_____和_____三组函数表达式描述。

8. 组合逻辑电路在任意时刻的稳定输出信号取决于_____。

9. 根据电路输出端一个还是多个,通常将组合逻辑电路分为_____和_____。

10. 设计多输出组合逻辑电路时,只有充分考虑_____,才能使电路达到最简。

二、判断题

1. 同步时序逻辑电路中各触发器的时钟脉冲 CP 不一定相同。(　　)

2. 3线－8线译码器电路是三八进制译码器。（　　）
3. 已知逻辑功能，求解逻辑表达式的过程称为逻辑电路的设计。（　　）
4. 编码电路的输入量一定是人们熟悉的十进制数。（　　）
5. 74LS138集成芯片可以实现任意变量的逻辑函数。（　　）
6. 使用3个触发器构成的计数器最多有8个有效状态。（　　）
7. 利用一个74180可以构成一个十二进制的计数器。（　　）
8. 组合逻辑电路中的竞争与险象是由于逻辑设计错误引起的。（　　）
9. 十进制计数器是用十进制数码0～9进行计数的。（　　）
10. 利用集成计数器芯片的预置数功能可获得任意进制的计数器。（　　）

三、选择题

1. 实现两个4位二进制数相乘的组合电路，其输入输出端个数应为（　　）。
   A. 4入4出　　　　B. 8入8出　　　　C. 8入4出　　　　D. 8入5出
2. 八输入端的编码器按二进制数编码时，输出端的个数是（　　）。
   A. 2个　　　　　B. 3个　　　　　C. 4个　　　　　D. 8个
3. 四输入的译码器，其输出端最多为（　　）。
   A. 4个　　　　　B. 8个　　　　　C. 10个　　　　　D. 16个
4. 按各触发器的状态转换与时钟输入CP的关系分类，计数器可为（　　）计数器。
   A. 同步和异步　　　B. 加计数和减计数　　　C. 二进制和十进制
5. 按计数器的进位制或循环模数分类，计数器可为（　　）计数器。
   A. 同步和异步　　　B. 加计数、减计数　　　C. 二进制、十进制或任意进制
6. 下列中规模通用集成电路中，（　　）属于时序电路。
   A. 多路选择器T580　　　　　　　　B. 计数器T4193
   C. 并行加法器T692　　　　　　　　D. 寄存器T1194
7. 利用中规模集成计数器构成任意进制计数器的方法是（　　）。
   A. 复位法　　　　B. 预置数法　　　　C. 级联复位法
8. 不产生多余状态的计数器是（　　）。
   A. 同步预置数计数器　　　　　　　B. 异步预置数计数器
   C. 复位法构成的计数器
9. 组合逻辑电路中的险象是由于（　　）引起的。
   A. 电路未达到最简　　　　　　　　B. 电路有多个输出
   C. 电路中的时延　　　　　　　　　D. 逻辑门类型不同
10. 下列触发器中，（　　）可作为同步时序逻辑电路的存储元件。
    A. 基本RS触发器　B. D触发器　　　C. JK触发器　　　D. T触发器

四、简述题

1. 如何分析和设计组合逻辑电路？
2. 时序逻辑电路和组合逻辑电路的区别有哪些？
3. 对于你所设计的数字钟电路，在调试中是否出现过"竞争冒险"现象？如何采取措施消除的？

五、计算分析题

1. 已知逻辑函数 $Y = A\overline{C} + \overline{B}C$ 求：
   ① 标准"与或"表达式 $Y = ?$
   ② 反函数"与或"表达式 $\overline{Y} = ?$

2. 试用74LS161集成芯片构成十二进制计数器，要求用反馈预置数法实现。

3. 请用74LS163实现你身份证号最后3位数值的计数器。

4. 设计一个 A,B,C 三人表决电路。当表决某个提案时，多数人同意，提案通过。同时 A 具有否决权。要求用与非门实现。

5. 画出实现逻辑函数 $F = AB + ABC + AC$ 的逻辑电路。

6. 设计一个三变量一致的逻辑电路。

7. 用与非门设计一个组合逻辑电路，完成如下功能：只有当3个裁判（包括裁判长）或裁判长和一个裁判认为杠铃已举起并符合标准时，按下按键，使灯亮（或铃响），表示此次举重成功，否则表示举重失败。

8. 试用两片4位十进制同步可逆计数器T4193构成一个模 $M = (100)_{10}$ 加法计数器。

任务 4.4 数字钟秒脉冲发生器的设计与制作

4.4.1 任务目标

① 了解555定时器的内部结构及其典型应用。
② 熟悉秒信号发生器的工作原理。
③ 掌握石英晶体振荡电路的组成和工作原理。
④ 会使用和维护常规的电子产品生产、测试仪器和工具。

4.4.2 知识探究

本知识探究为：秒脉冲发生器。

1. 555定时器简介

（1）555定时器的特点及分类

555定时器是一种应用极为广泛的中规模模拟-数字混合集成电路是一种产生从微秒到数十分钟的时间延迟和多种脉冲信号的电路，由于内部电压标准使用了三个 $5\ \text{k}\Omega$ 电阻，故取名555电路。该电路使用灵活、方便，只需外接少量的阻容元件就可以构成单稳态触发器、多谐波振荡器和施密特触发器，因而广泛用于信号的产生、变换、控制与检测。

目前生产的定时器有双极型（TTL）和互补金属氧化半导体型（CMOS）两种。二者的结构与工作原理类似。几乎所有的双极型产品型号最后的三位数码都是555或556；所有的CMOS产品型号最后四位数码都是7555或7556，二者的逻辑功能和引脚排列完全相同，易于互换。555和7555是单定时器，556和7556是双定时器。双极型的电源电压 $U_{CC} = +5 \sim +15\ \text{V}$，输出最大电流可达200 mA，CMOS型的电源电压为 $+3 \sim +18\ \text{V}$。

（2）555定时器的内部电路结构及引脚排列图

常见的555定时器有8脚圆形和8脚双列直插型。图4-39所示为TTL的555定时器的内部电路结构及引脚排列图。其中,①脚 GND 为接地端;②脚 $\overline{TR}$ 为触发输入端;③脚 OUT 为输出端;④脚 $\overline{R}_D$ 复位端(置零端),低电平有效;⑤脚 CON 为外加电压控制端;⑥脚 TH 为阈值输入端;⑦脚 DIS 为放电端;⑧脚 U_{CC} 为电源电压输入端。

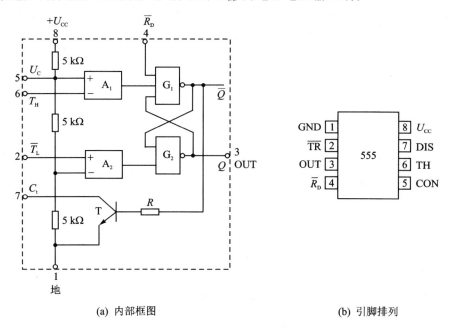

(a) 内部框图　　　　　　　　　　　(b) 引脚排列

图 4-39　555 定时器内部框图及引脚排列

2. 555 时基电路的应用

(1) 555 时基电路的应用原理

555 定时器主要是与电阻、电容构成充放电电路,并由两个比较器来检测电容器上的电压,以确定输出电平的高低和放电开关管的通断。这就可方便地构成单稳态触发器、多谐振荡器、施密特触发器等脉冲产生或波形变换电路。这里只给出利用 555 定时器设计的多谐振荡器的振荡周期与振荡频率的计算公式,555 定时器应用的具体原理不再详述。

利用 555 定时器设计的多谐振荡器的电路如图 4-40 所示。具体计算公式为

振荡周期
$$T = t_{p1} + t_{p2} \approx 0.7(R_1 + 2R_2)C \tag{4-6}$$

振荡频率
$$f = \frac{1}{T} = \frac{1.43}{(R_1 + 2R_2)C} \tag{4-7}$$

(2) 由 555 定时器构成的多谐振荡器

多谐振荡器也称无稳态触发器。它没有稳定状态,同时毋须外加触发脉冲就能输出一定频率的矩形脉冲(自激振荡)。用 555 实现多谐振荡,需要外接电阻 R_1、R_2 和电容 C,并外接 +5 V 的直流电源。

图 4-40 为用 555 定时器构成的多谐振荡器,是一种性能较好的时钟源。只需在 $+U_{CC}$ 端接上 +5 V 的电源,就能在 3 脚产生周期性

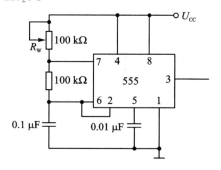

图 4-40　用 555 定时器构成的多谐振荡器

的方波。利用其产生的秒脉冲来触发计数器计数。

3. 555定时器构成的秒脉冲发生器

秒脉冲发生器是由振荡器和分频器构成的。振荡器是数字钟的核心,它的稳定度及频率的精确度决定了数字钟计时的准确程度。振荡器的频率越高,计时精度越高,但这样会使分频器的级数增加。因此,在确定振荡器的频率时,要充分考虑这两方面的因素。

图4-41所示是555定时器构成的秒脉冲发生器。它采用由集成555定时器与RC组成的多谐振荡器。这里设振荡频率 $f = 1000$ Hz,则经过3级十分频电路即可得到1Hz标准脉冲。

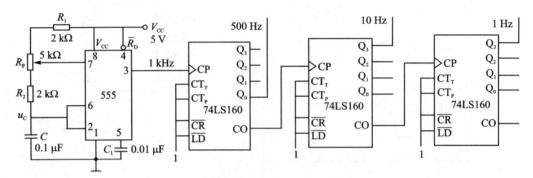

图4-41 555定时器构成的秒脉冲发生器

如果精度要求高,则必须采用石英晶体构成的振荡器电路。选用石英晶体之前应当考虑振荡与分频两方面的因素再选定型号。图4-42所示的石英晶体振荡电路为电子手表集成电路中的振荡器电路,常取晶振的频率为32 768 Hz,经过15级二分频集成电路,所以输出端正好得到1 Hz的标准脉冲。

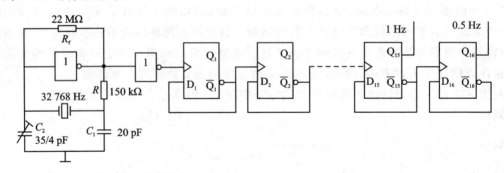

图4-42 石英晶体振荡电路构成的秒脉冲发生器

4.4.3 任务实施

本任务为:秒脉冲发生器的脉冲测试。

要求:学生自己设计并搭建电路,用555定时器制作的低频连续脉冲作为计数器的计数脉冲,其构成电路原理如图4-40所示。只需在 $+U_{CC}$ 端接上+5 V的电源,就能在3脚产生周期性的低频连续脉冲。利用其产生的秒脉冲作为计数器的计数脉冲,学生用示波器测试555定时器的3脚输出电平,同时观察其输出波形,看看是否得到了秒脉冲信号,并测定振荡频率。学生可自制表格记录测试结果。

图4-43所示为学生自己制作的秒脉冲信号测试电路图。

图4-43 秒脉冲信号测试电路图

4.4.4 知识拓展

本小节主要对石英晶体振荡电路作介绍。

将放大器通过反馈网络接成正反馈电路就构成振荡电路。振荡电路是一种基本模拟电子电路,是指不需外加输入信号,只要给电路供(直流)电就可以在输出端产生一定频率和幅值的(交流电)信号的电路,由于无外加激励(输入)信号,所以产生的振荡也称自激振荡,一般简称振荡。

振荡电路能产生一定幅度和一定频率的输出波形。根据振荡电路产生信号波形的不同,可分为正弦波振荡电路及三角波、矩形波、方波等非正弦波振荡电路;根据电路的组成不同,又可分为RC振荡电路、LC振荡电路和石英晶体振荡电路。实验室中用的函数发生器就是正弦波振荡电路的一种典型应用。

另外,振荡电路在测量、自动控制、仪器仪表、通信、无线电广播、雷达、声纳、中高频感应加热、超声探伤以及电子乐器等领域都有广泛的应用。

1. 自激振荡

(1)自激振荡的条件

自激振荡是在无外加输入信号的条件下,靠内部电路自发地、连续地产生具有一定频率和幅度的输出波形。那么,怎样才能使电路产生自激振荡呢?从下边的一个例子中可能会得到一点启示:在礼堂、会场里有时会遇到扩音系统在使用过程中发出刺耳的啸叫声,其形成的过程如图4-44所示;不经意中话筒的一点噪声,经扩音机放大再经过扬声器输出后又直接送入话筒,再经放大输出,不断循环,整个系统发生了正反馈,使我们听到了讨厌的尖叫声。显然,在放大器中是不希望出现自激振荡的,它会使放大电路工作不正常。但是在振荡电路中恰恰相反,振荡电路正是利用自激振荡的原理来工作的。振荡电路首先应是放大电路,它们的共同之处都是输出信号是由输入信号引起的。为了说明自激振荡的产生,我们用图4-45所示的电路框图来说明。

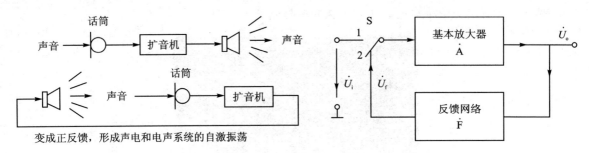

图 4-44 自激振荡现象　　　　图 4-45 自激振荡的产生

在图 4-45 所示的电路中,若将开关 S 合在 1 端,就是一个基本电压放大器,输入信号电压为 U_i,输出电压为 U_o,交流电压的放大倍数为 A,则 $U_o=AU_i$。如果把输出电压通过反馈电路反馈到输入端,反馈电压为 U_f,并使 $U_i=U_f$,用反馈电压代替输入信号 U_i,这就是将开关合在 2 端的情况,输出电压仍能保持不变,这时放大器就成为振荡器了。由此框图可以得到产生自激振荡的条件为

$$\dot{U}_i = \dot{U}_o$$

这个式子包括幅值条件和相位条件,即自激振荡形成的基本条件是反馈信号与输入信号大小相等、相位相同,亦即:反馈信号与输入信号大小相等,将 $U_i=U_f$ 称为幅值条件;反馈信号与输入信号相位相同,表示输入信号经过放大电路产生的相移 ϕ_A 和反馈网络的相移 ϕ_F 之和为 $0,2\pi,4\pi,\cdots,2n\pi$,将 $\phi_A+\phi_F=2n\pi(n=0,1,2,3,\cdots)$ 称为相位条件。

(2) 自激振荡的建立及稳定过程

振荡电路没有外加输入信号,那么电路接通直流电后是怎样产生输入信号而出现自激振荡的呢?这是由于在电路中存在着各种电的扰动(通电时的瞬变过程、无线电及工业干扰、各种噪声等)。放大器在接通电源的瞬间,随着电源电压由零开始的突然增大,在放大器的输入端产生一个微弱的扰动电压,经放大器放大、正反馈,再放大、再反馈,不断反复循环,输出信号的幅度迅速增加。这个扰动电压信号可用傅里叶级数展开,它是包括从低频到高频的各种频率的正弦波。为了得到所需频率的正弦波信号,电路中要有选频网络,只有选频网络中心频率的信号才能输出,其他频率的信号则被抑制。那么,振荡电路在起振以后,振荡幅度会不会由于正反馈而无止境地增长下去呢?

实际上不会,由于基本放大器中的三级管等器件本身的非线性或反馈支路本身与输入关系的非线性,放大倍数或反馈系数在振幅增大到一定程度时就会降低,但在振荡建立的初期,应使反馈信号大于原输入信号,反馈信号一次比一次大,才能使振荡幅度逐渐增大,而当振荡建立起来之后,还应具有稳幅措施,使反馈信号等于原输入信号,让建立的振荡得以维持。

(3) 振荡电路的组成

要形成稳定的振荡输出,电路中应包含放大电路、正反馈网络、选频网络、稳幅环节。放大电路提供足够的电压放大倍数,以满足振荡的幅值条件。正反馈网络将输出信号以正反馈形式引回到输入端,以满足振荡的相位条件。由于电路的扰动信号是非正弦的,是由若干不同频率的正弦波叠加而成,要使电路获得单一频率的正弦波输出,就应有一个选频网络,选出其中一个特定频率信号。一般利用放大电路中三极管或运放本身的非线性,可将输出波形稳定在某一幅值,但通常要采用适当的负反馈网络来实现稳幅并改善振荡波形的失真。

2. 石英晶体振荡电路

在频率稳定性要求非常高(如无线电通信的发射机频率,计算机的时钟发生器等)的场合,比较常见的 LC 振荡电路和 RC 振荡电路均满足不了要求,通常都采用石英晶体振荡电路。石英晶体的外形结构如图 4-46 所示。

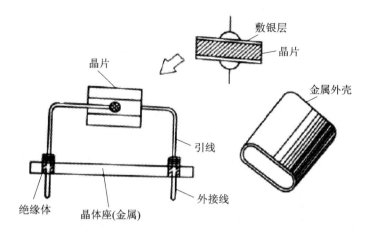

图 4-46 石英晶体外形结构图

(1) 石英晶体的特性及等效电路

石英晶体的主要成分是 SiO_2,其最大特点在于它的压电效应。在晶片的两表面涂敷银层作为电极并引出接线,若对其施加机械压力并产生振动时,则沿受力方向产生周期性交流电;若在晶片两面加上交变电压,晶片就会产生机械振动。当外加电压的频率等于晶体的固有频率(与晶片外形尺寸及切割方式有关)时,振动幅度最大(出现共振),这种现象称为压电谐振。由于石英晶体的这种特性,可以把它的内部结构表示成如图 4-47(a)所示的等效电路。图 4-37(b)为石英晶体的符号。

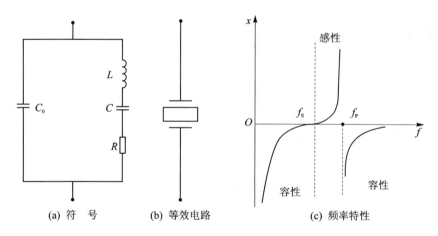

图 4-47 石英晶体的等效电路、符号及频率特性

石英晶体有两个谐振频率。在低频时,可把静态电容 C_0 看作开路。若 $f=f_s$ 时,R,L,C 串联支路发生谐振,$X_L=X_C$,它的等效阻抗 $Z_0=R$,为最小值,串联谐振频率为

$$f_s = \frac{1}{2\pi\sqrt{LC}} \tag{4-8}$$

当频率高于 f_s 时，$X_L > X_C$，R,L,C 支路呈现感性，C_0 与 L,C 构成并联谐振回路，并联谐振频率为

$$f_p = \frac{1}{2\pi\sqrt{LC'}} \tag{4-9}$$

式中，$C' = \dfrac{C \cdot C_0}{C + C_0}$。

通常 $C_0 \gg C$，所以 f_p 与 f_s 非常接近，f_p 略大于 f_s，也就是说感性区非常窄，其电抗频率特性如图 4-47(c) 所示。可以看到，低频时，两条支路的容抗起主要作用，阻抗呈现容性，随着频率的增加，容抗逐步减小。当 $f = f_s$ 时，LC 串联谐振，$Z_0 = R$，阻抗呈现阻性；当 $f > f_s$ 时，LC 支路呈现感性；当 $f = f_p$ 时，并联谐振，阻抗又呈现阻性；当 $f > f_p$ 时，C_0 支路起主要作用，阻抗又呈现容性。

（2）石英晶体振荡电路

石英晶体振荡器分为并联型和串联型两类。前者的振荡频率接近于 f_p，后者的振荡频率接近于 f_s。图 4-48 为并联型石英晶体振荡器。当 f_0 在 $f_s \sim f_p$ 的窄小的范围内时，晶体在电路中起电感作用，它与 C_1，C_2 组成电容三点式振荡电路。电路的振荡频率由石英晶体决定，改变 C_1，C_2 的值可以在很小的范围内微调 f_0。图 4-49 为串联型石英晶体振荡电路，晶体接在 V_1 和 V_2 之间，组成正反馈电路。当信号频率等于 f_s 时，晶体阻抗最小且为阻性，对其他频率的信号，晶体阻抗增大，不为阻性，不满足振荡条件，很快被抑制衰减掉。

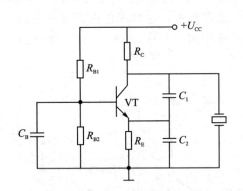

图 4-48 并联型石英晶体振荡电路

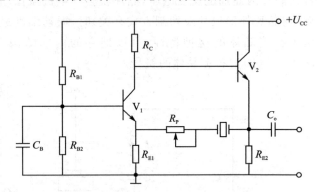

图 4-49 串联型石英晶体振荡电路

思考与练习

一、填空题

1. 集成定时器 5G555 由＿＿＿＿、＿＿＿＿、＿＿＿＿、＿＿＿＿和＿＿＿＿五部分组成。
2. 常见的脉冲产生电路有＿＿＿＿，常见的脉冲整形电路有＿＿＿＿和＿＿＿＿。
3. 为了实现高的频率稳定度，常采用＿＿＿＿振荡器。
4. 555 定时器是一种＿＿＿＿电路和＿＿＿＿电路相结合的多用途中规模集成电路器

件，在外围配以少量的阻容元件就可方便地构成施密特触发器、单稳态触发器和多谐振荡器等应用电路。

5. 555 定时器的最后数码为 555 的是 _____ 产品，为 7555 的是 _____ 产品。

二、判断题

1. 振荡电路与放大电路的主要区别之一是：放大电路的输出信号与输入信号频率相同，而振荡电不需要输入信号。（　　）
2. 只要满足相位平衡条件，且 $AF>1$，则可产生自激振荡。（　　）
3. 负反馈电路不能产生自激振荡。（　　）
4. 只要有正反馈就能产生自激振荡。（　　）
5. 对于正弦波振荡电路，只要不满足相位平衡条件，即使放大电路的放大倍数很大，也不能产生正弦波振荡。（　　）
6. 555 电路的输出只能出现两个状态稳定的逻辑电平之一。（　　）
7. 石英晶体多谐振荡器的振荡频率与电路中的 R、C 成正比。（　　）
8. 单稳态电路也有两个稳态，它们分别是高电平 1 态和低电平 0 态。（　　）
9. 施密特触发器有两个稳态。（　　）
10. 多谐振荡器的输出信号的周期与阻容元件的参数成正比。（　　）

三、选择题

1. 改变 555 定时电路的电压控制端 CO 的电压值，可改变（　　）
   A. 55 定时电路的高、低输出电平　　B. 开关放电管的开关电平
   C. 比较器的阈值电压　　D. 置"0"端 $\overline{R_D}$ 的电平值
2. 集成定时器 5G555 工作在截止状态时，TH 和 $\overline{TR}$ 的输入电压值（　　）
   A. $TH<2/3U_{CC}$，$TR<1/3U_{CC}$　　B. 均大于 $2/3U_{CC}$
   C. $TH>2/3U_{CC}$，$TR<1/3U_{CC}$　　D. 均小于 $1/31/3U_{CC}$
3. 多谐振荡器可产生（　　）。
   A. 正弦波　　B. 矩形脉冲　　C. 三角波　　D. 锯齿波
4. 能把缓慢变化的输入信号转换成矩形波的电路是（　　）。
   A. 单稳态触发器　　B. 多谐振荡器　　C. 施密特触发器　　D. 边沿触发器
5. 脉冲整形电路有（　　）。
   A. 多谐振荡器　　B. 单稳态触发器　　C. 施密特触发器　　D. 555 定时器
6. 石英晶体多谐振荡器的主要优点是（　　）。
   A. 电路简单　　B. 频率稳定度高　　C. 振荡频率高　　D. 振荡频率低
7. 把正弦波变换为同频率的矩形波，应选择（　　）电路。
   A. 多谐振荡器　　B. 基本 RS 触发器　　C. 单稳态触发器　　D. 施密特触发器
8. 一个用 555 定时器构成的单稳态触发器输出的脉冲宽度为（　　）
   A. $0.7RC$　　B. $1.4RC$　　C. $1.1RC$　　D. $1.0RC$
9. TTL 单定时器型号的最后几位数字为（　　）。
   A. 555　　B. 556　　C. 7555　　D. 7556
10. 555 定时器可以组成（　　）。
    A. 多谐振荡器　　B. 单稳态触发器　　C. 施密特触发器　　D. JK 触发器

四、简述题

1. 正弦波振荡电路产生自激振荡的条件是什么?
2. 555定时器各引脚有何功能?
3. 对于你所设计的数字钟电路,标准秒脉冲信号是怎样产生的?振荡器的稳定度为多少?

五、计算分析题

1. 有一LC并联谐振回路,已知其振荡频率为 $f_0=465\ \text{kHz}$,振荡电容 $C=200\ \text{pF}$,试计算线圈的电感值应为多少?
2. 试用555定时器设计一个多谐振荡器,要求输出波形的振荡频率为20 Hz,占空比为50%,电源电压为10 V。画出电路图,并选择外接元件。

任务4.5 多功能数字钟的设计与制作

4.5.1 任务目标

① 熟悉数字钟的设计、制作与整机调试。
② 熟练掌握数字钟各元器件的组装和检测工艺。
③ 了解时序逻辑电路的分析方法和应用设计过程。
④ 会使用和维护常规的电子产品生产、测试仪器和工具。

4.5.2 知识探究

一、数字系统装置设计制作的基本步骤

1. 数字系统装置设计制作的基本步骤

数字系统装置设计过程大致可以分为以下几个阶段:

(1) 方案设计

根据设计任务书给定的技术指标和条件,初步设计出完整的电路(这一阶段又称为"预设计"阶段)。这一阶段的主要任务是准备好测试文件,包括画出方框图、画出构成框图的各单元的逻辑电路图、画出整体逻辑图、提出元器件清单、画出各元件之间的连接图。要完成这一阶段的任务,需要设计者反复思考,大量阅读文献和资料,将各种方案进行比较及可行性论证,然后才能将方案确定下来。

(2) 方案试验

对所选定的设计方案进行装调试验。由于生产实际的复杂性和电子元器件参数的离散性,加上设计者经验不足,一个仅从理论上设计出来的电路往往是不成熟的,可能存在许多问题,而这些问题不通过测试是不容易检查出来的。因此,在完成方案设计之后,需要进行电路的装配和调试,以发现测试现象与设计要求不相符的情况。

需要指出的是,在装配电路的时候,一定要认真仔细、一丝不苟,不要出现错接或漏接,以避免出现人为故障。对某些较复杂的电路,可以先对各单元的电路分别装配调试,达到指标要求之后,再联系起来统调。

测试中出现了故障和问题,不要急躁,要善于用理论与实践相结合的方法去分析原因,要学会区分是接线错误造成的故障和器件本身损坏而造成的故障,这样就可能会较快地找出解决问题的方法和途径。

在测试过程中,还会出现一些预先估计不到的现象,这就需要改变某些元件的参数或更换元器件,甚至需要修改方案。

(3) 工艺设计

完成制作测试样机所必需的文件资料,包括整机结构设计及印制电路板设计等。

(4) 产品制作及调试

完成产品的制作到最后调试成功,包括组装、焊接、调试等。

(5) 总结鉴定

考核产品是否全面达到规定的技术指标,能否长期可靠地工作,同时写出设计总结报告。

以上就是一个数字系统装置的设计制作全过程。

2. 数字系统装置制作的基本方法

这里采用设计数字系统的自下而上的方法(试凑法)来进行设计。试凑法的具体步骤是:

① 明确数字系统的总体设计方案。把系统方案划分为若干相对独立的单元,每个单元的功能再由若干个标准器件来实现,划分为单元的数目不宜太多,但也不能太少。

② 设计并实施各个单元电路。在设计中应尽可能多地采用中、大规模集成电路,以减少器件数目,减少连接线,提高电路的可靠性,降低成本。这要求设计者应熟悉器件的种类、功能和特点。

③ 把单元电路组装成总体设计系统。设计者应考虑各单元之间的连接问题。各单元电路在时序上应协调一致,电气特性上要匹配。此外,还应考虑防止竞争冒险及电路的自启动问题。

④ 衡量一个电路设计的好坏,主要是看是否达到了技术指标及能否长期可靠地工作。此外,还应努力做到经济实用、容易操作、维修方便。

为了设计出比较合理的电路,设计者除了要具备丰富的经验和较强的想象力之外,还应该尽可能多地熟悉各种典型电路的功能。只要将所学过的知识融会贯通,反复思考,周密设计,一个好的电路方案是不难设计出来的。

3. 数字系统装置的组装要点

电路组装通常采用通用印刷电路板焊接和测试箱上插接两种方式。不管哪种方式,都要注意以下几点。

① 集成电路:认清方向,找准第一脚,不要倒插,所有 IC 的插入方向一般应保持一致,引脚不能弯曲折断。

② 元器件的装插:去除元件管脚上的氧化层,根据电路图确定器件的位置,并按信号的流向依次将元器件顺序连接。

③ 导线的选用与连接:导线直径应与过孔(或插孔)相当,过大过细均不好;为检查电路方便,要根据不同用途,选择不同颜色的导线,一般习惯是正电源用红线,负电源用蓝线,地线用黑线,信号线用其他颜色的线;连接用的导线要求紧贴板上,焊接或接触良好,连接线不允许跨越 IC 或其他器件,尽量做到横平竖直,便于查线和更换器件,但高频电路部分的连线应尽量短;电路之间要有公共地。

④ 在电路的输入、输出端和其测试端应预留测试空间和接线柱,以方便测量调试。

⑤ 布局合理和组装正确的电路，不仅电路整齐美观，而且能提高电路工作的可靠性，便于检查和排队故障。

二、数字系统装置的调试与故障排除

1. 数字系统的调试要点

测试和调试常用的仪器有万用表、稳压电源、示波器、信号发生器等。调试的主要步骤如下。

（1）调试前不加电源的检查

对照电路图和实际线路检查连线是否正确，包括错接、少接、多接等；用万用表电阻档检查焊接和接插是否良好；元器件引脚之间有无短路，连接处有无接触不良，二极管、三极管、集成电路和电解电容的极性是否正确；电源供电包括极性、信号源连线是否正确；电源端对地是否存在短路（用万用表测量电阻）。若电路经过上述检查，确认无误后，可转入静态检测与调试。

（2）静态检测与调试

断开信号源，把经过准确测量的电源接入电路，用万用表电压档监测电源电压，观察有无异常现象，如冒烟、异常气味、元器件发烫、电源短路等；如发现异常情况，立即切断电源，排除故障；如无异常情况，分别测量各关键点直流电压，如静态工作点、数字电路各输入端和输出端的高、低电平值及逻辑关系、放大电路输入、输出端直流电压等是否在正常工作状态下，如不符，则调整电路元器件参数、更换元器件等，使电路最终工作在合适的工作状态；对于放大电路还要用示波器观察是否有自激发生。

（3）动态检测与调试

动态调试是在静态调试的基础上进行的，调试的方法是在电路的输入端加上所需的信号源，并循着信号的输入逐级检测各有关点的波形、参数和性能指标是否满足设计要求；如有必要，可对电路参数作进一步调整。发现问题，要设法找出原因，排除故障，继续进行。

（4）调试注意事项

① 正确使用测量仪器的接地端，仪器的接地端与电路的接地端要可靠连接。

② 在信号较弱的输入端，尽可能使用屏蔽线连线，屏蔽线的外屏蔽层要接到公共地线上。在频率较高时，要设法隔离连接线分布电容的影响，例如用示波器测量时，应该使用示波器探头连接，以减少分布电容的影响。

③ 测量电压所用仪器的输入阻抗必须远大于被测处的等效阻抗。

④ 测量仪器的带宽必须大于被测量电路的带宽。

⑤ 正确选择测量点，并认真观察记录测试过程，包括条件、现象、数据、波形、相位等。

⑥ 出现故障时要认真查找原因。

2. 数字系统故障检查的一般方法

（1）故障原因

对于新设计组装的电路来说，常见的故障原因有以下几种：

① 测试电路与设计的原理图不符，元件使用不当或损坏；

② 设计的电路本身就存在某些严重缺点，不能满足技术要求，连线发生短路和开路；

③ 焊点虚焊，接插件接触不良，可变电阻器等接触不良；

④ 电源电压不合要求，性能差；

⑤ 仪器作用不当;

⑥ 接地处理不当;

⑦ 相互干扰引起的故障等。

(2) 故障检查方法

检查故障的一般方法有直接观察法、静态检查法、信号寻迹法、对比法、部件替换法、旁路法、短路法、断路法、暴露法等。下面介绍常用的几种。

① 直接观察法和信号检查法:与前面介绍的调试前的直观检查和静态检查相似,只是更有目标针对性。

② 信号寻迹法:在输入端直接输入一定幅值、频率的信号,用示波器由前级到后级逐级观察波形及幅值,如哪一级异常,则故障就在该级;对于各种复杂的电路,也可将各单元电路前后级断开,分别在各单元输入端加入适当的信号,检查输出端的输出是否满足设计要求。

③ 对比法:将存在问题的电路参数与工作状态和相同的正常电路中的参数(或理论分析和仿真分析的电流、电压、波形等参数)进行比对,判断故障点,找出原因。

④ 部件替换法:用同型号的好器件替换可能存在故障的部件。

⑤ 加速暴露法:有时故障不明显,或时有时无,或要较长时间才能出现,可采用加速暴露法,如敲击元件或电路板检查接触不良、虚焊等,用加热的方法检查热稳定性等。

3. 数字钟常见故障分析与处理

电子数字钟总装完成之后,会发现多种原因都可能促使所制作的数字钟产生故障。表4-26所列的就是数字钟常见的故障及对其进行的分析和处理。

表4-26 数字钟常见故障明细表

序 号	故障现象	故障原因	检查部位	说 明
1	数码管不亮	电源未接通	① 电源回路未接或接触不良; ② CD4511的16脚未接电源正极或8脚未接地; ③ 数码管公共端未接地	万用表测量
		译码、驱动集成电路熄灭,"使能端"有效	检查CD4511是否错误接地	
2	数码管显示数字乱跳	总电源电压低于3 V	检查电路板是否有短路现象,供电设备电压档位错误或故障	万用表测量
		计数板与数码板之间的数据线未接或接触不良	检查数据线	观察
3	秒显示位不亮	电阻器 R_7 未接通	检查 R_7 是否损坏或连接线未接通	万用表测量
		三极管 Q_1 被击穿	更换三极管 Q_1	
		电阻器 R_6 连接错误	电阻器 R_6 错误接入电源正极	
4	秒显示位常亮	三极管 Q_1 未连入电路	三极管 Q_1 的集电极有无电压脉冲(正常值应该在2 V左右)	万用表测量
		电阻器 R_6 开路	检查电阻器 R_6 的阻值	

续表 4-26

序 号	故障现象	故障原因	检查部位	说 明
5	CD4060 的 3 脚无脉冲信号	CD4060 的 12 脚未接地	CD4060 的 12 脚没有接地或虚焊	万用表测量
		晶体损坏	测量 CD4060 的 9,10,11 脚的电压应该分别为 0 V,6 V,1 V	
6	通电后,数字显示始终没有变化	CD4518 的 1、7、9、15 脚悬空或错接	检查 CD4518 的 7,15 脚的电压,如不为 0 V,再检查 CD4011 的连线是否接好	万用表测量
		集成电路插反	CD4011(U_6)集成电路是否插反	
7	显示的时间明显不准确	二极管 D_1,D_2 接反,电阻 R_3 端未接入电源正极	检查 U_3 的 15 脚的电压是否为 0 V	万用表测量
		CD4013 的 11 脚没有正确连接 CD4060 的 3 脚	仔细检查 CD4013 与 CD4060 的连接线	
8	集成电路发热	集成电路插反	观察集成电路引脚对位是否正确	观察
9	整机工作正常,但电流大于100 mA	电容器 C_3 漏电	更换电容器 C_3	万用表测量

4.5.3 任务实施

本小节任务为:数字钟的制作。

要求:学生根据数字钟设计任务书的具体要求,即设计能够实现小时、分钟和秒的电子数字钟,然后针对数字钟的制作特点及实现条件去分析制作过程中的各种因素,从而选择数字钟设计的最佳方案,并从质量与经济的角度考虑数字钟的制作流程;学生根据其工艺流程及装接规划来组织电子数字钟的装接生产,最后完成电子数字钟的检测与调试。图 4-50 所示为数字钟的参考原理图。图 4-51 所示为学生制作的数字钟的成品图(仅供参考)。

4.5.4 知识拓展

本小节内容为时序逻辑电路分析及应用举例。

1. 时序逻辑电路概述

时序逻辑电路一般由组合逻辑电路和存储电路(触发器)构成,而且存储电路是必不可少的。另外,存储电路输出的状态必须反馈到输入端,与输入信号共同决定组合电路的输出。时序电路的结构框图如图 4-52 所示。

由于时序电路一定包括触发器,所以电路在时钟脉冲(CP)到达时刻的输出状态,不仅取决于电路在 CP 到达时刻的输入信号,还取决于 CP 到达前电路的输出状态。

根据触发器状态变化的特点,时序电路分为同步时序电路和异步时序电路两大类。在同步时序电路中,所有触发器的状态变化都是在同一 CP 信号作用下同时发生的;而在异步时序电路中,触发器状态的变化不是同时发生的,可能有一部分电路有公共的 CP,也可能完全没有公共的 CP 信号。

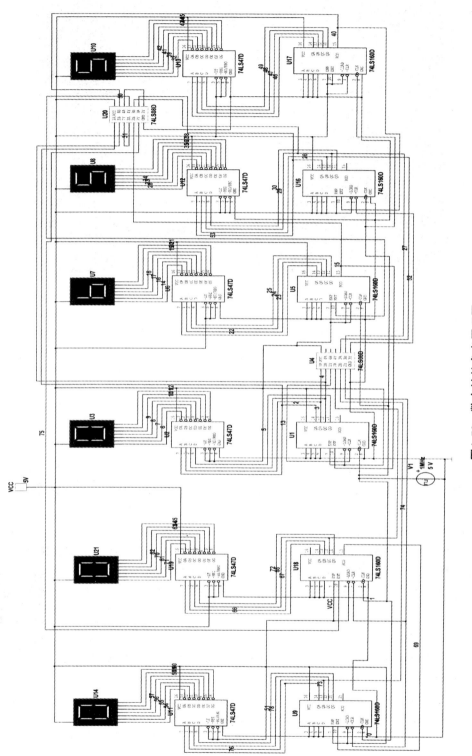

图4-50 数字钟的参考原理图

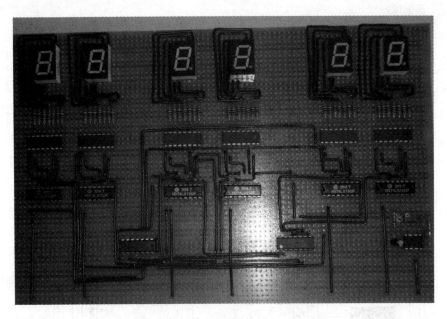

图 4-51　学生制作的数字钟成品图

图 4-52　时序逻辑电路一般结构框图

时序电路的功能可以用状态方程、输出方程、驱动方程、状态表、状态图、时序图等形式来表示(描述)。对于给定的电路,能正确分析出它的逻辑功能是重要的。下面介绍时序逻辑电路的一般分析方法。

2. 时序逻辑电路基本分析方法

所谓时序电路的分析就是根据给定的逻辑电路图,找出时序电路的状态变化规律,得出逻辑功能和工作特点。在具体分析之前,应先判断时序电路是同步时序电路还是异步时序电路。对时序逻辑电路的分析一般按如下步骤进行。

(1) 写方程

1) 写时钟方程

根据已给的逻辑电路图,写出各触发器的 CP 脉冲表达式。如果是同步时序电路,由于各个 CP 都相同,此步骤可省略。

时序逻辑
电路分析

2) 写驱动方程

由输入端联接关系写出各触发器的输入端信号的逻辑函数表达式。

3) 写状态方程

将驱动方程代入每个触发器的特征方程,即可得到各触发器的次态表达式,又称状态方程。

4) 写输出方程

写出各触发器的输出信号表达式。

(2) 列状态(转换)表

假定一个状态(现态),如全 0 状态,将其代入状态方程可得对应各触发器的次态,所得的次态又成为新的现态,按顺序把每个可能的状态都逐一假定一遍,将现态及次态的对应关系以真值表的形式表示出来。

(3) 画状态(转换)图

将状态转换表的形式表示为状态图形式,这是以小圆圈内的数字表示电路各个状态转换的一种表示形式。圆圈中填写状态值,圆圈之间用箭头表示状态转换的方向,在箭头旁标注输入变量取值和输出值,输入和输出用斜线隔开,斜线上方写输入值,下方写输出值。状态表和状态图都能比较直观地反应状态转换方向及输出结果。

(4) 画时序(波形)图

有时为了便于用实验方法检查时序电路功能,需要画出在时钟脉冲(边沿)作用下触发器的状态和输出状态随时间变化的波形。

(5) 功能描述

用文字简洁、准确地概括出电路的逻辑功能。

当然,这些步骤对于分析时序电路并不一定都是必须的,可以根据实际情况进行取舍,只要能突出重点,把逻辑功能描述清楚即可。

3. 时序逻辑电路分析举例

例 4-12 分析图 4-53 所示时序电路的逻辑功能。

解 从图 4-53 电路可以看出,共由两个 D 触发器、一个与门和一个或非门构成,并且触发器共用一个 CP 时钟,故属于同步时序电路。

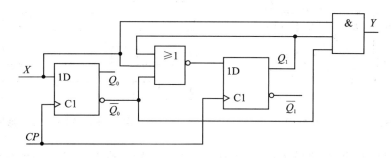

图 4-53 例 4-12 时序逻辑电路图

按一般的分析方法,其功能分析如下:

① 写触发器的驱动方程

$$D_0 = X$$
$$D_1 = \overline{X + \overline{Q_0^n} + Q_1} = \overline{X}\, Q_1^n Q_0^n$$

② 写状态方程

将驱动方程代入 D 触发器特征方程,得触发器状态方程为

$$Q_1^{n+1} = D_1 = \overline{X}\, Q_1^n Q_0^n$$
$$Q_0^{n+1} = D_0 = X$$

根据输出端的联接关系写出输出方程

$$Y = X\overline{Q_1^n} Q_0^n$$

③ 列状态转换表

假定现态为 00,代入状态方程,计算出次态仍为 00;再假设现态为 01,计算出次态为 10,依次继续计算下去,并要考虑 X 的不同取值情况,同时计算出 Y 值,填入表 4-27 中。

表 4-27 例 4-12 状态转换表

序 号	X	Q_1^n	Q_0^n	Q_1^{n+1}	Q_0^{n+1}	Y
1	0	0	0	0	0	0
2	0	0	1	1	0	0
3	0	1	0	0	0	0
4	0	1	1	0	0	0
5	1	0	0	0	1	0
6	1	0	1	0	1	0
7	1	1	0	0	1	1
8	1	1	1	0	1	0

④ 画状态图和波形图

状态图和波形图如图 4-54 和图 4-55 所示。

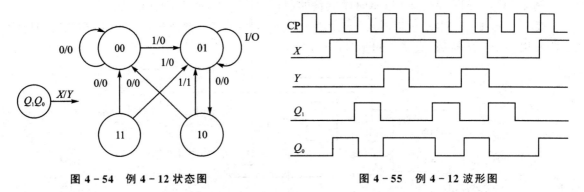

图 4-54 例 4-12 状态图   图 4-55 例 4-12 波形图

从波形图可以看出,如果输入端 X 出现信号"101",输出端 Y 便产生一个相应的"1",其他情况下 Y 均输出"0",所以,本电路能实现对输入的序列信号"101"的检测功能。

上例介绍的是同步时序电路的分析方法。异步时序电路的分析方法与同步时序电路分析方法基本相同,只是要特别注意写出各触发器的时钟方程。这是因为异步时序电路没有统一的 CP,所以应先分析各触发器的 CP 是否为有效触发脉冲,只有在有效触发时才需要用触发器的状态方程计算次态,否则触发器状态不变,不必计算次态。(实际异步时序电路的应用比较少,这里不作分析说明)。

4. 时序逻辑电路应用举例

在数字系统中,经常需要将一些数据、指令存储起来,这就要用到寄存器。寄存器是用来暂时存储二进制数据(代码)的时序逻辑部件,也是计算机和其他数字系统必不可少的基本单元电路。

寄存器按其功能可分成数据寄存器和移位寄存器两大类。数据寄存器能存放一组二进制数据。触发器有两个稳定状态,每个触发器能存储一位二进制数,用 N 个触发器就构成了 N 位数据寄存器。移位寄存器除了具有数据寄存器的功能外,还具有移位功能,即在移位脉冲作用下,寄存器中的数据可依次向左或向右移动。

寄存器存入数据的方式有并行和串行两种。并行输入是指数据的各位从输入端同时输入到寄存器中;串行输入是指数据各位从一个输入端逐位输入到寄存器中。寄存器取出数据的方式也有并行和串行两种,其含义与数据输入方式类同。

(1) 数据寄存器

D 触发器是最简单的数据寄存器。在 CP 脉冲作用下,它能够寄存一位二进制代码。当 $D=0$ 时,在 CP 脉冲的边沿将 0 寄存在 D 触发器中;当 $D=1$ 时,在 CP 脉冲作用下,将 1 寄存在 D 触发器中。图 4-56 是由 D 触发器组成的四位数据寄存器。在存储 CP 作用下,输入端的四位并行数据同时被存到四个 D 触发器中,从各个 Q 端输出。还可以根据需要将各触发器的异步清零端或异步置 1 端接到一起,在此端加相应控制信号时,能实现寄存器的统一清零或置 1 操作。

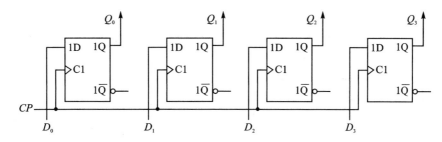

图 4-56 D 触发器组成四位数据寄存器

(2) 移位寄存器

移位寄存器有左移和右移两种形式。若在时钟脉冲作用下,寄存器中的数据依次向右移动,称为右移,依次向左移动,则称为左移。有的集成寄存器既可左移又可右移,称为双向移位寄存器,但同一时刻只能实现单向移位。图 4-57 给出了一个由下降沿触发的 JK 触发器组成的四位左移移位寄存器。S_L 为左移串行输入端,$Q_3Q_2Q_1Q_0$ 为并行输出端。

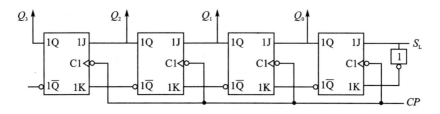

图 4-57 JK 触发器组成的四位左移移位寄存器

(3) 集成寄存器简介

74LS194(CC40194)是四位双向多功能集成移位寄存器,可在时钟脉冲的上升沿实现左移、右移或并行送数等操作,也可以保持不变,具体功能的实现由工作方式控制端控制。

74LS194 的逻辑符号如图 4-58 所示，功能表见表 4-28。

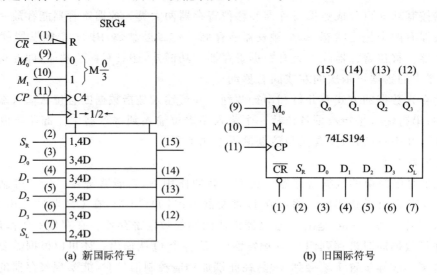

(a) 新国际符号　　　　　　　(b) 旧国际符号

图 4-58　74LS194 逻辑符号

表 4-28　74LS194 功能表

输入										输出				功能说明
$\overline{CR}$	M_0	M_1	CP	S_L	S_R	D_0	D_1	D_2	D_3	Q_0	Q_1	Q_2	Q_3	
0	×	×	×	×	×	×	×	×	×	0	0	0	0	清零
1	×	×	0	×	×	×	×	×	×	×	×	×	×	保持
1	0	0	×	×	×	×	×	×	×	×	×	×	×	
1	1	1	↑	×	×	d_0	d_1	d_2	d_3	d_0	d_1	d_2	d_3	送数
1	0	1	↑	×	1	×	×	×	×	1	Q_0^n	Q_1^n	Q_2^n	右移
1	0	1	↑	×	0	×	×	×	×	0	Q_0^n	Q_1^n	Q_2^n	
1	1	0	↑	1	×	×	×	×	×	Q_1^n	Q_2^n	Q_3^n	1	左移
1	1	0	↑	0	×	×	×	×	×	Q_1^n	Q_2^n	Q_3^n	0	

逻辑图中 $D_0D_1D_2D_3$ 为并行输入端，$Q_0Q_1Q_2Q_3$ 为并行输出端，S_L 为左移串行输入端，S_R 为右移串行输入端，$\overline{CR}$ 为低电平有效的直接清零端，CP 为同步时钟脉冲输入端，M_0M_1 为工作方式控制端。当 $M_0M_1=00$ 时，寄存器保持原状态；当 $M_0M_1=01$ 时，S_R 为数据输入端，每来一个 CP 的上升沿，寄存器的数据依次右移一位；当 $M_0M_1=10$ 时，S_L 端为数据输入端，每来一个 CP 脉冲的上升沿，寄存器中的数据依次左移一位；当 $M_0M_1=11$ 时，在 CP 脉冲的作用下，并行输入端的数据存入寄存器中。

将两片 74LS194 进行级联，则可扩展为八位双向移位寄存器，如图 4-59 所示。其中，第（Ⅰ）片的 S_R 端是八位寄存器的右移串行输入端，第（Ⅱ）片的 S_L 端是八位寄存器的左移串行输入端，$D_0 \sim D_7$ 为并行输入端，$Q_0 \sim Q_7$ 为并行输出端。

在数字系统中，有时需要对串、并行数据进行相互转换，74LS194 可以实现此功能。将并行数据输入转换为串行数据输出的过程为：四位并行数据送到 74LS194 输入端，设置工作方

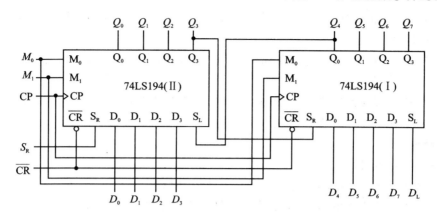

图 4-59　74LS194 组成八位双向移位寄存器

式为 $M_0M_1=11$，在第一个 CP 作用下，并行输入端的数据同时存入 74LS194 中，Q_3 端输出最高位数据；再将工作方式设置为 $M_0M_1=01$（右移），在第二个 CP 脉冲作用下，数据右移一位，Q_3 端输出次高位数据；在第三个 CP 脉冲作用下，数据又右移一位，Q_3 端输出次低位数据；在第四个 CP 脉冲作用下，数据再右移一位，Q_3 端输出最低位数据。这样，经过四个 CP 脉冲，实现了四位数据由并入到串出的转换。同样的道理也可以实现串行输入到并行输出的转换，转换电路如图 4-60 所示。选择工作方式 $M_0M_1=01$，串行数据从 S_R 端加入，在四个 CP 脉冲配合下，依次将四位串行数据存入 74LS194 中；然后，将并行输出允许控制端打开（$E=1$），四位数据 $Y_0 \sim Y_3$ 即并行输出。

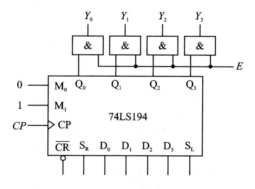

图 4-60　串行数据转换为并行数据

思考与练习

一、填空题

1. 四位双向移位寄存器 T1194 的输入端 MAMB 用于_____，当 MAMB 取值时，电路实现_____功能。

2. 异步时序逻辑电路可分为_____和_____两种类型。

3. 分析和设计脉冲异步时序逻辑电路时，若存储元件为时钟控制触发器，则应将触发器的时钟端作为_____处理。

4. 时序逻辑电路按其状态改变是否受统一定时信号控制，可将其分为_____和_____两种类型。

5. 寄存器可分为_____寄存器和_____寄存器，集成 74LS194 属于_____移位寄存器。

6. 用四位移位寄存器构成环形计数器时，有效状态共有_____个；若构成扭环形计数器时，其有效状态是_____个。

二、判断题

1. 用移位寄存器可以构成 8421BCD 码计数器。（   ）
2. 电平异步时序逻辑电路不允许输入信号为脉冲信号。（   ）
3. 电平异步时序逻辑电路中，n 个状态变量对应着 n 条反馈回路。（   ）
4. 用逻辑门构成的各种触发器均属于电平异步时序逻辑电路。（   ）
5. 如果一个时序逻辑电路中的存储元件受统一时钟信号控制，则属于同步时序逻辑电路。（   ）
6. 脉冲异步时序逻辑电路不允许输入信号为时钟脉冲信号。（   ）

三、选择题

1. 描述时序逻辑电路功能的两个必不可少的重要方程式是(   )。
   A. 次态方程和输出方程   B. 次态方程和驱动方程
   C. 驱动方程和特性方程   D. 驱动方程和输出方程

2. 存在空翻问题的触发器是(   )。
   A. D 触发器   B. 钟控 RS 触发器
   C. 主从型 JK 触发器   D. 维持阻塞型 D 触发器

3. 移位寄存器 T1149 工作在并行数据输入方式时 MAMB 取值为(   )。
   A. 00   B. 01   C. 10   D. 11

4. 脉冲异步时序逻辑电路输入信号可以是(   )。
   A. 模拟信号   B. 电平信号   C. 脉冲信号   D. 时钟脉冲信号

5. 四位移位寄存器构成扭环形计数器是(   )计数器。
   A. 四进制   B. 八进制   C. 十六进制

6. 数码可以并行输入、并行输出的寄存器有(   )。
   A. 移位寄存器   B. 数码寄存器   C. 二者皆有

四、简述题

1. 结合你设计的数字钟，举例说明哪些因素会产生脉冲干扰？其现象是什么？
2. 你所了解的数字钟的扩展应用功能还有哪些？举例说明，并设计电路。
3. 试述时序逻辑电路的分析步骤。

五、计算分析题

1. 电路及 C 和 X 的波形如图 4-61 所示，试画出 Q_0 和 Q_1 的波形。设两个触发器的初始状态均为 0。
2. 写出图 4-62 所示电路的逻辑表达式，化简后变换为与非形式，列出真值表。
3. 写出图 4-63 所示电路的逻辑表达式，化简后变换为与非形式，列出真值表。

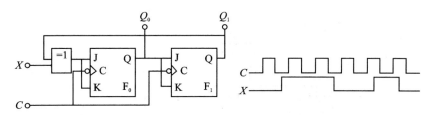

图 4-61 计算题 1 的图

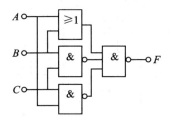

图 4-62 计算题 2 的图

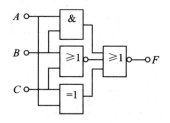

图 4-63 计算题 3 的图

4. 分析图 4-64 所示的同步时序逻辑电路，并写出分析过程。

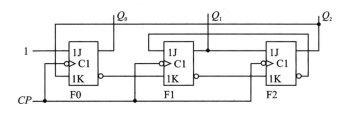

图 4-64 计算题 4 的图

5. 已知 CP 波形，试画出图 4-65 所示电路 Q 及 Z 端的波形（设触发器的初态为"0"）。

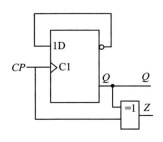

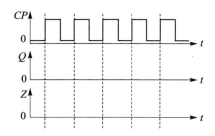

图 4-65 计算题 5 的图

6. 如图 4-66 所示的 TTL 同步时序电路，试分析图中虚线框电路，画出 Q_1，Q_2，Q_3 波形，并说明虚线框内电路的逻辑功能。如果把电路中的 Z 输出和置零端 $\overline{C_r}$ 连接在一起，试说明当 $X_1X_2X_3$ 为 110 时，分析整个电路的逻辑功能。

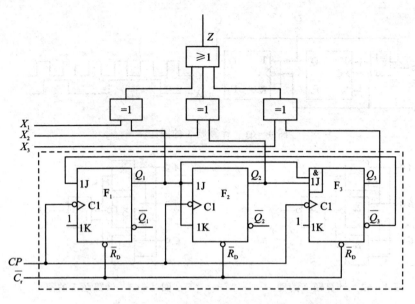

图 4-66 计算题 6 的图

附　　录

部分常用集成电路型号及外引线排列图

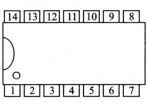

双列直插型俯视图　　　　74LS00

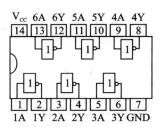

74LS04　　　　74LS20

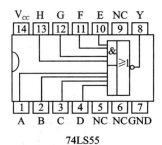

74LS55　　　　74LS86

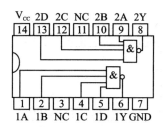

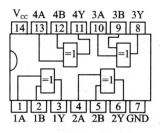

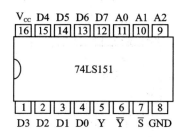

三线—八线译码器　　　　八选一数据选择器

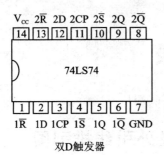

双D触发器

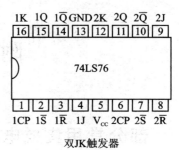

双JK触发器

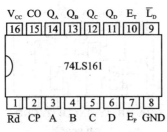

同步二进制计数器

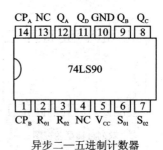

异步二—五进制计数器

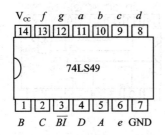

七段显示译码器

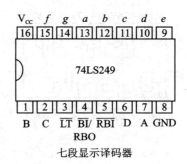

七段显示译码器

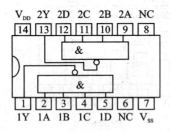

CC4012

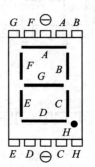

共阴型半导体数码管

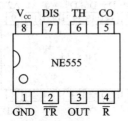

NE555

参考文献

[1] 秦曾煌.电工学(上下册)[M].北京：高等教育出版社,2007.
[2] 周元兴.电工与电子技术基础[M].北京：机械工业出版社,2008.
[3] 李爱军.维修电工技能实训[M].北京：北京理工大学出版社,2007.
[4] 李群.电工技术一点通[M].北京：科学出版社,2008.
[5] 王建.电工基本技能实训教程[M].北京：机械工业出版社,2007.
[6] 王建.电工实用技能[M].北京：机械工业出版社,2007.
[7] 仇超.电工实训[M].北京：北京理工大学出版社,2007.
[8] 林平勇,高嵩.电工电子技术[M].北京：高等教育出版社,2008.
[9] 王兰君.零起点速学电工技术[M].北京：人民邮电出版社,2007.
[10] 姜献忠,崔玫,李娟,等.电工电子技术[M].北京：清华大学出版社,2013.
[11] 梁洪洁,李栋.电子技术基础项目教程[M].北京：机械工业出版社,2014.
[12] 林红周,鑫霞,张鄂亮.电工电子技术[M].北京：清华大学出版社,2010.
[13] 杜德昌,许传清.电工电子技术及应用[M].2版.北京：高等教育出版社,2007.
[14] 申凤琴.电工电子技术及应用[M].3版.北京：机械工业出版社,2016.
[15] 宁慧英.数字电子技术与应用项目教程[M].北京：机械工业,2013.
[16] 曾令琴.电工电子技术[M].3版.北京：人民邮电出版社,2016.
[17] 徐淑华.电工电子技术[M].4版.北京：电子工业出版社,2017.
[18] 电工电子产品制作与调试精品课.[M].网址：http://www.hngzy.cn/jpkc/dgdz/.

参考文献